U0309204

新时代

西北地区生态治理的困境与对策研究

刘海霞 著

本书系刘海霞主持的教育部社科规划一般项目『新时代西北地区生态治理的困境与对策研究（项目号：20YJAZH065）』的最终成果

九州出版社　JIUZHOUPRESS　全国百佳图书出版单位

图书在版编目（CIP）数据

新时代西北地区生态治理的困境与对策研究 / 刘海霞著. -- 北京：九州出版社，2021.5
ISBN 978-7-5225-0178-9

Ⅰ．①新… Ⅱ．①刘… Ⅲ．①生态环境－环境治理－研究－西北地区 Ⅳ．①X321.24

中国版本图书馆CIP数据核字(2021)第118080号

新时代西北地区生态治理的困境与对策研究

作　　者	刘海霞　著	
责任编辑	郝军启	
出版发行	九州出版社	
地　　址	北京市西城区阜外大街甲 35 号 (100037)	
发行电话	(010)68992190/3/5/6	
网　　址	www.jiuzhoupress.com	
印　　刷	北京九州迅驰传媒文化有限公司	
开　　本	720 毫米 ×1020 毫米　16 开	
印　　张	14.25	
字　　数	260 千字	
版　　次	2021 年 5 月第 1 版	
印　　次	2021 年 5 月第 1 次印刷	
书　　号	ISBN 978-7-5225-0178-9	
定　　价	52.00 元	

★版权所有　侵权必究★

目　录

第一章　导　论

第一节　选题背景及缘由

发展是人类亘古不变的永恒主题，人与自然关系始终与人类社会发展相伴而生、如影相随。人是自然之子，人的生存发展，一刻也不能离开自然界。马克思说："自然界，就它自身不是人的身体而言，是人的无机的身体。人靠自然界生活。这就是说，自然界是人为了不致死亡而必须与之处于持续不断的交互作用过程的、人的身体。所谓人的肉体生活和精神生活同自然界相联系，不外是说自然界同自身相联系，因为人是自然界的一部分。"[①]自然界为人类的生存和发展提供了各种物质条件。人类现代化进程中，由于粗放发展方式和唯 GDP 观念，经济速度和数量的确增长了，但生态环境却恶化了，人与自然关系紧张了，生态危机也开始频现。面对问题和危机，人类也在积极进行治理，但由于对自然生态规律和生态治理规律认识不清楚，生态治理定位不准确，没有树立起系统的整体性的认识，生态危机治理面临诸多困境，生态环境问题得不到有效解决。如何正确认识自然生态规律，准确定位生态治理，探寻走出生态治理困境的科学有效的对策，促进人与自然和谐共生，实现生态环境保护和经济社会发展相得益彰，就成为当前必须思考和解决的重大而紧迫的现实课题。

改革开放 40 多年，中国经济社会发展取得了显著成就，2010 年中国已经超越日本成为世界第二大经济体，我们做大了经济总量，但同时也付出了生态环境日渐恶化的惨重代价。长期以来，在"发展 = 经济增长 =GDP 增长"观念指导下的粗放型经济发展模式带来了发展不平衡、不协调、不可持续等问题，

---

①马克思，恩格斯 . 马克思恩格斯文集（第 1 卷）[M].北京：人民出版社，2009：161.

恶化的生态环境造成了巨大的经济损失，严重危害着公众的生命健康，不断吞噬着物质生活逐步富裕所带来的获得感与幸福感，引起了民众的诸多不满，影响经济持续健康发展和社会安宁稳定。生态环境问题已经成为中国特色社会主义建设过程中的一个"结构性短板"，已经成为民生之患，民心之痛。中国特色社会主义进入新时代，我国社会主要矛盾已经转化为人民日益增长的美好生活需要和不平衡不充分的发展之间的矛盾。人们对美好生活的需要包含着社会生活的各个方面，而优美生态环境的需要是当前人们不可或缺、日益增长和强烈渴望的。但我们看到，一方面是人民群众对优美生态环境的强烈渴望，一方面人们却生活在严重生态环境问题的围困中，二者的矛盾实际上是新时代人民日益增长的美好生活的需要和不平衡不充分的发展这一社会主要矛盾在生态领域的具体体现。

中国特色社会主义进入新时代以来，习近平坚持以马克思主义为指导，深刻把握我国环境形势与整体发展的大局，高度重视生态发展，把环境保护摆在突出的位置，在推进国家治理体系与治理能力现代化的进程中，围绕生态治理体系的构建与完善进行了一系列理论思考。习近平敏锐地认识到，中国经济社会全面改革进入深水区，生态环境问题频频爆发，民生问题凸显，现阶段，人们不仅仅满足于优越的物质生活条件，更加关切和渴望优美生态环境。比如，他在 2013 年 4 月 25 日的中央政治局常委会上就曾经指出："如果仍是粗放发展，即使实现了国内生产总值翻一番的目标，那污染又会是一种什么情况？届时资源环境恐怕完全承载不了"[①]，"经济上去了，老百姓的幸福感大打折扣，甚至强烈的不满情绪上来了，那是什么形势？"[②] 为此，习近平主张不断加强生态环境的治理，努力解决好因发展不平衡、不充分造成的生态环境问题，努力实现生态治理体系和生态治理能力现代化。

约占全国 1/3 面积的西北地区[③] 经济社会发展也未能跳出这个怪圈。西北地区是我国重要的生态功能区，地理位置特殊重要，自然资源丰富，但自然生态

---

① 李贞 . 习近平谈生态文明 10 大金句 [EB/OL].http://cpc.people.com.cn/n1/2018/0523/c64094-30007903.htmll.

② 李贞 . 习近平谈生态文明 10 大金句 [EB/OL].http://cpc.people.com.cn/n1/2018/0523/c64094-30007903.htmll.

③ 西北地区，中国七大地理分区之一，包括陕西、甘肃、青海、宁夏及新疆。

脆弱敏感。由于过多关注经济指数的增长速度，忽视了区域内生态环境的承载限度和承载能力，近年来过度无序开发利用，导致了严重生态环境问题，这对西北地区原本脆弱的生态环境来说无疑是"雪上加霜"，最终致使生态环境每况愈下，这与今天我们倡导的生态文明建设和绿色发展理念背道而驰。众所周知，我国大江、大河的源头以及部分径流都分布于西北地区，一旦西北地区生态环境出现问题势必会引发蝴蝶效应，直接影响下游地区人民的生存环境和经济发展。换句话说，西北地区生态环境质量具有牵一发而动全身的效果，不仅直接影响自身可持续发展，同时也会牵连中东部地区，进而最终影响到中国特色社会主义建设的全局。能否着力解决这一问题，不仅会影响人民群众生命健康和生活质量，还会制约经济社会可持续发展，影响我国的政治安全、政治进步、政治发展和社会稳定。西北地区特殊而重要的地理区位、生态环境问题解决的紧迫性、经济社会可持续发展以及生态安全的极端重要性决定了该地区须以"断腕"之勇推进生态治理。当前首当其冲的任务就是全面摸清西北地区生态保护和经济发展的概况和全貌，找到西北地区生态环境存在的突出问题，深度剖析其成因，探寻出生态治理的困境，科学制定生态治理对策，切实加强西北地区生态治理。

第二节　研究意义及目的

任何一个课题都离不开分析其研究意义和目的，追寻其理论意义和现实意义，探讨它能够产生的价值和推动作用。本选题研究的意义也不例外，主要体现在理论和现实两个方面。

一、研究意义

新时代我国现代化进程中日益凸显的生态环境问题已经成为影响经济社会可持续发展、社会和谐稳定的重要诱因。研究新时代西北地区环境问题及其治理，探寻出西北地区生态治理的可行路径，对于西北地区乃至全国的经济发展、社会和谐稳定和生态安全等都有着非常重要的理论意义和现实意义。

1. 理论意义

第一，有助于推进和深化生态政治学的研究。生态环境问题及其治理是近年来生态政治学领域兴起的新的研究课题，本书在深入分析了西北地区环境问题及其危害的基础上，阐释了新时代西北地区生态治理的紧迫性，进一步分析了西北地区生态治理面临的诸多困境及其原因，在此基础上提出一种西北地区生态治理的独特解释模式，并构建一种能够解决西北地区生态环境问题的科学策略和可行路径，这在一定程度上拓展了生态政治学的研究领域，丰富了生态政治学的研究内容。

第二，有助于强化和拓展治理理论的研究。本书要研究西北地区生态文明建设过程中的生态治理问题，立足西北地区特殊的地理区位、生态治理的紧迫性和艰巨性等，阐释生态治理的困境、原因及内容等，构建新时代符合西北地区实际的"党建引领、多元一体、协同治理、提质增效"的现代多元生态治理模式，这属于治理理论在西北地区生态文明建设及生态治理领域的具体探索，西北地区生态文明建设中的治理理论与普遍意义上的治理理论是具体和一般的关系。一般存在于具体之中，研究西北地区生态治理，有利于拓展治理理论的研究。

第三，有助于丰富和推动马克思主义生态治理理论。国内外学者从不同的视角对生态治理理论进行了多方面的研究，也取得了一些成果。但是，我国学术界，研究马克思主义生态治理理论的学者为数不多，研究成果也比较有限，同时马克思主义遭受着各种生态劫难，马克思主义生态治理理论的现代性和强大解释力还没有得到充分展示，更重要的是，目前对马克思主义生态治理理论的研究还比较薄弱。因此，研究新时代生态治理问题，有助于在新时代丰富和推动马克思主义理论，尤其是马克思主义生态治理理论研究。

2. 现实意义

第一，为推动西北乃至全国生态安全提供决策依据。生态治理是一项复杂的系统工程，需要全社会各个主体的积极参与和协同配合，生态治理就是要解决经济社会发展中存在的问题，为促进经济社会发展和生态环境保护互利共赢服务。本书正是要为促进西北地区经济发展和生态环保互利共赢，确保并强化西北地区乃至全国生态安全，加快美丽西北和美丽中国建设而努力，试图为其提供智力支持和重要的决策依据。

第二，为我国其他地区的生态治理提供有益经验和有价值的参考。我国治理实践必然是涉及经济的、政治的、社会的、生态的等各个具体领域的具体治理，而不是抽象的、空洞的概念，本书就是要研究其中的生态治理，尤其是通过研究西北地区生态环境问题以及生态治理中存在的困境，在此基础上提出相应的解决对策，为新时代我国其他地区的生态治理提供有益经验和有价值的参考。

第三，为人们认识治理生态环境问题重大意义提供正确思路。毋庸置疑，当今中国西北的迫切任务和重大历史使命是加快发展、尽快完成工业化、推进西北快速崛起。然而，西北地区在工业化的过程中出现了严重的生态环境问题，已经成为西北经济社会发展的瓶颈。为此，必须树立生态文明理念，引导全社会的政治文化、科技、价值观、行为方式等一切现代经济运行和发展要素实现全面绿化和生态化，加强西北地区生态治理，构建人—社会—自然之间的和谐关系，走生态发展之路、和谐发展之路、绿色发展之路。研究新时代西北地区生态治理，有助于人们逐渐改变以往不健康的生活方式和不可持续的生产方式，有助于强化和提升人们对于推动生态治理重大意义的认识和理解，增强认同感。

二、研究目的

本书聚焦并立足西北地区生态环境问题及其治理这一复杂而艰巨的现实，通过全面考察西北地区的生态环境问题和生态治理的困境，深入分析该地区生态治理面临的困境及原因，面向新时代构建符合西北地区实际的"党建引领、多元一体、协同治理、提质增效"的现代多元生态治理模式，有针对性地提出西北地区生态治理的合理策略和可行路径，提升该地区生态治理的实效性，以期促进其经济发展和生态环保互利共赢，加快推进西北地区生态文明建设进程，确保并强化该地区乃至全国生态安全，加快美丽西北和美丽中国建设进程。具体来讲，研究目的主要表现在以下几个方面：

第一，以问题为导向。本课题立足西北地区生态环境脆弱敏感的现状、特殊而重要的地理区位、经济社会发展水平、民众利益诉求、生态安全等方面的特殊性，研判和问诊西北地区生态环境问题现状和生态治理中的实际困境，准确呈现西北地区生态环境问题治理的特殊性、紧迫性、复杂性和艰巨性，全方位呈现新时代加强西北生态治理的特殊意义和战略地位，为研究提供客观准确的分析基础。

第二，以理念为指引。理念是行动的先导，科学先进的指导思想是生态治理的旗帜和指南。本书将深入研究马克思主义生态治理理论和绿色发展观、习近平生态文明思想，发挥科学指导思想对该地区生态治理的引领作用。在科学理念的指引下，构建符合西北地区实际的"党建引领、多元一体、协同治理、提质增效"的现代多元生态治理模式，促进多元主体在生态治理中的有效协同，增强协同治理过程的整体性和系统性，为提高该地区生态治理的实效性提供理论支撑。

第三，以目标为方向。本书在对生态治理模式深度耕犁的基础上，提出"西北地区生态治理成效好坏牵一发而动全身"的准确判断；立足西北地区经济社会发展和生态环境保护的实际，从推动西北地区经济发展和生态环保互利共赢、维护生态安全、促进社会稳定，建设美丽西北和美丽中国等方面建构该地区生态治理的总目标，为该地区生态治理工作提供科学的目标指向，同时为我国整体生态治理和其他地区生态治理提供科学依据。

第四，以绩效为目的。在科学思想的引领下，从西北地区经济社会发展中寻找西北地区生态环境问题产生的原因及其治理困境，构建党委、政府、企业、公众、环境 NGO 等"多元一体"的现代新型生态治理模式，在坚持传统生态治理有效方式方法的同时，结合西北地区地域环境、民族风俗、经济社会发展，创新西北地区生态治理的方式方法，充分挖掘发挥网络信息技术、教育技术为代表的大众传媒等新方式方法在生态治理中的作用。抓好顶层设计，完善生态治理体制机制，探索西北地区生态治理的合理策略和可行路径，为加强该地区生态文明建设和生态治理、有效提升西北地区生态治理能力和治理水平、推动该地区生态保护和高质量发展提供科学的决策咨询。

第三节　研究现状及述评

一、国外研究现状

世界各国在工业化进程中大都出现过严重的生态环境问题，与之相应，如何治理生态环境问题很早就进入国外学者理论探讨的视野，其观点和主张主要集中在以下五个方面：

1.以英国经济学家庇古为代表，主张政府强制采取庇古税方式减少环境污染。20世纪30年代，以庇古为代表的西方学者认为，生产过程中，企业为了减少生产成本，将大量污染废弃物排放于社会，造成了私人成本和社会成本的差异，这两种成本的差距形成了外部性①，引发了环境污染问题。当这种外部性属于正外部性对社会有益时，政府部门应该对其实施政策方面的优惠或者补贴。而一旦这种外部性属于负外部性，即生产者在生产的过程中，只看到了生产成本而忽视了生态环境的因素，就会对社会造成很大的损失，这时就需要征收"庇古税"，对生产者的行为进行有效调节。以庇古为代表的西方学者认为，政府要通过征税将治污成本加至企业生产成本，干预市场主体行为，推动外部成本内部化，有效治理生态环境问题。即国家通过"庇古税"的征税方式，形成有效的管理措施，使污染的成本成为生产者生产成本中的重要组成部分，针对外部不经济性的现状，政府或者其他的权威机构，制定一个合理的负价格，从而有效推动外部成本的内部化。征收"庇古税"的观点，为后来政府通过强制性制度的方式对国家生态环境问题治理进行有效的干预和调节提供了基本框架，同时，也成为之后政府对经济进行干预的经典理论。20世纪60年代之后，西方发达资本主义国家开始面临着越来越严重的生态环境问题，从而使得更多的学者注重对生态环境问题进行研究。许多学者都赞同庇古的观点，指出对于工业污染造成的生态环境问题，其原因在于市场失灵，市场自身不能进行有效调

---

① 外部性又称为溢出效应、外部影响、外差效应或外部效应、外部经济，指一个人或一群人的行动和决策使另一个人或一群人受损或受益的情况。经济外部性是经济主体（包括厂商或个人）的经济活动对他人和社会造成的非市场化的影响。即社会成员（包括组织和个人）从事经济活动时其成本与后果不完全由该行为人承担。分为正外部性 (positive externality) 和负外部性 (negative externality)。正外部性是某个经济行为个体的活动使他人或社会受益，而受益者无须花费代价，负外部性是某个经济行为个体的活动使他人或社会受损，而造成负外部性的人却没有为此承担成本。

节，所以，对企业征收"庇古税"就成为政府对市场进行积极干预和调节的重要途径，从而形成帕累托最优的基本条件，这在学术界形成了共鸣。

2. 以美国经济学家施蒂格勒为代表，批判政府干预，强调通过纯市场理性治理环境。20 世纪 80 年代初，西方学者在研究生态环境问题的过程中，批判政府环境管制，注重纯市场理性治理环境。学者们认为，尽管会有市场调节失灵现象，政府也不必对于微观市场进行直接的干预和管制。因为在生态环境中，并没有社会成本与私人成本之间的差别，商品的价格已经涵盖了所有的生产成本。有的学者甚至主张，政府没有必要通过经济杠杆对市场进行调节，因为政府的干预是多余的。造成生态环境问题的根本原因是政府自身产权界定不明确，对于产品的定价不合理或者补贴不够，没有市场价格。所以，学者们主张通过纯市场理性治理环境，并且认为国家中会出现"政府或政治缺陷"，政府的干预很有可能不会给社会带来福利，容易产生一定的社会损失，所以市场自身调节的失灵并不代表政府的干预和管制就会起到有效的调节作用。这些学者认为，政府在环境治理中的行政管理方式缺乏效率，影响资源有效配置，甚至会加剧环境污染，环境污染问题根源于对产权界定不明晰，缺乏市场价格，市场定价等。因此，政府不能直接实行环境管制，主张通过自由放任的市场理性治理环境。

3. 以美国经济学家科斯为代表，主张通过明确环境资源产权治理生态环境问题。科斯在《社会成本问题》中指出，针对外部性问题，并不一定需要通过政府的干预和调节，真正需要的是对环境资源的产权进行明确的界定，当出现没有交易费用时，不同产品的生产者就能够在市场交易的过程中实现"帕累托最优"，最终外部性问题就能够得到有效解决。科斯指出，需要明确环境资源产权，不是通过政府的干预，而是通过自发产权交易的形式协调各方利益，有效治理生态环境问题。近年来，在处理环境管理问题时，许多学者都会将具体问题与科斯的产权理论相结合，从而形成了丰富的成果。在应对环境管理问题的具体实践中，科斯的产权理论在实践中得到了有效应用。20 世纪 60 年代，戴尔斯在研究环境资源产权的设置与自然环境的污染两者的关系时，就以科斯的产权理论为视角进行深入分析，从而"提出了环境排污权交易的设想"[1]（ J.Dales,

---

[1] Dales, J.H., Land, water, and ownership.*Canadian Journal of Economics*, 1: 791 – 804, 1968.

1968）。在科斯相关研究的基础上，戴尔斯分析了环境资源产权与生态环境治理的关系，认为环境资源资本化的经营方式就是对环境资源的有效价值进行产权界定，使环境发展成为"环境资本"，通过排污权交易，以资本运作的方式实现经济效益与环境效益的统一。1986 年，"美国环保局正式颁布了排污许可证贸易政策，随后在一些地区对污水和废气的排放实行了许可贸易制度（Luken and Fraas，1993）"①。

4. 以诺贝尔经济学奖获得者埃莉诺·奥斯特罗姆为代表，主张自主治理，实现可持续发展。埃莉诺·奥斯特罗姆以小规模的公地资源为着眼点，对于自治制度的研究，主要结合了博弈理论等相关理论，她通过对"公地悲剧""囚徒理论"和"集体行动逻辑"等理论模型的分析，通过丰富的实证案例研究，提出了自主治理理论，开发了自治组织管理公共物品的新途径。埃莉诺·奥斯特罗姆的自主治理理论为公共选择悲剧的人们提供了新路径，她强调可持续发展要注重效果、效益和公平，为保护公共事务、可持续利用公共事务从而增进人类的集体福利提供了自主治理的制度基础。在环境治理的政府以及市场机制之外，学者们通过博弈论等理论，研究了位于市场制度和政府的强制性制度之间的自治制度。学者们指出，当出现小规模组织时，有可能形成一种并不是完全的市场机制，也不是仅仅只依靠政府的强制性制度，而是一种使用者自行拟定并实行的合约。这种使用者通过自发形成的内在治理制度，广泛应用于具体的生态环境治理实践之中。例如，商品的生产者和购买者之间、各个国家之间，对于生产者生产环境的行为的调节，可以通过贸易以及市场的非强制性的形式进行有效调节和规范。有效调节生产者行为的基础不是依靠外在的强制性力量，而是依靠人们自身普遍增强的生态环境意识，并学会将该意识应用于具体的消费之中，消费者在需求上倾向于使用有利于环境保护的产品，从而有效刺激商品生产者积极生产环保绿色的产品，不断提升企业的形象。

5. 以科尔曼为代表，主张对区域生态环境要发挥地方政府的主导性优势，进行协同治理。这些学者认为，生态环境的治理效果与政府作用的发挥有着非常紧密的联系。为了有效解决生态环境问题，更好地保护生态环境，需要

---

① Luken, R.A.and Fraas, A.G., The US regulatory analysis framework: a review. *Oxford Review of Economic Policy*, 9（4）, 1993.pp.96－106.

多个主体协同治理，这就需要政府、企业、公众、非政府环保型组织等主体共同参与到区域生态环境的协同治理之中。在研究影响环境协同治理制约因素时，McIntyre，Cintreras 等人指出，环境协同治理的制约因素就是需要公众参与、践行民主以及有效约束政府的权力。通过研究发现，在协同治理应用于政府治理的实践方面，国外早于国内。当出现复杂的公共管理事务，出现了公共危机性事件时，仅仅以政府为中心的单一治理模式，不能有效解决所面临的问题。这种情况下，多个主体实现协同治理的新型治理模式逐渐得到发展。值得注意的是，各个国家以及各个地方行政背景方面存在着一定的差异，所以协同治理的模式缺乏一个基础性的分析框架。

二、国内研究现状

自新中国成立以来，尤其是改革开放以来的中国工业化进程中也出现了严重的生态环境问题，国内学者随之开启了如何治理生态环境问题的研究，学者们的研究主要集中在以下四个层面：

1. 生态环境管理以及公共政策层面。主要研究者有曲格平、李康、王金南等。曲格平作为中国"环保之父"，在生态环境管理以及公共政策方面有许多独特的学术贡献。曲格平主要是研究环境管理、环境政策以及生态经济方面的问题，他在国家的环境管理以及决策方面，提出了许多具有可行性的观点。曲格平通过对国内外环境保护经验的总结，形成了与中国实际相符并且有创新性的环境保护理论。曲格平分析了处理人口与环境关系的有效机制，结合系统科学的原理，阐明了经济与环保协调发展理论，将一般系统论以及系统工程的原理应用到环境保护的理论之中，从而使我国的环境管理的相关理论和政策得到了不断完善和拓展。同时，曲格平还将环境科学的理论和方法应用到制定环境战略以及环境规划方面等。李康在《环境政策学》中介绍了环境政策的主要特征，设计环境政策体系框架和研究制定政策方案的方法论和具体方法，分析了制定环境政策的决策方法，论述了环境政策的执行监控问题。他指出作为公共政策的一项重要内容，环境政策有助于更好地维护国家生态安全。环境政策为可持续发展战略目标的实现提供了重要的管理手段。王金南等人在《中国环境政策（第一卷）》中从环境战略、生态环境以及管理体制等方面分析了中国环境政策。

国家环保总局编写的《中国环境政策全书》，全面总结了二十多年以来我国形成的主要的环境政策，主张综合利用环境经济政策、环境管理政策、环境技术政策等治理我国生态环境问题。丁文广在《环境政策与分析》中，界定了环境政策的定义、特征以及功能等方面的内容，指明了环境政策和科学发展观两者之间的关系，并对我国以及国外的环境政策未来的发展趋势做出了相关的分析和介绍。王勇主张要充分发掘和利用本土性制度资源，提高西部环境治理的有效性。

2. 协同治理以及整体性治理层面。主要研究者有曹姣星、李阳、乐欣瑞、胡小军、杨曼利、李雪梅、方世南等。曹姣星等在生态环境的协同治理方面，强调政府和社会在生态治理中平等对话与合作，通过形成的良好合作关系，共同应对面临的生态环境问题，"最大限度实现公共利益"①。韩兆坤指出，协作性环境治理主要是多中心治理，在具体的实践中，能够用多中心的治理主体形成的具有共识的理念对现实的观念进行修正，积极倡导社会的多重主体参与到生态环境的治理之中，"打破权利封闭、跨界衔接断裂的结构、制度与机制"②。李阳指出，生态环境具有明显的公共性以及共享性特征，所以，在治理生态环境问题时，以单一的政府为主体展开工作，会使政策难以得到有效的实施，最终影响生态环境问题的治理效果。因为地方性政府为了维护各自的利益，往往会形成利益冲突以及利益博弈，如果利益冲突没有得到有效的解决，则政府就无法实现对生态环境的治理。"非政府组织具有天然的公益性和自愿性，也存在着协调的缺陷"③。所以，有效治理生态环境，不能单独通过政府或仅依靠市场、政府或公众，需要市场、政府和社会三者联动。乐欣瑞指出，因为生态环境关系到广大公众的切身利益，所以需要各个利益主体参与到生态环境的治理之中，形成具有多层次、多主体参与的生态环境治理体系，这是时代发展的必然要求。但是，在具体的实践中，多元主体协同治理生态环境问题时仍然面临着多重困境，具体表现为合作程度不够、多元主体之间的不同的利益倾向以及缺乏完善的协调合作制度等方面。胡小军、唐玉青等认为，我国环境治理经历了以政府

---

① 曹姣星.生态环境协同治理的行为逻辑与实现机理［J］.环境与可持续发展.2015（2）.
② 韩兆坤.协作性环境治理研究［D］.长春:吉林大学博士论文，2016.
③ 李阳.京津冀区域生态环境的协同治理［J］.内蒙古科技与经济.2015（19）.

为主导、法治和市场结合、市场和公众结合三个阶段，他主张依靠政府、环保NGO、企业及公众等多种力量共同治理生态环境。基于政府单中心模式的弊端，李雪梅提出了多中心治理的思路。杨曼利主张从环保NGO、公众、企业环保意识以及社区的自主治理组织等方面完善自主治理制度。方世南主张以整体性思维推进生态治理现代化。

3.生态补偿层面。主要研究者有姜春云、潘家华、毛显强、陆新元、王金南、陈祖海等。姜春云主持编写的《偿还生态欠账——人与自然和谐探索》《中国生态演变与治理方略》对我国生态的演进以及当前的发展现状进行了系统描述，在研究当前我国生态形势的过程中，从绿色GDP核算等方面出发，提出了有效治理生态环境的措施。潘家华基于经济学视角，研究了我国生态治理的措施以及资源配置。郑易生等指出，要积极推进政策与制度的创新，使我国形成综合决策的环境管理模式。毛显强认为，生态补偿的基础是明晰产权，补偿额度的依据是资源产权让渡的机会成本。沈满洪认为，生态补偿的理论基石在于外部性理论、关于公共产品以及生产资本的理论。陆新元、王金南等认为，要从恢复工程以及生态环境破坏损失估算两方面核定征收生态环境补偿费。王金南对生态补偿理论以及具体的实践展开了长期深入的研究，结合经济学理论，形成了有关生态环境保护的财政转移支付制度、积极推进环境友好的税费制度、主体功能区的生态补偿政策机制以及关于流域的生态补偿机制等，有效推进和完善我国的生态补偿政策。同时，他对我国西部的生态补偿也进行了研究，他认为，我国西部地区生态环境自身发展存在着差异，西部地区生态环境涵盖了许多对象，涉及许多复杂问题，需要从法律、政策以及财税制度等方面着手，不断发展和完善我国西部的生态补偿，更好地保护西部的生态环境，积极推进西部地区可持续发展。陈祖海主张建立西部生态补偿机制，解决西部生态建设资金不足等问题，协调各区域利益关系，维护边疆政治稳定。

4.环境法律层面。主要研究者有金瑞林、蔡守秋、贾登勋等。从1979年《中华人民共和国环境保护法（试行）》颁布开始，我国学者们逐渐兴起了对于环境法律的研究，对我国生态环境的治理提供了可行性的路径。金瑞林最早开始我国环境法的研究，是我国环境法研究的重要领军人物。蔡守秋对我国的环境法律政策展开了深入研究，他先后出版了《中国环境政策概论》《环境政策法律问题研究》等有关环境政策的专著。他认为环境政策主要包括环境法律法规、社会中各主体形成的政策性文件以及我国的宏观环境目标三方面的内容。同时，他主编的《可持续发展与环境资源法制建设》，从法律的视角，对我国西部的生态环境的可持续发展进行了深入研究。在之后的 30 年，我国关于环境法治的研究取得了一系列丰硕的研究成果，形成了许多环境法学研究的相关研究团队。国家实行西部大开发战略以来，学者们就开始将研究的主要方向集中于我国西部的环境法治研究，形成了许多学术专著和论文，例如，《中国西部生态环境安全风险防范法律制度研究》《西部大开发与西部环境资源的法律保护》等。在国家重视以及学者们深入系统研究环境法治的基础上，我国形成了以《中华人民共和国环境保护法》为基本法以及"三同时"制度等在内的环境法治相关的法律及制度体系，为我国有效治理生态环境提供了强有力的法律保障。

三、简要述评

梳理、归整并评析国内外学者关于生态治理的研究成果，有助于展现学界的研究现状和明确今后的研究方向，也有助于我们更加深刻地理解加强生态治理对建设美丽西北和美丽中国、推动中华民族永续发展所具有的巨大而深远的历史意义。

正如前文所述，生态治理已引起了不少国内外学者的关注，他们从不同的视角对生态治理进行研究取得的成果为本书开展研究提供了最直接的理论资源、有价值的借鉴和有益的思想启发。但是，从现有的成果看，这些研究存在以下不足之处：（1）聚焦于某一问题或地区的"点式"研究多，关注西北地区的整体性研究缺乏；（2）多数研究局限于政治学、经济学、管理学等具体领域，多视角和多学科交叉性研究有待探索；（3）描述性规范研究多，实证资料和研究少，对具体实践的指导性不强；（4）研究传统生态治理模式的多，结合西北实际的现代多元生态治理模式的少，对指导该地区生态治理有效性和针对性不足。这些不足是本课题力求突破的重点和难点：将西北地区作为一个整体，从马克思主义理论、政治学、社会学、经济学、管理学、法学等多学科视角出发，运用规范研究和实证研究方法，深入考察西北地区生态环境问题及其治理困境，构建符合西北地区实际的"党建引领、多元一体、协同治理、提质增效"的现代多元生态治理模式，有针对性地提出西北地区生态治理的合理策略和可行路径，深化该地区生态治理研究。

第四节　研究思路及方法

一、研究思路

首先，提出问题。通过文献和规范研究，初步提出西北地区生态治理的特殊性和战略重要性以及该地区生态治理的目标。生态环境脆弱且环境问题严重凸显的生态环境特征、边境线长跨境民族多的区位特征、经济文化发展不平衡以及民众对优美生态环境需要日益提高的现实特征，决定了西北地区是生态环境问题及其治理的复杂场域，在新时代建设美丽中国和维护我国生态安全中具有特殊的重要性。西北地区生态治理就是为了保障西北地区生态安全、生态正义、促进西北地区经济社会发展和生态环保互利共赢，推动西北地区和整个国家政治系统的稳定。

其次，明确问题。基于历史和现实两个维度，深入全面考察西北地区生态环境问题、生态治理的现实困境及其原因。选取西北地区的几个典型区域，廓清西北地区生态环境问题及其治理困境，分析西北地区民众的生态环保意识、经济发展理念及其水平、环境突发事件、生态治理协同化水平、生态治理体制机制、生态治理法治化水平以及民众的利益诉求等对西北地区生态治理实效性的影响。

再次，阐释问题。通过系统和关联性研究，深入剖析西北地区生态治理实效性的影响因素，发掘各因素混合式反应或者单因素诱发连锁反应的发生机制，强调充分调动各生态治理主体的积极性、主动性，构建党委领导、政府主导、企业担责、法治保障、公众主力、环境 NGO 等多元参与、良性互动的现代新型生态治理模式，使多元主体步调一致，形成合力，诉诸公共利益最大化，增强西北地区生态治理的实效性。

最后，解决问题。探索西北地区生态治理的策略安排与路径选择，有效提升西北地区生态治理能力和治理水平、推动该地区生态保护和高质量发展。具体来讲，就是要抓好顶层设计，完善生态治理体制机制：①转变唯 GDP 论，制定合理的政绩考核评价制度；②建立健全生态环境监管体系，推动各类主体落实环保责任；③构建多元主体的协同参与机制，加强多元主体协同配合；④完善生态补偿机制，提升生态治理成效；⑤加强生态治理法制建设，完善相关法律法规，提高生态治理法治化水平。

二、研究方法

本研究坚持理论联系实际的原则，以马克思主义理论为基础，综合运用马克思主义理论、政治学、社会学、管理学、民族学等多学科知识进行研究。具体采用以下方法：

1. 马克思主义唯物辩证法。马克思主义的唯物辩证法是关于自然、人类社会和思维发展的一般规律的科学，是马克思主义方法论体系的灵魂和精髓。马克思主义唯物辩证法认为，事物是普遍联系和永恒发展的，矛盾是事物发展的根本动力，它主张用联系的、发展的、矛盾的观点分析客观事物。西北地区生态治理是与西北地区社会生活治理、经济生活治理、政治生活治理等紧密联系在一起的，不能孤立地就生态治理而生态治理进行研究；西北地区生态治理问题是不断变化发展的，不能用静止的方法来分析不断变化着的实际；西北地区生态治理的困境是由多种原因造成的，要准确分析其根本原因和其他一些不可忽视的重要因素。

2. 文献研究法。文献研究是哲学社会科学研究的基础和前提，全面占有和准确分析文献将贯穿本书研究始终。离开一定的理论基础研究新时代西北地区生态治理，只能是无源之水、无本之木，这样的研究难免会具有形而上学性。本书就是要以马克思主义经典著作、中国优秀传统文化经典文献、习近平关于生态文明的重要论述、西方生态马克思主义代表作者的文献为基础，挖掘马克思主义经典作家人与自然和谐统一的思想、中国优秀传统文化中的生态伦理思想、习近平生态文明思想和西方学者提出的解决生态危机的智慧，以此作为新时代西北地区生态治理的理论基础，遵循生态治理实践的正确方向，吸取中西方生态治理的理论智慧，更好地为解决新时代西北地区生态治理的困境提供根本遵循、理论营养和治理经验。

3.案例研究法。案例研究法是实地研究的一种，它是指研究者选择一个或几个场景为对象，收集数据和资料，进行深入研究，用以探讨某一现象在实际生活环境下的状况。本书采用了案例研究法，选取了西北地区生态治理中的甘肃张掖和武威、陕西秦岭及新疆等典型地区的案例，对其进行了梳理和深描，深度考察了影响西北地区生态治理的影响因素，为深入分析西北地区生态治理中各行为主体的行为特征提供立论依据。

4.利益分析法。新时代西北地区生态治理实际上是要正确处理和解决好各个生态治理主体之间的利益关系。"利益分析方法，就是从利益角度分析人们结成政治关系开展政治活动的深层次动因，从而揭示社会政治的本质及其运动规律。"[①]本书在探讨新时代西北地区生态治理问题时，通过分析各个利益主体的利益需求和利益行为，阐释各利益主体参与生态治理的利益动因，在此基础上提出各个利益主体参与生态治理的科学策略和可行路径。

5.制度分析法。一般认为，制度包括正式制度和非正式制度两个方面。正式制度总是与国家权力或某个组织相连，是指这样一些行为规范，它们以某种明确的形式被确定下来，并且由行为人所在的组织进行监督和用强制力保证实施，如各种成文的法律、法规、政策、规章、契约等。非正式制度是与法律等正式制度相对的概念，是指人们在长期社会交往过程中逐步形成，并得到社会认可的约定俗成、共同恪守的行为准则，包括价值信念、风俗习惯、文化传统、道德伦理、意识形态等。本书在分析新时代西北地区生态治理困境及对策时，既注重分析国家的法律、法规、政策等正式制度方面的问题，也同时注重分析人们的价值理念、风俗习惯、道德伦理等非正式制度方面的问题，以期通过有效的正式制度和非正式制度的安排来提升西北地区生态治理的实效性。

6.系统分析法。当代科学研究比较注重用系统分析的科学方法来分析问题，它强调将研究对象置于一个大系统中进行分析和研判。本书就是将西北地区生态治理作为一个有机整体，从系统论视角把党委、政府、企业、公众、环境NGO等作为参与生态治理的主体子系统，而这些主体行为本身又构成了生态治理中协同治理的过程系统。此外，本书还十分重视西北地区和全国其他地区之

---

① 张铭，严强.政治学方法论［M］.苏州：苏州大学出版社，2003：106.

间的关系，将西北地区生态治理置于我国整个生态治理的大系统中，分析考察该地区与周边其他地区的生态影响关系以及在全国生态安全中的地位，提出该地区生态治理的策略体系。

第二章　新时代西北地区生态治理概述

西北地区是构筑我国西北边疆安全稳定屏障的重要区域，呈现出了"四区叠加"的突出特点，既是我国生态环境脆弱区、多民族聚居区，同时又是经济落后区北方重要的生态功能区。改革开放以来，西北地区经济社会发展成效显著，但与其他地区相比，差距依然比较明显。同时，西北地区草地滥垦、乱伐、过度放牧、退化严重，水土流失加剧，生物多样性下降，人地矛盾尖锐，生态环境恶化等生态环境问题比较突出。新时代西北地区必须加强生态治理，做到"鱼和熊掌兼得"，即在经济发展的同时保护好生态环境，在生态环境保护中促进经济发展。

第一节　生态治理核心概念阐释

生态治理是近年来随着我国生态环境问题的日益严重和凸显而逐渐流行起来的一个年轻概念范畴，准确定位和理解生态治理是全面深入研究新时代西北地区生态治理困境和对策的必要前提。对生态治理的全面把握，不仅要厘清"生态"和"治理"，还要清晰界定生态治理的基本内涵、主要内容、本质和目的。

一、生态

生态一词，源于古希腊，原意是指家（house）或我们的环境。中国古代很早就使用过生态，它大致表达两个意思：一个是人或物展现出的优美状貌，如南朝梁简文帝《筝赋》记载："丹荑成叶，翠阴如黛。佳人采掇，动容生态。"

另一个是事物流露出的生动意态，如唐杜甫《晓发公安》诗："隣鸡野哭如昨日，物色生态能几时。"明刘基《解语花·咏柳》词："依依旎旎、嫋嫋娟娟，生态真无比。"当前，人们还常用生态来定义美好的事物，如健康的、美的、和谐的等事物都冠以生态来修饰。在西方，生态一词是由德国生物学家海克尔（E·Haekdl）于1886年首次提出的，原意是指"生物之家"。《现代汉语词典》（2002年增补本）指出，生态是指生物在一定的自然环境下生存和发展的状态，也指生物的生理特性和生活习性。目前，人们大都在生态学语境下使用生态概念。《不列颠简明百科全书》指出，生态学是研究生物与其环境之间交互的关系科学。生态学语境下的生态是指一切生物的生存状态以及这些生物之间和这些生物与环境之间密不可分的关系。生态是由水、土、大气、森林、草地、海洋、生物等多种要素形成的有机系统，它是人类赖以生存发展的物质基础。

随着生态问题的反复出现，生态的含义得到拓展，它不仅仅指自然界的生物或生命现象，同时还包含着非生命世界，是由生物和非生物环境之间相互联系和相互作用构成的一个完整体系。可见，生态的内涵不是一成不变的，它随着人类历史的演进和人类实践活动的发展变化而处于不断的发展变化中，与此相应，根据人类实践活动对生态的影响，可以对生态内涵做如下认识：一般来讲，人类历史发展早期的生态是指不同于人类社会、还未留下人类活动印记的大自然。这一时期，由于生产力水平低下，人们的认识水平也很低，对大自然充满了崇拜和敬畏，此时的自然完全主导着人类的生产生活，此时的人类也完全被淹没于大自然中，认为生态即自然就是神一样的存在，是与人类社会相分离且与人类相对抗的异己力量。随着社会生产力的发展和人类实践水平的提高，人类意识到生态的可利用性质，开始从"能源""资源"等角度去理解生态，并随之加大了对自然的发掘和利用。人类历史进入工业社会以来，人类的主体性得到空前提升，人的理性得到空前发展，人类自信地认为人的理性能够为自然立法，人成了自然的主宰和万物的尺度，自然界的全部价值也无非就是它对人类的"有用性"，这样就"剥夺了整个世界——人类世界和自然世界——本身的价值。"[①] 这种"人是自然的主宰和万物的尺度"的传统人类中心主义导致生态系统失衡，生态危机开始频频袭击人类。生态危机的频发迫使人类反思传统人

---

① 马克思，恩格斯.马克思恩格斯全集（第1卷）[M].北京：人民出版社，1956：448.

类中心主义，开始从系统论的角度来认识生态，认识到人类和自然其实是一个不可分割的有机整体，认识到人类对自然的粗暴掠夺和肆意侵害实际上就是伤害人类自身。生态危机的频发不仅引起了学术界的广泛关注和讨论，由于其灾害性影响，也成为世界各国治国理政关注的重要议题。至此，人们开始以一种全新的价值理念来认识和界定生态，认为生态是承载了人类愿景和希冀的活生生的存在，自然万物与人一样都是生态系统中平等的一员，都具有自身独特的内在价值，都有神圣不可侵犯的生存权和发展权。

二、治理

治理（Governance），源于拉丁文和古希腊语，原意是控制、引导和操纵，在13世纪的法国曾经阶段性流行过，20世纪90年代以来人们赋予其新的含义。自党的十八届三中全会将"推进国家治理体系和治理能力现代化"作为全面深化改革的总目标以来，治理一词就变成了中国政治学界和中国政治发展实践的热点话题。在学术界，学者们基于不同的学科背景和知识储备，从不同的角度对治理的含义进行了不同的阐发和诠释，有学者认为，中国古代统治者很早就使用过治理一词，主要用于君主和国家统治相关的政治活动中，多指统治、治国理政之道，当前中国经济社会发展中也常用治理来表达"管理、处理、整理、规制"等意思。现代汉语对治理一词的界定包含两个方面：一是统治、管理，使之安定有序，如治理国家；二是处理、整修，使之不发生危害并起作用，如"黄河治理""生活污水治理""社会治安综合治理"等。毋庸置疑，治理既包含统治，又囊括管理，但治理既不等于统治，也不同于管理。还有学者认为，治理是西方学术界分析西方政治发展的主流话语体系，"最初常常被用于公司管理，多指公司权力架构的设置与功能状态，如公司董事会、监事会等的权力配置及其相互关系。1989年世界银行在论述撒哈拉以南非洲的可持续增长问题时指出，这些地区的可持续增长有赖于下力气治理地区危机，这标志着西方真正将治理用于国家公共事务的管理。"① 自此，治理一词被广为应用到与国家、社会的公共事务相关的管理活动中，主张在公共事务管理领域用治理取代统治，强

---

① 刘海霞.生态治理的理论与实践——甘肃"民勤经验"的生态政治学分析［M］.北京：中央编译出版社，2017：2.

调多元主体的民主参与、互动管理，以更好地实现国家与社会的善治。

其实，治理就其字面意义而言，就是整治、清理，作为人类的一种基本活动，它存在于古今中外的每一个国家和每一种文明之中。然而，作为政治学、政治哲学、公共管理学等领域的概念，它则是 20 世纪 90 年代才流行起来的概念。截至目前，对治理的经典界定有如下几种：

第一种是现代治理理论的主要创始人 J·N· 罗西瑙（J·N·Rosenau）在《没有政府的治理——世界政治中的秩序与变革》一书中对治理的界定。他认为："治理超越了传统政治关注的国家制度范围，指一系列活动领域里的管理机制，这些管理机制（既包括政府机制，也包括非正式、非政府的机制）虽未得到正式授权，却能有效发挥作用，与政府统治相比，治理的内涵更加丰富。"①

第二种是当代最负盛名的地方治理研究专家之一、英国曼彻斯特大学教授、研究治理理论的权威人物格里·斯托克对治理的界定，他系统概括了治理理论的五个主要观点："治理意味着一种新的统治过程，意味着统治的条件已经不同于以前，或是以新的方法来统治社会；意味着国家正在把原先由它独自承担的责任转移给各种私人部门和公民自愿性团体；治理所要创造的结构和秩序不能从外部强加，治理所要依靠的是多种进行统治的以及互相发生影响的行为者的互动。"②

第三种是英国学者罗伯特·罗茨对治理的界定。罗伯特·罗茨梳理了学界关于治理的不同说法后，对治理做出了自己的界定，他认为："治理是统治含义的变化，指的是一种新的统治过程，或一种有序统治状态的改变，或一种新的统治社会的方式。"③

第四种是联合国全球治理委员会对治理的界定。1995 年该委员会在《我们的全球伙伴关系》的研究报告指出："治理是各种公共的或私人的个人或机构管理其共同事务的诸多方式的总和。治理是使相互冲突或不同的利益得以调和并

---

① ［美］詹姆斯·罗西瑙 . 没有政府的治理——世界政治中的秩序与变革［M］. 张胜军，刘小林等译 . 南昌：江西人民出版社，2001：7.
② ［英］斯托 . 作为理论的治理：五个论点［J］. 国际社会科学（中文版）.1999（2）.
③ ［英］罗伯特·罗茨 . 新的治理［J］. 木易编译 . 马克思主义与现实 .1999（5）.

且采取联合行动的持续的过程。"①显然，在联合国全球治理委员会看来，治理是一种新的管理方式，是一个比统治更宽泛的概念，它意味着传统的统治含义已经发生了变化，必须以新的方法统治社会。

第五种是中国研究治理理论的典型代表俞可平对治理的界定。治理就其字面意义而言，就是"治国理政"。俞可平认为："治理是官方的或民间的公共管理组织在一个既定范围内运用公共权威维持秩序，满足公众的需要。治理的目的是在各种不同的制度关系中运用权力去引导、控制和规范公民的活动，以最大限度地增进公共利益。"②也就是说，治理的目标是实现善治，实现公共利益最大化。

不难看出，目前学界都是从统治、管理、治理的比较对照中理解和界定治理概念，目前还没有达成一致的共识，但从上述几种对治理的不同解读中可以判断，治理的内涵指向及其结构还是很明确的。首先，治理的内涵指向。治理的基本内涵无非包括以下几个方面：第一，"治理是介于统治与管理之间的一种行为或活动。治理既不同于统治，更不等于管理，统治是人们通过强制力而进行的自上而下的控制活动，管理则是人们运用一定规则而进行的相互间平等的组织、协调活动"③；第二，管理过程中权力运行的向度不一样。政府统治的权力运行方向总是自上而下的，它运用政府的政治权威，通过发号施令、制定政策和实施政策，对社会公共事务实行单一向度的管理。治理则是一个上下互动的管理过程，它主要通过合作、协商、伙伴关系、确立和认同共同目标等方式实施对公共事务的管理。治理的实质在于建立市场原则、公共利益和认同之上的合作。它所拥有的管理机制主要不依靠政府的权威，而是合作网络的权威。第三，治理的权力向度是多元的、相互的，而不是单一的和自上而下的，这个权力向度既指用强制力使人们服从的正式制度（各种成文的法律、法规、政策、规章、契约等），也包括得到社会认可的约定俗成、共同恪守的非正式制度（价值信念、风俗习惯、文化传统、道德伦理、意识形态等）；第四，治理遵循一定的价值取向，有独特的治理目标。"从一般意义上，可以将治理理解为行为体

① Commission on Global Governance, *Our Global Neighborhood*, New York：Oxford University Press，1995，pp.2 - 3.

② 俞可平. 全球治理引论［J］.马克思主义与现实.2002（1）.

③ 丁志刚.论国家治理能力及其现代化［J］.上海行政学院学报.2015（5）.

按照既定的目标，遵循一定的价值，依靠一定的手段和方式，对人、事、物进行管理、控制的一种活动。"① 其次，治理的结构。任何治理活动都涉及"是谁治理、治理什么，为何治理，怎样治理"这样四个问题，对治理涉及的四个问题的回答实际上就勾勒出了治理的构成要素：治理的主体、治理的客体、治理的目标和治理的方式。

三、生态治理

生态治理，顾名思义，就是要整治和清理生态环境领域出现的问题，它是指在生态文明建设过程中，以促进经济社会发展和生态环境保护互利共赢为目标，以党委领导、政府主导、企业主体、社会公众和环境 NGO 共同参与，以生态法治建设为保障，以生态科技为支撑，对生态环境领域里的问题进行整治、清算和处理的活动和过程。生态治理是国家治理体系和治理能力现代化的重要组成部分。国家治理体系现代化是指在现代社会中，国家治理体系为适应社会、政治、经济、文化、生态环境等各领域现代变革的根本要求，通过一系列有机联系、相互协调和动态的、整体的制度系统和运作程序对自身进行的现代化。国家治理体系包括国家在行政的、经济的、社会的、文化的、生态文明等方面所构建起来的各种体制。相对于国家治理体系而言，在生态文明方面构建起来的体制其实就是生态治理。

生态治理功在当代，利在千秋。它是以政府为主导的行为体在生态价值观和生态文化引领下，以生态科技创新为动力，以推动绿色发展、环境污染综合防治、进行生态修复和建设、管理利用自然资源为己任，以国家颁布的政策、法律、制度和标准等安排为保障，对一切涉及生态环境的经济和社会活动施加影响，从而实现经济、社会和生态环境协调可持续发展的复杂的系统工程，其具体内容主要可以概括为如下四个方面：

其一，推动绿色发展。绿色发展是以经济、社会以及生态环境的可持续发展为目标，以持续、效率以及和谐为发展方式，主要解决经济发展和生态环保的矛盾，促进经济发展和环境保护互惠互利、互利共赢。绿色发展，就其要义来讲，是要解决好人、自然、社会的和谐共生问题，维护好和实现好最广大人

---

① 丁志刚.论国家治理能力及其现代化［J］.上海行政学院学报.2015（5）.

民的根本利益。绿色发展坚持三个方面的可持续：一是经济发展可持续，这意味着经济发展必须内含环境资源保护和绿色价值增进，可持续发展鼓励经济增长而不是以环境保护为名取消经济增长，因为经济发展是国家实力和社会财富的基础。但可持续发展不仅重视经济增长的数量，更追求经济发展的质量，可持续发展要求改变传统的以高投入、高消耗、高污染为特征的生产模式和消费模式，实施清洁生产和文明消费，以提高经济活动总收益、节约资源和减少废物，这必然要求我们建立的经济体系要与自然、社会相和谐，具有长久、活跃的发展能力。二是社会可持续。社会可持续发展强调社会公平是环境保护得以实现的机制和目标，发展的本质应包括改善人类生活质量，提高人类健康水平，创造一个保障人们平等、自由、教育、人权和免受暴力的社会环境。三是生态可持续。生态可持续发展要求经济建设和社会发展要与自然承载能力相协调。发展的同时必须保护和改善地球生态环境，保证以可持续发展的方式使用自然资源和环境成本，使人类的发展控制在地球承载能力之内。因此，可持续发展强调发展是有限制的，没有限制就没有发展的持续，生态可持续发展同样强调环境保护，但不同于以往将环境保护与社会发展对立的做法，可持续发展要求通过转变发展模式，从人类发展的源头，从根本上解决环境问题。

其二，环境污染综合防治。环境污染综合防治是指对一个区域内的空气、水、土等环境状况进行综合分析，做出环境质量评价，制订标准，拟定规划，采取预防与治理相结合、人工处理与自然净化相结合等措施，以技术、经济和法律手段实施防治污染的方案，以期达到保护和改善环境质量的目的。人类社会的现代化进程促使经济迅猛发展，但同时造成了大量生态环境问题，尤其是20世纪中叶以来，环境污染以空前的速度和巨大的规模加剧，已经威胁到人类的持续生存和永续发展。中国在20世纪50年代提出"三废"（废水、废气、废渣）的综合利用，1972年，联合国人类环境会议上正式提出了"全面规划，合理布局，综合利用，化害为利，依靠群众，大家动手，保护环境，造福人民"的中国环境保护工作方针。20世纪50年代以来，许多国家走了以污染环境、破坏资源和生态为代价发展经济的道路，公害日益严重，人们开始认识到环境污染的后果是极其深远的，治理环境的费用是巨大的，而且传统的治理技术同环境污染的严重性是不相适应的。因此，许多国家十分重视原料综合利用和资源合理开发，限制污染物排放等，以使环境污染防治做到经济、合理和有效。环境污染综合防治要遵循以下原则：①技术和经济相结合。制定综合防治方案，除考虑技术上的先进性外，还必须考虑经济上的合理性。方案中应包括相应的经济分析。②防治结合，以防为主。在"防"的方面，着重加强环境规划和管理；在"治"的方面，着重考虑各种治理技术措施的综合运用。③人工治理和自然净化相结合。为了节省环境治理费用，应充分利用自然净化能力，如依据地区环境中大气、水体、土壤的自然净化能力，确定经济合理的排污标准和排放方式。④发展生产和保护环境相结合。生产部门应在发展生产的同时加强资源管理，防止资源浪费，并通过改革工艺、综合利用，实行企业内部的环境综合治理措施，减少污染物的排放量和处理量。

其三，进行生态修复。生态修复是指对生态系统停止人为干扰，以减轻负荷压力，依靠生态系统的自我调节能力与自组织能力使其向有序的方向进行演化，或者利用生态系统的这种自我恢复能力，辅以人工措施，使遭到破坏的生态系统逐步恢复或使生态系统向良性循环方向发展；主要指致力于那些在自然突变和人类活动影响下受到破坏的自然生态系统的恢复与重建工作，恢复生态系统原本的面貌，比如砍伐的森林要种植上，退耕还林，让动物回到原来的生活环境中。这样，生态系统得到很好的恢复和重建，称之为"生态修复"。人与自然应该是和谐共生、共存共荣的，人与山水林田湖草本是生命共同体。习近平曾唯物辩证地指出："山水林田湖是一个生命共同体，人的命脉在田，田的命脉在水，水的命脉在山，山的命脉在土，土的命脉在树。"[①] "人与自然是生命共同体，人类必须尊重自然、顺应自然、保护自然。"[②] 然而，人类为了追求 GDP 增长，对自然资源进行无序开发、肆意掠夺，导致生态环境问题频发，生态系统失去了平衡，濒临崩溃。人类要维持可持续生存和永续发展，就必须进行积极的生态治理，开展生态修复和重建。习近平总书记明确要求，要"像对待生

---

① 习近平.关于《中共中央关于全面深化改革若干重大问题的决定》的说明［N］.人民日报，2013 - 11 - 16（1）.

② 中共中央宣传部.习近平系列重要讲话读本［M］.北京：学习出版社，人民出版社，2014：50.

命一样对待生态环境,统筹山水林田湖草系统治理"①。他在全国生态环境保护大会上的讲话中也指出:"在整个发展过程中……要坚持节约优先、保护优先、自然恢复为主的方针,不能只讲索取不讲投入,不能只讲发展不讲保护,不能只讲利用不讲修复,要……多谋打基础、利长远的善事,多干保护自然、修复生态的实事,多做治山理水、显山露水的好事。"②

其四,管理利用自然资源。自然资源就是自然界赋予或前人留下的,可直接或间接用于满足人类需要的所有有形之物与无形之物。资源可分为自然资源与经济资源,能满足人类需要的整个自然界都是自然资源,它包括空气、水、土地、森林、草原、野生生物、各种矿物和能源等。自然资源为人类提供生存、发展和享受的物质与空间。社会发展和科学技术进步,需要开发和利用越来越多的自然资源。自然生态资源属于公共产品,政府是具有刚性、权威性和公信力的公权力组织,天然地是公共产品的管理者、组织者、引导者。换句话讲,制定相关的制度和政策,制定合理的游戏规则,管理自然资源、引导人们合理合规、有节制地使用和保护自然资源是政府义不容辞的责任。近年来,随着生态环境问题的加剧,各级政府开始认识到良好的自然生态环境是最公平的公共产品,是最普惠的民生福祉,开始强调自然生态环境公共服务的供给。生态环境公共服务是国家公共服务的重要组成部分,是国家生态治理体系的有机组成部分。当前民众对日益增长的美好生态环境的需要同生态环境公共服务供给不足之间的矛盾已成为社会核心矛盾之一。政府更应该承担起生态环境公共产品的管理者和提供者的角色,强化制度管理和政策引导,实现自然资源利用和生态环境保护方面的"严防、严控、严管与严罚",以不断满足民众日益增长的美好生态环境的需要,又好又快地推动生态文明建设。正如习近平总书记所指出的:"只有实行最严格的制度、最严密的法治,才能为生态文明建设提供可靠保障。"③

从对生态治理内涵、主要内容的分析和阐释中,我们不难看出,生态治理的对象是生态环境问题,表象上看是处理人与自然生态环境之间的关系,但实

---

① 中共中央宣传部.习近平系列重要讲话读本[M].北京:学习出版社,人民出版社,2014:24.

② 习近平.推动我国生态文明建设迈上新台阶[J].求是.2019(3).

③ 习近平.习近平谈治国理政[M].北京:外文出版社,2014:210.

质上是协调人与人、人与社会之间利益的关系。马克思说过："'思想'一旦离开'利益'，就一定会使自己出丑。"① 人们由于严重的生态环境问题萌生的生态价值观念和生态治理行动并不是纯粹的无意识的自然行动，而是以生态环境问题为桥梁协调人与人、人与社会之间利益关系的行动。"人与自然生态环境的关系实质上是人与人、人与社会关系的表现，从而人与人、人与社会的关系特别是利益关系是生态治理的本质"②，也就是说生态环境问题和"生态治理的实质归根到底隐藏于一定社会形式之中和一定生产状况里"③。正如马克思所言："人们在生产中不仅仅影响自然界，而且也互相影响。他们只有以一定的方式共同活动和互相交换其活动，才能进行生产。为了进行生产，人们相互之间便发生一定的联系和关系；只有在这些社会联系和社会关系的范围内，才会有他们对自然界的影响，才会有生产。"④ "活动……无论就其内容或就其存在方式来说，都是社会的活动……自然界的人的本质只有对社会的人来说才是存在的；因为只有在社会中，自然界对人来说才是人与人联系的纽带，才是他为别人的存在和别人为他的存在，只有在社会中，自然界才是人自己的合乎人性的存在的基础，才是人的现实的生活要素。"⑤ 在马克思主义看来，生态环境问题是人对自然不友好的实践活动产物，它虽然表现为人与自然关系的不和谐，但根子却是人与人关系的不和谐，因此，生态治理实质是协调人与人、人与社会之间的利益的关系。

综上所述，生态治理，看似在治理生态环境，实则是通过调试人的观念，制定科学的政策，管控人的行为，协调好人与人、人与社会之间的利益关系，实现环境善治。"如果说治理的理想目标是善治，即公共利益最大化，那么生态治理的理想目标就是生态环境善治，即生态环境最优化、清洁化、美丽化"⑥，

---

① 马克思，恩格斯．马克思恩格斯文集（第1卷）[M]．北京：人民出版社，2009：286.

② 龚天平，刘潜．我国生态治理中的国内环境正义问题[J]．湖北大学学报（哲学社会科学版）.2019（6）.

③ 龚天平，刘潜．我国生态治理中的国内环境正义问题[J]．湖北大学学报（哲学社会科学版）.2019（6）.

④ 马克思，恩格斯．马克思恩格斯文集（第1卷）[M]．北京：人民出版社，2009：724.

⑤ 马克思，恩格斯．马克思恩格斯文集（第1卷）[M]．北京：人民出版社，2009：187.

⑥ 龚天平，刘潜．我国生态治理中的国内环境正义问题[J]．湖北大学学报（哲学社会科学版）.2019（6）.

实现人们对优美生态环境的需要，实现人与自然和谐共生的生态文明。

第二节　新时代西北地区生态治理的背景

西北作为不同于中国其他地区的独特区域，在经济社会发展过程中不仅具有不同于其他区域的特殊性、机遇和难题，而且在西北经济社会发展过程中产生的生态环境问题也具有区域性特征。因而，研究新时代西北地区生态治理的困境及其对策时，就不能不从西北地区概况即从其优势、劣势、机遇和难题入手，去分析新时代西北地区面临的生态环境问题，探究西北地区生态环境问题的严重危害以及加强西北地区生态治理的迫切性。

一、新时代西北地区经济社会发展概况

西北地区地处祖国西北边陲，地理位置特殊重要，是我国重要的生态功能区，历史悠久、民族众多、地域广袤、资源丰饶，但经济发展落后，环境脆弱、开发度低。换句话讲，新时代西北地区经济社会发展具有不同于我国其他地区的独特优势、劣势、机遇和难题。

1. 新时代西北地区经济社会发展的优势

第一，地域广袤。西北地区辖陕西、甘肃、青海、宁夏、新疆五个省区，陕西、甘肃中部地区和宁夏南部分布在黄土高原上，青海全境和甘肃西南部即甘南高原属于青藏高原区，而宁夏北部即河西走廊以北的北山山地又属于内蒙古高原，新疆是高山环绕盆地，是中国陆地面积最大的省区。西北仅有五省区，但地域广袤，地域面积达到 309 万平方公里，约占全国土地总面积的 32.18%，不仅远远超过了我国其他六大区域（华东地区、华南地区、华北地区、华中地区、西南地区、东北地区），而且比世界上某些国家的国土面积还要大。有人曾经做过统计："我国西北地区区域面积，大体上相当于 1.04 个印度；或 8.2 个日本，或 21.4 个孟加拉国；或 5000 个新加坡那么大；或几乎相当于法国、英国、西班牙、意大利、德国、挪威、瑞典、波兰等八个欧洲国家面积的总和。"[①] 西

---

①　王宗礼，刘建兰，贾应生 . 中国西北农牧民政治行为研究 [M]. 兰州：甘肃人民出版社，1995：23—24.

北地域的广袤，在西北地区人均占有国土面积上也可见一斑。据 2020 年第七次全国人口普查主要数据公报显示，西北五省总人口为 10352.7786 万，按此计算，西北人均占有国土面积 0.03 平方公里。与我国其他六大区域和世界上其他一些国家相比，其人均占有国土面积数也是首屈一指的。不难看出，西北地区地广人稀，区域经济发展空间广阔。

第二，能源优越。西北地区深居内陆，许多地域晴天多，日照长，光能资源丰富，年日照达 2400—3200 小时，年辐射总量多为每平方厘米 140—160 千瓦，属于太阳能高值区。比如，新疆地表水年径流量约 884 亿立方米，地下水可采量 252 亿立方米，冰川面积 2.4 万平方公里，储水量 25800 多亿立方米。日照时间长，年均 2600—3400 小时。温度带为中温度和暖温带；降水量在 400毫米以下，气温冬季寒冷，但夏季暖热，平均气温在 16—24℃上下。西北地区光热条件优越，冰雪融水稳定，气温日差较大，这些特点使得西北地区能够种植蛋白质含量高、糖分多、纤维长的农作物，饲养优良畜种，这也是甜菜、棉花、银川大米、关中黑米、哈密瓜、葡萄、伊犁苹果、兰州冬果梨、白兰瓜以及伊犁马、河曲马、欧拉羊、宁夏滩羊等产自西北的原因。西北许多区域常年大风，其中青海、新疆的大部分地区，甘肃武威、酒泉、嘉峪关以及宁夏的许多地区每年都有许多大风天气，这些地区常常能够利用风能条件促进该地区的经济社会发展。

第三，资源丰饶。西北地区拥有丰饶的矿产资源，如镍、铂、石棉、云母、钾盐等，在全国都是首屈一指的。其中新疆的云母、硝石储量很大，居全国第一位，云母储量占全国近一半；全国 75% 的铂集中在甘肃；全国 97% 的钾盐和 40% 的石棉集中在青海；宁夏的石膏储量达 100 多亿吨，居全国首位；陕西的镍矿储量居全国第一位，铜矿仅次于吉林，汞矿仅次于贵州。西北地区的煤炭资源多为低灰、低磷、低硫的优质煤，储量也居全国首位，宁夏的保有储量为 300 亿吨，预测储量达 1800 多亿吨；新疆现已发现 122 种矿产，其中居全国首位的有：铍、白云母、钠硝石、陶土、蛇纹岩等，新疆保有储量 900 多亿吨；石油资源也十分丰富；天然气储量大约 3 万亿立方米，尤其是塔里木盆地油气资源丰富，有"第二个中东之称"。以上优质丰富的能源资源，为西北经济社会发展提供了物质基础。

2. 新时代西北地区经济社会发展的劣势

第一，资源匹配较差。西北地区地广人稀，土地数量大，但由于几大沙漠（塔克拉玛干沙漠、古尔班通古特沙漠、库木塔格沙漠、柴达木盆地沙漠等）占去了不少土地，可利用土地较少。整个西北地区沙漠、戈壁的面积达到了 87 万平方公里，占去了西北地区总面积的 28%，占全国沙漠戈壁总面积的 68%，这些戈壁沙漠，气候极端干燥、风蚀作用强烈，地表基岩裸露，流沙覆盖，土地难以利用。西北地区可利用的土地质量较低，在宜农土地中，水地很少，除陕西川坝地区、甘肃河西走廊、银川平原和新疆阿克苏等地区外，大都为旱地。旱地占全区宜农土地面积的 96.3%；川地、谷地、塬地较少，坡地、山地较多，而且这些土地肥力较弱。在西北地区，不同地区土地资源条件差异较大，在全国农业区划中，西北地区土地资源可划分为 4 个区，一是黄土区，水土流失严重；二是干新区，气候干旱、光热资源丰富，地面物理风化强烈，水分缺乏，冬春多强风，形成了大面积的沙漠和戈壁；三是青藏区，大部分地区热量不足，谷类作物难以成熟；四是陕甘及宁夏部分地区，由于处于东部平原向蒙古高地过度地带，雨量少且变率大，热量条件不够，春季风多，沙漠、戈壁分布较广，农牧业生产很不稳定，产量低。此外，西北地区土地资源破坏严重，由于大面积毁林垦牧开荒，水土流失严重，土壤退化严重。[①]

第二，自然生态脆弱敏感。西北地区的自然生态脆弱敏感，其生态脆弱区包括西北干旱半干旱农牧交错区，西北干旱绿洲荒漠区。西北生态脆弱长期影响着西北地区潜在优势的发挥，这也成为制约西北地区区域发展的主要障碍。西北干旱半干旱农牧区主要位于陕西、甘肃、宁夏这些地带，自然条件恶劣，温差大，年降水量大约为 300 至 450 毫米，蒸发量大，干燥度为 1.0 至 2.0，气候干旱，水资源贫乏，草地退化，荒漠化严重，不可用的沙地多，植被覆盖率低，易受风蚀和人为活动的影响。新疆作为我国边界线最长的省区，由于远离海洋，地形为"三山夹两盆"，高山环绕，降水稀少，蒸发强烈，气候干旱，水资源严重不足。新疆生态环境质量不高，生态系统脆弱，系统抗逆性较差，抵御生态环境灾害的能力十分低下，主要表现在：新疆绿洲面积不断拓展的同时，

---

① 王宗礼，刘建兰，贾应生. 中国西北农牧民政治行为研究［M］. 兰州：甘肃人民出版社，1995：24—26.

沙漠化面积仍以每年 168.8 平方公里的速度扩展，绿洲内耕地次生盐渍化面积以每年 0.7 万公顷的速度增加。沙尘暴等自然灾害频发使绿洲内大气降尘居高不下，灾害性天气对绿洲的侵蚀和由此造成的经济损失严重。矿产开发对土地植被的破坏和对水环境的污染使开发后地貌无法恢复。由于自然和人为因素，许多河流下游水量锐减，甚至断流，塔里木河下游断流河道已达 320 公里，其他小河流都有不同程度的缩短。植物资源中甘草面积目前正以每年 2.4 万公顷的速度减少，雪莲、贝母、肉苁蓉等药用植物资源的储量也在减少，特有的野生动物数量和种类也在锐减，生物多样性保护形势十分严峻。甘肃省生态环境恶劣，水资源严重缺乏，植被稀少，水土流失严重，这里每年黄河泥沙超过 5 亿吨，占黄河流域年输沙量的三分之一。水土流失十分严重，沙漠化仍然严重，土地盐渍化蔓延，沙尘暴威胁进一步加大。全省 5000 万亩耕地中，有 1000 万亩面临沙漠化威胁，盐碱地面积已达 10.7 万公顷，成为灌区农业发展的一大障碍。天然林保护任务艰巨，植被覆盖率增长缓慢。草原超载过牧，大部分草场趋于退化。全省草原面积占土地总面积的 36.62%，为全国 5 大牧区之一，目前受到严重退化、沙化和盐碱化这"三化"的威胁，90% 以上出现了不同程度退化，中度以上退化的达到 33%。由于对自然资源的过度开发利用和环境污染，使野生物种的栖息地面积不断缩小和遭受破坏，加上一些地方滥捕、滥猎、滥采屡禁不止，导致野生动植物数量不断减少，生物多样性受到严重破坏。由于矿产资源开发与保护的失调，导致资源浪费、生态破坏和环境污染。乡镇企业"三废"污染防治进展缓慢，化肥、农药、地膜及畜禽养殖等方面污染范围扩大，危害严重。

第三，经济发展落后且发展不平衡不充分问题突出。西北地区由于自然条件基础较差，不利因素甚多，西北地区经济社会发展的许多方面和整体水平落后于全国平均水平，更落后于东部发达地区。西北地区经济发展整体水平低，西北各省区的一个地区（市、自治州）的经济规模大致与发达地区的一个小县相当，西北地区的一个县大致相当于东部发达地区的一个中等水平的乡。党的十八大以来，在以习近平同志为核心的党中央坚强领导下，西北地区经济社会发展显著，为决胜全面建成小康社会奠定了比较坚实的基础，也扩展了国家发展的战略回旋空间。但同时，西北地区发展不平衡不充分问题依然突出，巩固脱贫攻坚任务依然艰巨，与东部地区发展差距依然较大，西北地区生态保护和经济发展协调推进依然困难重重，维护民族团结、社会稳定、国家安全任务依然繁重，仍然是全面建成小康社会、实现社会主义现代化的短板和薄弱环节。

3. 新时代西北地区生态环境保护和经济高质量发展的机遇

第一，新时代西部大开发助推西北地区生态环境保护和经济高质量发展。2020 年 5 月 17 日，鼓舞人心的《中共中央、国务院关于新时代推进西部大开发形成新格局的指导意见》颁布，该意见明确指出，要在新时代加大美丽西部建设力度，筑牢国家生态安全屏障。首先，深入实施重点生态工程。坚定贯彻绿水青山就是金山银山理念，坚持在开发中保护、在保护中开发，按照全国主体功能区建设要求，保障好长江、黄河上游生态安全，保护好冰川、湿地等生态资源。进一步加大水土保持、天然林保护、退耕还林还草、退牧还草、重点防护林体系建设等重点生态工程实施力度，开展国土绿化行动，稳步推进自然保护地体系建设和湿地保护修复，展现大美西部新面貌。加快推进国家公园体系建设。其次，稳步开展重点区域综合治理。大力推进青海三江源生态保护和建设、祁连山生态保护与综合治理、岩溶地区石漠化综合治理、京津风沙源治理等。以汾渭平原、成渝地区、乌鲁木齐及周边地区为重点，加强区域大气污染联防联控，提高重污染天气应对能力。开展西部地区土壤污染状况详查，积极推进受污染耕地分类管理和安全利用，有序推进治理与修复。最后，加快推进西部地区绿色发展。落实市场导向的绿色技术创新体系建设任务，推动西部地区绿色产业加快发展。实施国家节水行动以及能源消耗总量和强度双控制度，全面推动重点领域节能减排。大力发展循环经济，推进资源循环利用基地建设和园区循环化改造，鼓励探索低碳转型路径。全面推进河长制、湖长制，推进绿色小水电改造。加快西南地区城镇污水管网建设和改造，加强入河排污口管理，强化西北地区城中村、老旧城区和城乡接合部污水截流、收集、纳管工作。加强跨境生态环境保护合作。新时代推进西部大开发形成新格局的指导意见所提到的政策措施，虽是针对整个西部地区整体经济社会发展的政策设计，但这为西北地区生态保护和高质量发展以及新时代西北地区生态治理提供了良好契机。

第二，丝绸之路经济带助推西北地区生态环境保护和经济高质量发展。

2013 年中国国家主席习近平在哈萨克斯坦纳扎尔巴耶夫大学演讲时提出了发展丝绸之路经济带的倡议。丝绸之路经济带，是在古丝绸之路概念基础上形成的一个新的经济发展区域，包括西北五省区陕西、甘肃、青海、宁夏、新疆和西南四省区市重庆、四川、云南、广西。新丝绸之路经济带，东边牵着亚太经济圈，西边系着发达的欧洲经济圈，被认为是"世界上最长、最具有发展潜力的经济大走廊"。丝绸之路经济带地域辽阔，有丰富的自然资源、矿产资源、能源资源、土地资源和宝贵的旅游资源，被称为 21 世纪的战略能源和资源基地。生态环境保护和治理是未来国家间合作与对话的一个中心话题，也是中国与中亚、西亚甚至东欧等丝绸之路沿线国家所共同面对的生态挑战。古丝绸之路的两条主线，一条是绿洲路线，另一条是草原路线，充分说明了丝路沿线国家在生态安全、生态治理、生态合作等方面的重要性。生态环境既推动了古丝绸之路的兴起，也见证了古丝绸之路的衰败，这使得生态绿色丝绸之路建设成为沿线国家的必然选择。当前，西北五省与丝绸沿线国家共同面临着生态保护和治理的难题和挑战，西北五省要肩负起推进沿线生态治理和绿色丝绸之路经济带建设的历史重任，将生态建设好的经验和做法向丝绸之路沿线国家推广，同时要积极汲取他们成熟的经验和做法。

发展丝绸之路经济带，以点带面，从线到片，逐步形成区域大合作：一，加强政策沟通。各国可以就经济发展战略和对策进行充分交流，本着求同存异原则，协商制定推进区域合作的规划和措施，在政策和法律上为区域经济融合"开绿灯"。二，加强道路联通。打通从太平洋到波罗的海的运输大通道，在此基础上，中国同各方积极探讨完善跨境交通基础设施，就可以逐步形成连接东亚、西亚、南亚的交通运输网络，为各国经济发展和人员往来提供便利。三，加强贸易畅通。丝绸之路经济带总人口近 30 亿，市场规模和潜力独一无二。各国在贸易和投资领域合作潜力巨大。各方会在贸易和投资便利化问题进行探讨并做出适当安排，消除贸易壁垒，降低贸易和投资成本，提高区域经济循环速度和质量，实现互利共赢。四，加强货币流通。中国和俄罗斯等国在本币结算方面开展了良好合作，取得了可喜成果，也积累了丰富经验。如果各国实现本币兑换和结算，就可以大大降低流通成本，增强抵御金融风险能力，提高本地区经济国际竞争力。五，加强民心相通。国之交在于民相亲。各国人民加强友好往来，增进相互了解和传统友谊，为开展区域合作奠定坚实民意基础和社会基础。

中国的发展需要兼顾地区平衡，发展和建设"丝绸之路经济带"，就要着重考虑经济社会发展比较落后的西北地区，开拓西北地区新的经济增长点。复兴丝绸之路能带动经济实力较为薄弱的西北地区，有望形成新的开放前沿。通过建设"丝绸之路经济带"，加强和周边国家和地区各方面的合作，为中国西北营造良好的周边政治、国防、民族、生态建设环境，吸取和借鉴周边国家和地区在经济社会发展和生态环境保护及治理中的有益经验，有利于消化中国严重过剩的各种产能，解决西北地区生态环境问题，探寻出西北地区生态治理的科学可行路径。

第三，黄河流域生态保护和高质量发展战略助推新时代西北地区生态环境保护和经济高质量发展。黄河发源于青藏高原，流经9个省区（自西向东分别流经青海、四川、甘肃、宁夏、内蒙古、陕西、山西、河南、山东），全长5464公里，是我国仅次于长江的第二大河。2019年9月18日，习近平总书记在河南郑州主持召开了黄河流域生态保护和高质量发展座谈会，提出了黄河流域生态保护和高质量发展的重大战略。习近平总书记强调，治理黄河，重在保护，要在治理。

在黄河流域生态保护和高质量发展的过程中，一要加强生态环境保护，充分考虑上中下游的差异，生态优先，因地制宜，分类保护和治理。二要保障黄河长治久安，紧紧抓住水沙关系调节这个"牛鼻子"，完善水沙调控机制，解决九龙治水、分头管理问题。三要推进水资源节约集约利用，坚持以水定城、以水定地、以水定人、以水定产，把水资源作为最大的刚性约束。四要推动黄河流域高质量发展，沿黄河各地区要从实际出发，宜水则水、宜山则山、宜粮则粮、宜农则农、宜工则工、宜商则商，积极探索富有地域特色的高质量发展新路子。五要保护、传承、弘扬黄河文化，要推进黄河文化遗产的系统保护，深入挖掘黄河文化蕴含的时代价值。为了完成以上目标，就要加强对黄河流域生态保护和高质量发展的领导，抓紧开展顶层设计，加强重大问题研究，着力创新体制机制。不言而喻，黄河流域生态保护和高质量发展战略的推进和实施，不仅能助推整个黄河流域9省区的生态保护、生态治理和经济高质量发展，也为西北地区生态保护、治理和经济社会高质量发展提供重要战略机遇。[①]

4. 新时代西北地区生态环境保护和经济社会发展的难题

新时代西北地区经济社会发展的挑战表现在方方面面，但最突出的难题就是如何实现生态保护和经济高质量发展的"双轮驱动"和协调推进，也就是说，新时代西北地区既要保护到底，也要发展到位是一个突出难题。西北地区在我国经济社会发展和生态安全方面具有十分重要的地位，面临的具体难题为：

第一，如何加强生态保护及治理。西北地区5省区除新疆外，都处在黄河流域，构成我国重要的生态屏障，对于黄河流域的生态保护乃至全国的生态安全有着不可替代的重要作用。西北5省区水土流失严重，所辖的黄河水少沙多、水沙关系不协调，是复杂难治的症结所在，必须把黄土高原水土流失治理作为重大工程，推动人口向中心城市集聚、向城市圈集聚、向城市群集聚，减少生态敏感区域的人类活动，将有助于西北地区以至黄河流域的生态修复和环境保护。而且，人口向中心城市和城市圈、城市群集聚也可以提高经济效率，由此带来高质量发展和生态保护环境双驱动。在这个过程中，如何依托城镇化进程，形成从中心城市到城市圈、城市群、区域板块的发展，这是第一大难题。

第二，如何重塑产业竞争优势。良好的生态保护和强有力的生态治理，离不开经济发展的支撑。西北地区5省区是我国的重要经济地带，肩负着探索迈向高质量发展的重任。中央提出要构建国内国际双循环相互促进的新发展格局，这对于西北地区来说既是重大发展机遇又是重大挑战。新时代西北地区经济社会发展必须加快转向数字经济，实现产业数字化和数字产业化，以数字经济带动产业转型升级。特别是在一些比较偏远的地区，更要积极拥抱互联网经济，加快数字经济发展。生态优先是西北地区经济高质量发展的基础，一定要有产业的支撑。如果缺乏产业支撑，就无法实现高质量发展。在产业发展的过程中，西北地区要加快推动动能转换，特别是要摆脱资源消耗大、环境污染严重、发展方式粗放的旧动能，寻找经济效益、社会效益、生态效益共赢的新动能。新时代西北地区经济社会发展中，如何发展数字经济、如何推动动能转换，这是第二大难题。

[①] 在黄河流域生态保护和高质量发展座谈会上的讲话［EB/OL］.http://www.xinhuanet.com/2019-10/15/c_1125107042.htm.

第三，如何构建高效、包容、可持续的经济地理。西北地区生态保护、治理和经济高质量发展，根本出路在于建立高效、包容、可持续的经济地理。制约西北地区生态保护和经济高质量发展的关键是资源不节约、环境不友好的产业结构、生产和消费方式以及空间格局。可围绕经济活动相对活跃的区域，促进人口和产业聚拢，并优化资源空间配置，打造紧凑型的经济地理，提高整个流域人口和经济活动的空间集聚度。在西北地区构建高质量的经济空间发展新格局，要以新发展理念为指引，以提高可持续发展能力为中心，创新西北地区空间开发方式。还要以服务"一带一路"建设和促进区域协调发展为导向，加快关中增长极和陇海—兰新发展轴，以及兰州都市圈、银川都市圈、西宁—海东都市圈的建设。如何切实有效地构建高效、包容、可持续的经济地理，是新时代西北地区生态保护、治理和经济高质量发展的第三大难题。

二、新时代西北地区生态环境问题

西北地区生态环境问题是人们为维持自身生存，在不断促进经济快速发展过程中，以非科学的生产生活方式对生态环境原有的结构和功能造成的破坏和污染，这不仅危害西北地区人们自身的利益，而且威胁整个西北地区人们的基本生存权和发展权。当前西北地区生态环境问题已严重制约区域经济社会发展进程。

1. 水土资源短缺。尽管中国两大河流均发源于西北境内，中国第二大河黄河流经西北的青海、甘肃、宁夏、陕西四省区，新疆、青海境内分布着许多闻名全国的大湖，但水资源总量较少，而且西北地区深居我国内陆，常年降水稀少，雨季和无霜期均较短，且降水量远远小于蒸发量，是我国水资源短缺最为典型的地区。调查数据显示，2018 年，全年水资源总量 27462.5 亿立方米，西北五省水资源总量约为 2229 亿立方米，占全国水资源总量的 8.1%，全国人均水资源量 1971.8 立方米 / 人，甘肃省人均水资源量为 1266.58 立方米 / 人，宁夏回族自治区人均资源量仅为 214.60 立方米 / 人，仅为全国的 11% 左右。[①]2018年，新疆地区"人均水资源 3483 米³，为全国人均占有量的近两倍，但是单位面积径流深仅 50 mm，水资源难以储存；青海由于人口少，人均水资源占有量

---

① 以上数据来源于《中国统计年鉴》及国家统计局测算（2019）.

达到 15946 米 ^{3}/人，但是由于自然地理原因，蒸发量极大 [1]。受全球气候变暖和人们不合理的生产活动的影响，西北地区许多河流、湖泊出现了水位下降、干涸、断流等现象。西北大部分农村地区，村民仍然以传统大水漫灌作为灌溉农田的主要方式，同时对于地下水源采取非科学、无节、无度方式开采，这些对于水资源极度匮乏的广大西北地区来说都极易引发地下水位的大幅下降；农业活动中农民使用的大量化肥与高毒农药也会随水源渗透到地下水层，而且还存在工业非法排污现象，一些企业不仅非法堆弃废料、废渣，有时还将其偷偷倾倒进清澈河流和湖水中，这些问题一方面会给水生动植物造成巨大危害，另一方面也会给水源和土壤造成不同程度的污染，引发用水、用地危机；人们在日常生活中将垃圾要么胡乱堆弃，要么就倾倒进河、湖等水源中，这一问题尤其以西北广大农村地区尤为严重，这不仅污染土地和水源，还会占用土地空间；加之西北地区水资源原本空间分布格局极不平衡，部分水资源身处高山之中，很难加以开发和利用。虽然近些年随着生态环境保护力度的逐渐加强，西北诸河水质总体为优，但是还是存在 IV 和 V 类水质 [2]。

2018 年西北诸河水质状况

水体	断面数（个）	比例（%）						比 2017 年变化（百分点）					
		I 类	II 类	III 类	IV 类	V 类	劣 V 类	I 类	II 类	III 类	IV 类	V 类	劣 V 类
河流	62	25.8	62.9	8.1	3.2	0.0	0.0	12.9	-14.5	1.7	1.6	-1.6	0.0
省界断面	2	50.0	50.0	0.0	0.0	0.0	0.0	50.0	0.0	-50.0	0.0	0.0	0.0

注：数据来源于《中国环境公报》（2018）

---

[1] 以上数据来源于《中国统计年鉴》及国家统计局测算（2019）.

[2] 依据《地表水环境质量标准》（GB 3838–2002）I 、II 类水质可用于饮用水源一级保护区、珍稀水生生物栖息地、鱼虾类产卵场、仔稚幼鱼的索饵场等；III 类水质可用于饮用水源二级保护区、鱼虾类越冬场、洄游通道、水产养殖区、游泳区；IV 类水质可用于一般工业用水和人体非直接接触的娱乐用水；V 类水质可用于农业用水及一般景观用水；劣 V 类水质除调节局部气候外，几乎无使用功能。

此外,人们滥砍滥伐树木、过度放牧、滥垦荒地等不合理行为,导致水土流失和土地荒漠化程度日益加深。综上所述,我们能够清晰地看到当前西北地区水、土资源短缺这些亟待解决的问题不仅会直接影响人们正常的生产生活和身体健康,还会降低粮食产量,严重阻碍区域经济发展。

2. 水土流失和土地荒漠化加剧。西北地区是我国水土流失和土地荒漠化的重灾区。水土流失由多种原因引发,如植被破坏、风蚀、水蚀等,但是造成水土流失的首要原因还是植被覆盖率和覆盖质量的急剧下滑。据统计,全国森林面积 2.2 亿公顷,森林覆盖率 22.96%,森林蓄积 175.6 亿立方米。在西北大部分地区,森林和草原植被覆盖率总体偏低,西北五省除了陕西省覆盖率最高,达到了 43.06% 外,甘肃、宁夏占比为全国的 11.33%、12.63%;青海、新疆森林覆盖面积都比较低,分别为 5.82%、4.87%。[①] 另外,世界上水土流失最严重的黄土高原大部分也位于西北五省境内,在自然原因和人为因素的合力作用下,植被遭到很大破坏,一到多雨季节,泥沙俱下,水土流失严重。同时水土流失的不断加剧还往往会引发一系列的次生灾害,形成灾害性链条,如导致土地盐碱化程度加深,进而降低土壤肥力,引发土地贫瘠,最终造成土地资源紧张;增加地表水和江河、湖泊的泥沙量,大量泥沙淤积致使河道堵塞、河床抬高、洪水泛滥,极易诱发滑坡、崩塌、泥石流等自然灾害,严重危及西北地区和下游人们的生命财产安全。

土地荒漠化有着"地球癌症"之称,在我国西北地区尤为严重。虽然近年来西北地区土地荒漠化程度在局部上有所缓解,但在整体上仍然处于恶化的情形。根据第五次全国荒漠化和沙化监测结果,全国荒漠化土地面积 261.16 万平方千米,沙化土地面积 172.12 万平方千米[②]。据调查,位于西北地区的甘肃省"荒漠化土地总面积 19.34 万平方公里,占全省总面积的 45.4%"[③]。新疆由于多重因素的影响,目前沙化面积达到 74.71 万平方公里,占全区总面积的 44.87%[④],同时沙化面积还在逐年扩大。与此同时,在我国西北地区还分布着广泛的沙漠和戈壁,如位于新疆境内的世界第二大沙漠塔克拉玛干沙漠,准噶尔

---

① 以上数据来源于中国统计年鉴(2019).
② 以上数据来源于国家统计局(2017).
③ 林治波. 沙漠治理迈入机械化时代 [N]. 人民日报, 2016 - 03 - 08(23).
④ 数据来源于乌鲁木齐市政府网站 http//:www.urumqi.gov.cn, 2018 - 06 - 27.

盆地中部的古尔班通古特沙漠、库姆达格沙漠；位于青海西北部的柴达木盆地沙漠；位于甘肃和宁夏西北部的腾格里沙漠等，占我国沙漠总面积的份额比重甚大。春秋季节风沙走石，沙尘肆虐，这是致使近年沙尘暴天气频繁侵袭我国的重要原因之一。沙尘暴天气的频现不仅给西北地区造成严重的经济损失，还会严重危及东中部以及长江中下游地区生态安全和人民的经济财产安全。土地荒漠化与贫困相伴相生，互为因果。过去，我国近35%的贫困县、近30%的贫困人口分布在西北沙区。沙区既是全国生态脆弱区，又是深度贫困地区；既是生态建设主战场，也是脱贫攻坚的重点难点地区，改善生态与发展经济的任务都十分繁重。土地荒漠化不断加剧不仅会直接影响西北地区工农业的生产，还会制约其经济社会可持续发展的进程。

土地退化是自然因素与人为因素共同作用的结果，防治土地荒漠化是我国的一项重要战略任务。我国已采取一系列行之有效的举措成功遏制了荒漠化扩展的态势。但是，我国土地荒漠化面积呈现出波动性特征，重点天然草原平均牲畜超载率仍高于10%。防治土地荒漠化是重大的生态工程，更是重大的社会工程，全面遏制土地荒漠化扩展需要一个长期的过程。有学者指出，我国荒漠化土地面积约占国土面积的1/4，其中沙化土地面积约占国土面积的近1/5。土地荒漠化已成为建设生态文明和美丽中国的重要制约因素。[①]第三、四、五次全国土地荒漠化监测报告数据显示，我国荒漠化土地面积和沙化土地面积呈现出波动性和集中分布在西部省份的特征，并且个别省份存在略有增加的现象。全国土地荒漠化监测数据显示，新疆、内蒙古、西藏、甘肃、青海五省份第三、四、五次监测的土地荒漠化面积，合计分别为251.27万平方公里、250.51万平方公里和249.78万平方公里，占全国的比重分别为95.32%、95.48%和95.64%，即这五省份土地荒漠化面积呈现下降趋势，但占全国的比重却呈上升趋势，这五个省份的土地沙化面积呈现出与土地荒漠化面积同样的趋势。第三、四、五次的三个监测周期中，甘肃省土地荒漠化面积分别为19.35万平方公里，19.21万平方公里和19.50万平方公里，新疆土地沙化面积分别为74.63万平方公里、74.67万平方公里和74.71万平方公里，均呈波动上升趋势（见下表）。

① 张建龙.防治土地荒漠化 推动绿色发展［J］.内蒙古林业.2019（7）.

第三至五次全国土地荒漠化监测数据（单位：万平方公里，%）

地区	第三次（2000—2004年）				第四次（2005—2009年）				第五次（2010—2014年）			
	荒漠化面积	荒漠化面积占全国比重	其中：沙化面积	沙化面积占全国的比重	荒漠化面积	荒漠化面积占全国比重	其中：沙化面积	沙化面积占全国比重	荒漠化面积	荒漠化面积占全国比重	其中：沙化面积	沙化面积占全国比重
全国	263.61	—	173.97		262.37	—	173.11	—	261.16	—	172.12	—
新疆	107.16	40.65	74.63	42.90	107.12	40.83	74.67	43.13	107.06	40.99	74.71	43.41
陕西	2.99	1.13	1.43	0.82	2.93	1.12	1.40	0.81	2.80	1.07	1.35	0.78
宁夏	2.97	1.13	1.18	0.68	2.89	1.10	1.16	0.67	2.78	1.06	1.12	0.65
甘肃	19.35	7.34	12.03	6.91	19.21	7.32	11.92	6.89	19.50	7.47	12.46	7.24
青海	19.17	7.27	12.56	7.22	19.14	7.30	12.50	7.22	19.04	7.29	12.17	7.07
五省区合计	151.64	57.52	101.83	58.53	151.29	57.67	101.65	58.72	151.18	57.88	101.81	59.15

3. 环境污染严重，环境冲突激增。近年来西北地区经济发展取得了可喜的成绩，但是经济实力在跃升的同时也产生了严重的生态环境问题。如前文所述，我国西北地区分布有丰富的自然资源和可再生能源如矿产、光能、风能等，由于开采技术水平落后，又急于发展经济，无节制、非科学的开发经营方式成为西北地区促进经济总量增长的"惯用手段"，长此以往造成大量的资源被浪费，环境污染问题激增，甚至污染程度高出东部经济发达地区的3—4倍。在西北广大的农村地区，农业活动中所使用的大量的塑料薄膜、化肥、农药等，日常生活中人畜粪便、生活垃圾等这些都会对农业生态系统和农村生态环境造成不同程度的破坏和影响。由于农业活动中必不可少要施肥、喷洒农药、借助机械动力等，致使附近水源和土壤中残留的有毒有害物质逐年叠加，加之不可降解的农用塑料薄膜很少有回收，最终造成农田和附近水源遭受不同程度的污染，导

致土壤中盐离子、重金属积累，土壤酸性增强，造成土壤板结，土壤肥力下降，农产品中重金属超标。不仅粮食总量大幅减产，还会致使农用土地资源出现紧张现象。另外，西北地区部分政府官员心中唯 GDP 的观念"根深蒂固"，难以改变，一味追求经济利益最大化，不顾忌环境承载力，为了发展区域经济赶上中东部地区的发展步伐，在承接产业转移过程中，只关注经济的增长，很少考虑承接项目的性质，一方面，项目承接确实能够解决部分人的就业问题，另一方面，它也致使一些污染严重的企业"顺利"转移到了经济发展相对落后的西北地区，给西北地区的生态环境造成了巨大的压力。

伴随西北地区城市化水平的提高，为了不断优化市民城居环境，提升城市"颜值"，迫使一些污染严重的企业转移到了环保意识淡薄的农村地区，工业"三废"的大量排放给农民的生产生活带来了严重影响，为环境事件的发生埋下了祸根。生态环境治理是一项系统工程，需要很长的周期，绝非一蹴而就，特别是在农村地区环境污染严重时要对附近村民采取生态移民等政策。农村环境问题一旦得不到有效及时的解决，便会引起强烈的社会反映，激起民愤，诱发环境事件，如甘肃兰州飞龙化工"9·7"总挥发性有机物泄漏事件和甘肃徽县群众铅中毒事件、陕西中石油公司兰郑长成品油管道渭南支线"12·30"柴油泄漏事件等，不仅扰乱西北地区正常的社会治安，影响国家政治系统的稳定，还威胁西北地区人民的人身财产安全，引发西北地区人民恐慌，伤害社会心理。

三、新时代西北地区生态环境问题溯因

近年来，"生态环境在群众生活幸福指数中的地位不断凸显，环境问题日益成为重要的民生问题"[①]。然而，西北地区生态环境问题仍然没有得到有效遏制。因此，当前西北地区应当深度剖析生态环境问题的具体成因，以加快治理西北地区生态环境问题，改善西北地区生态环境质量，还人民以绿水青山。

1. 自然因素与沉重的人口承载力。首先，自然因素是导致西北地区生态环境问题恶化的重要诱因之一。西北地区身处高原山地，分布有广泛的戈壁和沙漠，其中甘、新、宁三省区部分地区，特别是新疆大部分都位于"蒙新风沙区"。

---

① 中共中央宣传部.习近平系列重要讲话读本［M］.北京：学习出版社，人民出版社，2014：123.

甘肃地形地势复杂，草原、戈壁交错杂处，自然条件恶劣，生态环境脆弱。新疆由于自古以来就有"三山夹两盆"的特殊地形，使得来自外界的暖湿气流难以入侵到新疆内部。同时受西伯利亚干冷气流影响，西北部分少数民族地区天气异常寒冷，对土地发育和牧草生长造成了严重的负面影响，这些地区生态环境一旦受到破坏，便很难及时得到有效修复，加之西北地区生态系统先天脆弱，气候干旱少雨，最终导致各种生态灾害频发。其次，沉重的人口承载力加剧了西北地区生态环境的恶化。人是生态环境的消费者，为了得到更多的生态环境服务，人们只能通过不断消耗生态环境这一公共产品来支撑大规模的人口集聚。西北地区虽然地源辽阔，但其中有很多都是戈壁和荒漠，可承载人口的有用土地有限。近年来，外来人口和本地人口自然增长率逐年攀升，单位面积人口承载力严重超限，对西北地区生态环境造成了巨大的压力，阻碍了西北地区人口、资源与环境之间的协调发展。

2. 经济发展缺乏后劲。为治理西北地区生态环境问题，西北地区政府曾相继出台了一系列措施如"三北防护林"工程、恢复植被防风固沙等。然而由于经济支持缺乏后劲，资金投入不足，未能取得显著的效果。首先，国家对于"三北防护林"工程的造林补助金伴随物价和成本的不断上涨而导致缺口不断扩大。其次，在恢复植被防风固沙方面，各省的沙化治理费用有限，有限的补助金根本不可能会取到预设的治沙效果。治理的前期阶段，国家曾拨付款项给予积极支持，但是随后资金投入却逐渐减少，最终只能依靠西北地区当地政府的专项资金和信贷来获取治理经费。最后，在兴修农田水利设施和水土流失治理方面，水土流失和农田灌溉的面积未达到计划中的理想效果，其中部分水利设施常年失修，老化严重，用于灌溉农田的水库也存有堤坝坍塌、蓄水量骤降的现象。概言之，西北地区生态治理进度远远低于环境恶化速度，这些问题急需引起西北地区当地政府的高度重视。

3. 相关法律体系和监督机制不健全。西北地区生态环境问题频繁出现与生态环境保护相关的法律体系和监督机制不健全密不可分。首先，从国家层面上来说，目前我国缺乏一部具有针对西北地区特色的环境保护法律文本，在我国环保立法中适应西北地区生态保护的法律条文规定较少，即使有所涉及但也缺乏针对性。其次，执法人员的素质参差不齐，执法力度不够，有法不依、滥用职权等现象时有发生，大大降低了执法人员在人们心中的权威形象。另外，对于西北地区环保执法部门的监督不彻底，特别是在舆论监督和公众监督方面存在很大的缺陷。无论是政府还是非政府的环保组织，并未充分发挥各自对西北地区环保执法部门应有的监督作用，经常处于一种被动和消极对待的态度，加之西北地区公众尤其是广大农民群体的环保意识淡薄，环保法律观念薄弱，导致公众对环境保护的激情并不高，因而更不能充分发挥他们对环保执法部门的监督作用。

四、新时代西北地区生态环境问题危害

当前西北地区环境问题并非单纯的生态破坏和环境污染那么简单，由于生态环境问题日益凸显，加之波及范围和危害的不断扩大，西北地区环境问题已经不是单纯的环境问题，它已经变成了复杂的社会问题和政治问题，影响西北地区经济社会发展的稳定和和谐。

1.影响西北地区各民族团结和边疆地区的稳定

近年来西北地区经济社会发展取得的显著成就有目共睹，但是，经济发展却忽视了生态伦理道德，引发了一系列生态环境问题。生态治理是一项复杂而庞大的系统工程，绝非一朝一夕能够解决，然而一旦民众的生态权益无法及时得到有效保护和回应，生态环境问题便会引发环境群体性事件，不仅严重威胁区域内民众的人身财产安全，更不利于构建生态和谐的美丽新西北。同时，西北地区与多国毗邻，是我国少数民族主要聚居地之一，这里分布有回族、维吾尔族、柯尔克孜族、乌孜别克族、塔塔尔族、塔吉克族等众多少数民族，由于他们有着自己的宗教信仰，对环境问题更是有属于自己的文化认同。因此，如果西北地区不能有效遏制环境问题，就会影响民族团结和威胁边疆稳定。

长期以来，生活在西北地区的各民族形成了各自独具特色的民族文化，最具鲜明特色的就是宗教信仰，其中伊斯兰教和藏传佛教占据主体地位，民族内部之间形成了强大的凝聚力。当前伴随西北地区经济指数的攀升，在西北民族地区尤其是在广大农村和游牧民族地区出现了不同程度的生态破坏问题，草原对于游牧民族来说就是"衣食父母"，他们在面对自己的生存环境被严重破坏、家园被污染以及由此给家人带来的疾病等种种情形，排斥心理便随即凸显出来。

此外，生态治理具有长期性、民族宗教意识认同在根本上存在差异以及宗教自身具有的排他性，人民愤懑的心情一时无法宣泄，生态诉求又不能及时得到回应，就极有可能引发环境事件，扰乱西北地区的社会治安，造成社会动荡，加深民族之间的矛盾，影响西北地区各民族之间的团结，不利于民族共同繁荣发展。因此，西北地区在今后的经济发展过程中必须首先解决好整个西北地区尤其是民族地区的生态环境问题。

西北地区特别是新疆地区由环境问题引发环境事件如果不能及时妥善地得以解决，会严重威胁我国边疆稳定，甚至会威胁整个国家的政治系统安全。众所周知，位于西北边陲的新疆是西北地区少数民族和宗教信仰最为明显的地区，它与哈萨克斯坦、吉尔吉斯斯坦、塔吉克斯坦等7个国家都有接壤，并且还有发源于新疆流经多国的额尔齐斯河，战略地位可见一斑。近年来新疆的经济发展获得了喜人成就，然而在经济发展的同时不可避免地产生了一系列棘手的生态环境问题。事实证明，如果新疆地区的生态环境问题不能有效解决或发生严重跨境生态问题，那么不仅在其内部会产生环境事件引发社会骚乱威胁边疆稳定，甚至还会影响国家政治系统的稳定。

近年来，西北地区的新疆非法宗教活动和暴恐案件时有发生，如果同时出现环境事件，这两个方面交织在一起极易给非法和暴恐分子以可乘之机，就环境事件虚张声势，夸大事实，鼓动群众、动摇民心，引发社会秩序混乱，就此实现不可告人的目的。如在跨界民族问题上，"由于受到中亚、西亚、南亚国家恐怖组织的渗透影响，中亚的宗教极端组织与新疆民族分裂势力相勾结，不断派遣大量受训人员入境，向新疆境内偷运武器，传授制爆技术等，导致新疆近年来的恐怖活动日益增多，严重干扰了生产、生活和工作秩序，影响了社会稳定"①。显然，如果西北地区发生环境事件，更容易被境内外敌对势力利用。也就是说，西北地区由环境问题所引发的环境事件极易被境内外敌对势力借题发挥绝非危言耸听。因此，今后解决西北地区生态环境问题时，必须把新疆地区的生态环境问题及其引发的环境事件的解决摆在突出位置或者优先解决，以打消境内外敌对势力以此为由借题发挥的恶念，为西北地区经济发展提供和谐的

---

① 毛欣娟.跨界民族问题与新疆社会稳定［J］.中国人民公安大学学报（社会科学版）.2006（2）.

社会环境，为实现边疆的稳定以及全面建成小康社会营造良好的社会氛围。

2. 影响西北地区人们生命财产安全和经济社会正常发展

环境问题如果得不到有效治理和解决，民众的基本生存环境、身体健康就会直接受到威胁，如果民众的环境利益诉求长期得不到解决，矛盾长期累积就会引发环境事件。在对抗性和群体性环境事件中，可能会由于事件参与人员多，相互之间具有感染、模仿性，相互鼓动，相关的利益主体很容易因情绪激动而导致行为失控，从而采取不计后果破坏性的消极行为，会严重影响西北地区人们生命财产安全。环境问题并非一朝一夕就能够解决，西北地区有些企业"顶风作案""屡教不改"，仍不停止污染行为，加上人们自身利益得不到有效及时的解决，就会引起社会骚乱，扰乱社会秩序，加重经济损失。水污染、大气污染以及噪声污染等严重损害和威胁着西北地区公众的身体健康，虽然污染程度有所不同，但当地公众对这些污染均有所感受。随着人们的环境意识不断加强，加之环境污染程度愈发加重，公众的环境利益得不到有效保证，甚至恶化的环境污染还会给人们的身体健康带来严重危害，环境问题就会很容易引发环境事件。

环境污染导致人的身体健康、财产安全受到损害。长期以来，公众环境利益得不到满足，矛盾积累必然导致环境事件，每一起环境事件中，生态环境和民众健康都会付出巨大牺牲。随着西北地区城市化进程的加快，城市大气污染越来越严重。西北地区城市大气污染主要以煤炭型污染为主，即在燃煤的同时会向空中排放大量如烟尘、二氧化硫、氮氧化物和一氧化碳等有毒有害物质。这些环境污染不仅对西北地区公众生命财产安全造成严重危害，也是环境事件的诱因。近年来，西北地区环境问题严重危害人们的身体健康、威胁人们的生命安全。发生在陕西凤翔血铅超标事件，615 名儿童血铅超标；甘肃省陇南市徽县的血铅超标事故中，368 名儿童血铅超标，引发了当地群众的恐慌。对于整个西北地区来说，这些生态环境问题不仅时时刻刻威胁和损害其经济命脉，更严重剥削了当地人民的基本生活条件。

3. 影响西北地区正常的公共秩序和公共安全

"社会秩序是维护社会生产和生活的重要条件，是社会稳定和发展的重要基础。"① 环境问题解决不好，就极有可能引发环境事件，其突出的社会影响就是对社会公共秩序造成危害，"不同地点、内容、规模的环境事件，都或多或少地与公共秩序发生矛盾，不同程度地影响到公共秩序"②。环境问题会引发环境事件，进而会破坏西北地区的社会结构和行为秩序。环境事件会打破正常的社会结构系统，造成社会混乱，引发社会危机，甚至威胁到社会稳定。社会行为秩序又是社会成员行为有序化的重要保证。环境事件中产生的不合法行为，会破坏人们共同遵守和维护的社会规范，削弱人与人之间相对稳定的社会关系，影响西北地区社会的良性运行。众所周知，西北地区生态脆弱，环境问题威胁西北地区的社会秩序和公共安全，因此，有效预防并治理西北地区环境问题，是西北地区经济社会发展必须面对的课题。

此外，环境问题不仅给公众生产生活带来负面影响，给公众身体健康带来侵害，同时也严重影响政府形象，增加社会治理成本和社会不和谐因素，影响社会稳定。随着互联网的加速发展，新媒体以其广泛的影响力和较快的传播性特点，成为信息传播的有效载体。环境问题的负面效应在新媒体的带动下往往会快速扩散，在社会上造成不良影响，很容易造成那些有着类似环境诉求群体的"争相效仿"。那些原本是根据实际情况，利用合理手段维护自身环境权益的公众，看到这些环境事件的最终解决结果后，就会形成"大闹大解决，小闹小解决"的错误认识，这成为环境事件的诱发因素，会导致社会秩序混乱，破坏社会公共安全。

4.威胁西北地区生态安全和国家政治系统稳定

当前西北地区环境问题背后所隐藏的已不仅仅只是人与自然这一对矛盾，由环境问题所引发的其他问题已经迫使我们不得不重新审视生态环境问题。当前的生态环境问题已经演变成了深刻的社会问题和政治问题。西北地区是我国主要的生态敏感区之一，极易受到不合理的开发活动产生的负面生态效应的影响，会对西北地区的生态安全和国家政治系统稳定构成威胁。

西北地区是国家生态安全的重要屏障，环境问题日益积聚，已经成为社会性的问题，它所影响的也不只是小村庄、小区域的环境，已经威胁到西北地区

① 毕天云.社会冲突的双重功能［J］.云南大学社会科学学报.2001（2）.
② 余伟京.环境冲突的功能分析［J］.西北农林科技大学学报（社会科学版）.2004（6）.

和整个国家的生态安全。环境问题引发环境事件，足以表明生态破坏和环境污染已经相当严重，加之环境破坏的不可逆性，"酸雨、臭氧层破坏、环境污染事故、物种灭绝等环境破坏，其后果往往不是单一的"①，它会间接导致部分生态系统的失衡，引发一系列连锁效应。毫无疑问，环境问题不仅浪费了当地自然资源，而且生态环境的结构、功能等也会随之发生重大变化，不仅导致生态危机不断加深，还会引发一系列新问题：自然资源能源的有限性与人类追求经济利益的无限性之间的矛盾日益突出；不可再生能源的不断衰竭引发与之相关的众多综合性生态问题，连锁反应越来越明显；城市化的迅速发展，致使其自身和附近地区的污染系数与日俱增，对西北地区的生态安全造成了严重威胁。

西北地区环境问题还会威胁国家政治系统稳定。国家政治系统稳定是建立在各个地区政治系统稳定的基础之上的。也就是说，各个地区的政治系统是否稳定对整个国家政治系统稳定有着制约的作用。与环境问题引发环境事件造成财产损失，扰乱社会生活秩序，危害社会经济发展等危害相比，环境问题及其引发的环境事件最大的危害是威胁国家政治系统稳定。在西北地区，环境问题"如果处理不当，就会使矛盾进一步激化，超过社会稳定的阈值"②，就可能危及整个国家政治系统的稳定。环境问题引发的环境事件对生态环境具有很强的破坏性，严重危害公众生命财产安全，可能造成社会动荡、人心涣散的不良后果。"同时环境事件的相互感染性，可能会使非理性的冲动情绪在不同的群体间传递"③，使得一些国际敌对势力有机可乘。西北地区是多民族聚居地区，民族宗教矛盾错综复杂、相互交织，西北地区很有可能会成为西方敌对势力从民族关系入手来实行西化和分化的场所，这样就会破坏西北地区的政治安全，威胁我国的政治系统稳定。

概而言之，西北地区环境问题不仅会制约自身经济社会的健康持续发展，还会影响政府形象，降低社会信任度，从而威胁国家政治系统安全。它不利于政府、企业和群众三者之间的和谐相处。进一步讲，西北地区环境问题频发，将成为影响我国政治和社会稳定的重要问题，并有可能酿成一些具有较大破坏

---

① 余伟京．环境冲突的功能分析［J］．西北农林科技大学学报（社会科学版）.2004（6）.

② 向德平，陈琦．社会转型时期群体性事件研究［J］．社会科学研究.2003（4）.

③ 何鸣，谢威．群体性事件与公共决策［J］．理论与改革.2000（2）.

力的局部恶性环境事件。因此，政府要站在维护地区安定和谐、实现国家长治久安的高度，无论何时都要坚持"以人为中心"的立场来开展工作，自觉摒除功利主义动机和唯 GDP 政绩观，积极应对和治理环境问题，畅通公众利益表达渠道，及时回应公众诉求。为公众创造优美的生态环境，营造良好的社会秩序，为实现西北地区的社会稳定和维护国家政治系统稳定创造良好的条件。

第三节　新时代西北地区生态治理的理论依据

中国特色社会主义进入新时代，"我国社会主要矛盾已经转化为人民日益增长的美好生活需要和不平衡不充分的发展之间的矛盾"[①]，随着社会主要矛盾的变化，人们开始从过去的"盼温饱""求生存"转变为现在的"盼环保""求生态"，西北地区作为我国重要的生态屏障，需要在正确理论指导下，有效治理当前面临的生态环境问题。新时代西北地区生态治理需要在马克思、恩格斯人与自然和谐统一思想的指引下，吸收中国优秀传统文化中的生态伦理思想，运用习近平生态文明思想，积极借鉴西方学者解决生态危机的智慧，积极推动西北地区生态环境问题的治理，促进西北地区经济发展与环境保护的互利共赢。

一、马克思、恩格斯人与自然和谐统一思想

马克思、恩格斯人与自然和谐统一的思想是新时代西北地区生态治理的理论基石。马克思、恩格斯所处的时代，由于资本主义生产方式的影响，资本主义社会出现了较为严重的生态环境问题，人与自然之间的矛盾逐渐加剧。为此，马克思、恩格斯在实践基础上对资本主义社会私有制下人与自然的关系进行了敏锐审视和深刻探讨，形成了人与自然和谐统一的思想。

1.承认自然的优先性

自然界的物质资源是人类社会产生发展的基础。马克思在研究人与自然的关系中指出："自然界，就它本身不是人的身体而言，是人的无机的身体。"[②]自

---

① 习近平.决胜全面建成小康社会 夺取新时代中国特色社会主义伟大胜利［M］.北京：人民出版社，2017：11.

② 马克思，恩格斯.马克思恩格斯全集（第42卷）［M］.北京：人民出版社，1979：59.

然界先于人类而存在，人们的生存和发展需要依靠自然界而生活，人们应该像爱护自己身体一样爱护自然界，积极尊重和保护自然。人类源于自然界，自然界通过分化产生了人类社会。"所谓人的肉体生活和精神生活同自然界相联系，不外是说自然界同自身相联系，因为人是自然界的一部分。"① 而且 "我们连同我们的肉、血和头脑都是属于自然界和存在于自然之中的"②。人类社会是自然界发展到一定阶段的产物。人类的衣食住行都离不开自然界，自然界为人类的生存和发展提供了物质基础。一旦脱离了自然为人类提供的生存环境和物质资料，人类社会将无法生存。人与自然两者之间相互联系、相互影响，人类一旦破坏了自然环境，最终受到惩罚的将是人类自身。正是因为人类是自然界长期发展的产物，人类来源于自然界，所以，人类在认识和利用自然的过程中，不能凌驾于自然之上。人与自然不是剥夺与被剥夺的关系，而是和谐统一的关系。

人类社会作为自然界中的重要组成部分，存在于自然界之中，并对自然产生根本的依赖性。"人直接地是自然存在物。"③ 人类社会的一切活动都离不开对自然环境的依赖。马克思认为，人有有机身体和无机身体两个身体，其中有机身体是指人自身的血肉之躯，无机身体则是指外部的自然界。马克思强调自然界作为人的无机的身体，人类的生产生活都需要依赖自然界，这就表明，无论是人类的物质生活还是精神生活都离不开自然界，人类自身与自然界是紧密联系的有机整体。同时，不仅作为自然的人依赖于自然界，而且作为社会的人也依赖于自然界。人既有自然属性，同时也有社会属性。人类以生产劳动的形式，对自然进行利用和改造，从而获取自身生存和发展所需要的自然资源以及适宜的环境。在人类社会发展演进中，自然界是人自身存在和发展的基础。马克思强调："劳动本身、生命活动本身、生产活动本身对人来说不过成为满足他的一个需要、即维持肉体生存需要的手段。"④ 这种生产活动是通过社会实践的方式展开的。人类社会发展离不开自然环境，同时社会生产力是社会发展的根本动力。而生产力又包括人、劳动工具和劳动对象三部分，其中人是自然界长期发展的产物，劳动工具是人工的自然物，劳动对象则是自然物本身，构成人类社会发

---

① 马克思，恩格斯 . 马克思恩格斯文集（第1卷）[M] . 北京：人民出版社，2009：161.

② 马克思，恩格斯 . 马克思恩格斯文集（第9卷）[M] . 北京：人民出版社，2009：560.

③ 马克思，恩格斯 . 马克思恩格斯文集（第1卷）[M] . 北京：人民出版社，2009：209.

④ 马克思 .1844 年经济学哲学手稿 [M] . 北京：人民出版社，2000：50.

展最终动力的生产力的三要素都离不开自然界，这就证明了作为社会的人同样离不开自然界。实际上，人的主要化学成分和地壳的化学成分相比有很大的相似之处，人类血液中化学元素的含量和地壳中化学元素的含量在分布规律上具有一致性。如果人类污染和破坏环境，使人体所必需的微量元素发生变化，就会影响人的身体健康，甚至危及人的生命安全，这也是人类对自然环境依赖的重要表现。同时，人类社会对自然界的依赖也体现在物质生活以及精神生活方面。自然界为人类社会提供物质生活所需要的自然资源，同时，人们自然科学研究的对象来源于自然界中的各种动植物、山川、河流等，它们成了人们开展艺术活动的对象，成了人们意识中的重要内容。人类的意识是客观世界的反映，意识的内容来源于自然界。这就表明，自然界不仅为人类社会的生活奠定了物质基础，而且还是人们精神活动创造的源泉。

2. 人对自然的能动作用

人类为了生存和发展需要对自然界进行开发和利用，人类通过劳动实践从自然界中获取生存和发展的物质资料，这就是人与自然之间的物质变换过程。随着生产力的发展，人类逐渐加大了对自然利用和改造的程度，从而实现了马克思所说的"自然的人化"。人们对"自然的人化"过程是人类通过积极发挥主观能动性，"进行有目的的、自觉的改造自然的生产活动"①。人与自然的和谐统一，最终取决于人们对自然的态度以及行为。所以，实现人与自然和谐统一，人们就要合理地开发和利用自然资源，尊重自然规律，有效维持自然生态系统的平衡。尽管人类具有主观能动性，能对自然界进行改造和利用，但是，人类不能片面夸大人的主观能动性，一旦片面夸大人的主观能动性，对自然界进行肆无忌惮的开发和索取，最终会带来生态环境问题，自然界反过来会对人类进行报复和惩罚。恩格斯在《自然辩证法》中强调："我们不要过分陶醉于我们人类对自然界的胜利。对于每一次这样的胜利，自然界都对我们进行报复。每一次胜利，起初确实取得了我们预期的结果，但是往后和再往后却发生完全不同的、出乎预料的影响，常常把最初的结果又消除了。"② 和其他的动物相比，人

---

① 温莲香.马克思主义和谐自然观："人与自然关系"的新范式［J］.西北农林科技大学学报（社会科学版）.2010（5）.

② 马克思，恩格斯.马克思恩格斯文集（第9卷）［M］.北京：人民出版社，2009：559—560.

类最大的优势就是利用自然，之所以人类能够完成动物所不能完成的事情，其原因就在于人类能够积极发挥主观能动性，通过劳动实践，在尊重自然规律的基础上，不断认识和利用自然。在资本主义社会中，资本无视自然本身利益的存在，资本逻辑的实现必然伴随的是自然的灾难。因为每一个资本家所关心和追求的并不是产品的效益，而是利润的最大化，"销售时可获得的利润成了唯一的动力"①。自然界仅仅成了开发和利用的对象，只是一种有用物，这样就"剥夺了整个世界——人类世界和自然世界——本身的价值。"② 这种情况下，自然界中的物质资料只是服从和服务于人的需要，自然界中自然资源自身的价值以及客观存在的自然规律被忽视。

马克思、恩格斯认为，人和自然之间的关系是相互依赖的平等关系，"人作为自然的、肉体的、感性的、对象性的存在物，和动物一样，是受动的、受制约的和受限制的存在物"③。人类源于自然界，与自然之间既是一种相互对立，同时又是相互依赖的关系，人们为了生存和发展，需要不断地利用和改造自然。人类在利用和改造自然的过程中，需要尊重自然规律和自然条件。因为人和自然之间既是对立又是依赖的双重关系，两者形成了对立统一的关系，在这样的互动关系中，人类社会的生产力不断发展与进步。要最终实现人与自然两者的和谐统一，人类就必须积极尊重自然规律。事实上，人类已经逐渐认识到自己对自然界的态度会对人类自身产生的短期以及长期的影响，尤其是在19世纪随着自然科学的不断进步，人们意识到到人与自然和谐关系的重要性，认识到在利用和改造自然的过程中，应该树立"人类自身与自然界之间是一致的、和谐统一的"观念。

3. 人是自然性与社会性的有机统一

马克思指出，人是自然性和社会性的统一，"自然的存在是自在的与为人的统一"。④ 马克思强调，从自然性方面讲，"人直接地是自然存在物"⑤。人类生存

---

① 马克思，恩格斯．马克思恩格斯文集（第9卷）［M］．北京：人民出版社，2009：562.
② 马克思，恩格斯．马克思恩格斯全集（第1卷）［M］．北京：人民出版社，1956：448.
③ 马克思，恩格斯．马克思恩格斯全集（第42卷）［M］．北京：人民出版社，1979：167.
④ 温莲香．马克思主义和谐自然观："人与自然关系"的新范式［J］．西北农林科技大学学报（社会科学版）.2010（5）.
⑤ 马克思，恩格斯．马克思恩格斯文集（第1卷）［M］．北京：人民出版社，2009：209.

和发展的前提是自然界，人类社会是自然界长期发展的产物，人类只能依靠自然界生存，人类自身就具有自然性。"生产的原始条件表现为自然的前提，即生产者的自然生存条件，正如他的活的躯体一样，尽管他再生产并发展这种躯体，但最初不是由他本身创造的，而是他本身的前提；他本身的存在（肉体存在），是一种并非由他创造的自然前提。被他当作属于他所有的无机体来看待的这些自然生存条件，本身具有双重的性质:（1）主体的自然，（2）客体的自然。"① 人类社会的自然性表现为人类自身的躯体，人类在生存和发展的过程中，不断满足自身身体发展的需要，但是，人类自身的躯体并不是由人类自身创造的。人类是自然的存在物的同时，也是"类存在物"，即还具有社会性。人是自然性与社会性两者的统一，但社会性是人的本质特性。马克思强调，人口的生育与人们进行物质生产劳动一样，"表现为双重关系：一方面是自然关系，另一方面是社会关系"②。马克思指出："被抽象地理解的、自为的、被确定为与人分割开来的自然界，对人来说也是无。"③ 马克思恩格斯从人与自然的历史性的实践关系出发，将自然分为自在自然和人化自然，其中人化自然的思想是对自然界形成的独具特色的深刻认识，是对旧唯物主义自然观的根本超越。马克思对自然的认识涵盖了自在自然和人化自然两个重要组成部分。现代文献中的"第二自然"或"人工自然"就是马克思所说的人化自然。马克思在强调人化自然的同时，也充分肯定了自在自然，认为人类社会产生以前的自在自然具有优先性。马克思恩格斯在对人与自然关系的认识中，指出自在自然与人化自然两者密不可分，既有区别又有联系。"自在自然包括人类历史之前的自然，也包括存在于人类认识或者实践之外的自然。人化自然则是指与人类认识和实践活动紧密相连的自然，也就是作为人类认识和实践对象的自然。"④ 在人类劳动实践这一中介的作用下，自在自然向人化自然转变，自然界自身表现为不断向自然人化的转变发展过程，自然的进化呈现出从无序到有序，从低级到高级的发展趋势。人化自然是在人类社会劳动实践的影响下，人们不断利用和改造自然的过程，人类在

---

① 马克思，恩格斯.马克思恩格斯文集（第8卷）[M].北京：人民出版社，2009：139 - 140.

② 马克思.1844年经济学哲学手稿 [M].北京：人民出版社，2000：3.

③ 马克思，恩格斯.马克思恩格斯文集（第1卷）[M].北京：人民出版社，2009：220.

④ 刘仁胜.马克思关于人与自然和谐发展的生态学论述 [J].教学与研究.2006（6）.

人化自然的过程中并没有改变自然界的客观规律。自然史和人类史的双向互动呈现的是自然的历史到历史的自然的发展过程。在现实生活中，人与自然的关系不是固定不变的，随着历史的发展处于不断变化发展之中。

马克思、恩格斯指出，人类社会的生产实现了自然关系和社会关系的统一。人与自然的关系以及人与人的关系两者是相互联系、相互影响的。人与自然的关系、人与人的关系分别属于以物质生产为核心的生产关系以及以生产关系为核心的利益关系。在现实世界中，这两种关系的矛盾冲突状态成为世界各国需要解决的基本问题。马克思、恩格斯人与自然和谐统一的思想具有独特之处，其独特之处在于，他们看到了人与自然关系背后反映的人与人之间的关系，进一步讲，反映的是人与人之间的物质利益关系。

4. 自然与社会统一的中介是劳动实践

人类源于自然界，是自然界长期发展的产物。人与自然之间有着内在的历史性联系。人与其他动物之间有着本质的区别，其根本区别在于人类能进行劳动实践。人类通过生产工具以劳动实践的形式对自然进行改造。人和其他动物一样，要靠自然界满足基本的物质需要，但人类能够积极发挥主观能动性，通过劳动实践来满足自身生存和发展的需要，动物只是通过本能来满足自身的需要。随着生产力水平的不断提高，产生了科学。当社会生产力的发展水平没有达到使人的体力劳动和脑力劳动相分离时，不会产生独立的科学。在原始社会时期，人们不可能脱离于物质生产而专门从事脑力劳动。在原始社会末期，随着生产力的发展，社会中开始出现了剩余产品，有了脑力劳动和体力劳动分离的现象，少数人开始专门从事脑力劳动。马克思在《哥达纲领批判》中指出，"劳动是一切财富的源泉"，这里所说的劳动包含劳动对象和劳动资料，只有这样，劳动才能成为一切财富的源泉。劳动者成了"自由劳动者"，即除了出卖自己的劳动力以外，一无所有，没有任何生产资料。劳动者所从事的劳动是异化劳动，因为无产阶级没有任何生产资料，他们所从事的劳动，只是在为资本家阶级生产剩余价值，其劳动产品由资本家占有。资本主义社会的劳动者只是资产阶级用来创造财富的工具。自然界只有在人类进行劳动实践时才能成为人的对象。自然界是先于人而存在的，这种自然的先在性成为人们实践活动的前提。自在自然不会自发成为人们实践活动的对象。马克思在《1857—1858 年经济学手稿》中指出："单纯的物质世界，只要没有人类劳动物化在其中，也就是说，只要它是不依赖于人类劳动而存在的单纯物质，它就没有价值，因为价值不过是物化劳动。"①土地成为人的对象，因为人类通过劳动实践使土地成为对人来说的有用物。人类通过劳动实践使自然物质成为人的对象，成为对人来说的有用物，因为"一切生产都是个人在一定社会形式中并借这种社会形式而进行的对自然的占有"②。马克思主义经典作家主张"劳动创造人"，黑格尔认为人是自我意识的产物。马克思主义经典作家批评了黑格尔，认为："黑格尔把人的自我产生看成一个过程，把对象化看作失去对象，看作外化和这种外化的扬弃"③。马克思在巴黎手稿中不仅主张"劳动创造人"，而且还认同生命的自然发生说。人类从动物祖先进化而来的过程中，劳动起到了决定性作用。马克思、恩格斯还对劳动的观点进行辩证否定的分析，认为人之所以超越了其他动物，其本质就在于人类能进行劳动实践。同时，在一定的条件下劳动也能奴役人，使人的劳动出现异化，人最终也是通过劳动获得自由，使人成为真正自由而全面发展的人，即"肯定人之本质的劳动—使人异化为动物的劳动—使人获得自由的劳动"④

劳动在整个人类历史长河中具有非常重要的作用，劳动实践成为自然和社会统一的中介，是人区别于其他动物的本质所在。劳动也是人与自然之间物质变换的过程，是人类为了满足自身生存和发展需要，与自然界之间进行物质变换的过程，"是一种自然力（人的有机体）与另一种自然力（自然的无机体）的统一"⑤，是尊重自然规律与利用和改造自然的统一。劳动作为物质变换的重要组成部分，成为自然界和人类社会相互联系的基础，为人类的可持续发展提供了保障。

5. 人和自然之间的"物质变换"

马克思在《资本论》中对人与自然之间的物质变换进行两种解释。一种是"劳动作为人类生产使用价值的创造中介，是不以一切社会形式为转移的人类基

---

① 马克思，恩格斯.马克思恩格斯全集（第46卷上）[M].北京：人民出版社，1979：337.

② 马克思，恩格斯.马克思恩格斯选集（第2卷）[M].北京：人民出版社，2012：687.

③ 马克思，恩格斯.马克思恩格斯全集（第19卷）[M].北京：人民出版社，1979：163.

④ 周林东.人化自然辩证法——对马克思的自然观的解读[M].北京：人民出版社，2008：227.

⑤ 温莲香.马克思主义和谐自然观："人与自然关系"的新范式[J].西北农林科技大学学报（社会科学版）.2010（5）.

本生存条件"①，是人类生存和发展的自然条件。第二种是人与自然的交换过程即为劳动过程，也就是人类将劳动实践作为中介调整人与自然之间的物质变换。人们通过劳动实践获取具有使用价值的自然资源，在消费的过程中产生废弃物，最终排放到自然之中，整个过程就是人与自然的物质变换过程。在这个物质变换的过程中，人以劳动实践为中介，同时也形成社会形式的异化。在人与自然之间的物质变换过程中，人类通过劳动实践使自然物成为对人具有使用价值的东西，在这一过程中不构成生产资料的自然物，将会成为废弃物，最终回到自然之中。马克思、恩格斯对物质变换以及劳动的见解独到深刻。首先，人和自然之间以及社会系统和生态系统之间的最基本的联系就是人与自然之间的物质变换。人与自然之间的物质变换将生态系统的自然物质变换作为基础，同时，还具备一种新型的社会形式。马克思强调："交换过程使商品从把它们当做非使用价值的人手里转到把它们当做使用价值的人手里，就这一点说，这个过程是一种社会的物质变换。"②商品在某个领域一旦具有使用价值，那么该商品就从交换领域转入到消费领域。马克思通过商品交换的过程表明，物质变换并不只是停留在自然界中，同时还有物质变换的社会形式。

其次，人与自然的物质变换是双向互动的。劳动实践是人类社会生产的具体形式，经过人类加工后的自然物质对自然界和人类社会都会产生影响，这是人与自然物质变换关系中的一个根本问题。马克思认为："劳动过程，是制造使用价值的有目的的活动，是为了人类需要而占有自然物，是人和自然之间的物质变换的一般条件。"③所以，劳动过程是一切社会形式所共有的。再次，"劳动和物质变换的本质，是自然的人化和人的自然化"④。在自然的人化中，人为了满足生存发展的需要，在作用于自然界的过程中，使自然界中的物质资源成为具有使用价值的商品。在人的自然化中，"人在劳动过程中掌握和同化自然物质，将大自然无比丰富的属性纳入人的自身，变成人自身的部分，使人本身得到丰

①　杜晓霞.马克思恩格斯生态自然观及其当代发展［D］.沈阳：东北大学博士论文，2014.
②　马克思.资本论［M］.北京：人民出版社，1976：122－123.
③　马克思.资本论［M］.北京：人民出版社，1976：208－209.
④　杜晓霞.马克思恩格斯生态自然观及其当代发展［D］.沈阳：东北大学博士论文，2014.

富和发展。"①

马克思强调人与自然之间是双向互动的物质变换关系。在《德意志意识形态》中强调，"人创造环境，同时环境创造人"②，这表明了人与自然环境两者是双向互动的关系。

6. 自然主义与人道主义的有机统一

在人类发展的历史长河中，必然会产生人与自然两者的矛盾，具体表现为要么自然威胁着人类，要么人类破坏了自然。对于人与自然实现和谐发展，人的解放与自然的解放相结合的问题，马克思明确指出，到了共产主义社会，彻底消灭了资本主义私有制，是对人的本质的真正占有，"它是人向自身、向社会人的复归……这种共产主义作为完成了的自然主义，等于人道主义，而作为完成了的人道主义，等于自然主义，它是人和自然界之间、人和人之间的矛盾的真正解决，是存在和本质、对象化和自我确证、自由和必然、个体和类之间的斗争的真正解决。它是历史之谜的解答，而且知道自己就是这种解答"③。共产主义社会实现了人与自然两者之间的本质的统一，是人实现了的自然主义以及人道主义相结合的社会，要建立这样的社会，仍然要依靠人与自然之间的物质变换。在共产主义社会中的人与自然之间的物质变换，主要是根据两个尺度进行有效的调节。"社会化的人，联合起来的生产者，将合理地调节他们和自然之间的物质变换，把它置于他们的共同控制之下，而不让它作为盲目的力量来统治自己；靠消耗最小的力量，在无愧于和最适合于他们的人类本性的条件下来进行这种物质变换。"④在共产主义社会中消除了资本主义私有制以及异化劳动，就能最终实现人与自然的和解以及人与人的和解，实现自然主义以及人道主义的复归。在共产主义社会，人既是自然的存在物，同时人又是社会的存在物，而自然既是自在的自然，同时也成为人的本质力量对象化的对象，从而人与自然的关系以及人与人的关系实现了有机结合。马克思明确指出："共产主义社会

---

① 徐民华，刘希刚. 马克思主义生态思想研究 [M]. 北京：中国社会科学出版社，2012：102.

② 马克思，恩格斯. 马克思恩格斯全集（第3卷）[M]. 北京：人民出版社，1960：43.

③ 马克思，恩格斯. 马克思恩格斯文集（第1卷）[M]. 北京：人民出版社，2009：185.

④ 马克思，恩格斯. 马克思恩格斯全集（第25卷）[M]. 北京：人民出版社，2009：26.

就是这种'彻底的自然主义与人道主义'统一的社会"①，自然主义与人道主义的有机统一将人与自然的统一作为根本宗旨，为实现人的自由而全面发展指明了前进的方向和发展道路，这成为马克思自然观的终极关怀和最高的道德境界。

马克思、恩格斯的人与自然和谐统一的思想是对人与自然的关系的正确认识，它与抑制人的主体性而大肆宣扬自然机体性的有机论自然观以及忽视自然本身的价值而过度宣扬人的理性的机械论自然观有着本质的区别，马克思、恩格斯追求的是人与自然两者的友好和谐发展。更为重要的是，马克思、恩格斯在对人与自然关系的认识上，克服了西方人类中心主义以及生态中心主义的缺陷，更具有科学性、全面性以及实效性，从根本上超越了西方的生态伦理思想。马克思、恩格斯人与自然和谐统一的思想是新时代解决和治理生态环境问题的正确理论指南，具有重要的理论价值和现实意义。

二、中国优秀传统文化中的生态伦理思想

中国优秀传统文化中蕴含着丰富的生态伦理思想，具体包括天人合一的和谐共生思想、尊重自然固有价值的思想、敬畏生命的价值取向、戒奢节俭的生态消费思想等方面的内容。中国优秀传统文化中的生态伦理思想是我国古代朴素自然观的最初表达，是新时代西北地区生态治理的重要理论营养。

1. 天人合一的和谐共生思想

"天人关系是中国古代哲学的基本问题。"② 在中国古代，人们以非线性、非机械论以及非二元论的思维来认识天人关系，认为天人之间是"天人合一"的，即人和自然两者是一个有机的整体。"天人合一"思想是在农耕文明时期形成发展起来的，是我国传统文化的精髓。我国古代的儒家、道家和佛家都对"天人合一"思想进行了阐述。儒家的孔子将天人格化，认为天是一种"自然之天"，天即是"天神""天道"等。同时，孔子认为，世间万事万物中，人并不是消极被动的。因为"人知天"，对于自身的行为，人类可以通过主观能动性的发挥进行有效的调整。孟子在《孟子·尽心上》中也指出，"上下与天地同流""万物

---

① 温莲香.马克思主义和谐自然观："人与自然关系"的新范式［J］.西北农林科技大学学报（社会科学版）.2010（05）.

② 赵海月，王瑜.中国传统文化中生态伦理思想及其现代性［J］.理论学刊.2010（4）.

皆备于我矣"等来描述天人之间的关系。荀子在《荀子·天论》中指出："天行有常，不为尧存，不为舜亡"。荀子认为，"天"是独立于人的主观意识之外的客观存在，天孕育产生了人，人们的活动应该顺应于天，而不是有悖于天。荀子还强调"天人相分"，即天和人两者各司其职，但两者并不是二元对立的。汉代的董仲舒在《春秋繁露·深察名号》中也指出："天人之际，合而为一"。到了儒家学说逐渐走向成熟的宋代，张载对"天人合一"的概念进行了明确的表述，具体表现在《正蒙·乾称》中关于"儒者则因明至诚，因诚至明，故天人合一"的论述。

以老子为代表的道家认为"天人合一"即是"物我同一"。老子从整个宇宙出发，认为天地中的万事万物都有同样的源头，整个宇宙是浑然一体的，人就是宇宙中的重要内容。老子在《老子·四十二章》中指出："万物负阴而抱阳，冲气以为和"，"道生一，一生二，二生三，三生万物"。整个宇宙万物的本源是"道"，"天"，"人"两者都来源于共同的"道"。之后，庄子指出："天地与我并生，万物与我为一"，指明天地万物和我都来自同一个本体。庄子认为"天"和"人"是和谐的，并没有区别。庄子的"天人合一"就是要求人们要尊重顺应自然界的客观规律，维持其自然秉性。

佛教主张"缘起论"，这是佛教"天人合一"思想的重要体现。佛教认为，"包括人在内的天地万物皆是一切条件与合聚积而成的相（这里的'相'是指现象界）。"[①] 随着条件的变化，宇宙中的万事万物也处于不断变化之中。佛教主张"诸法因缘生"，即天、地、人有其产生发展的原因。佛教通过"因陀罗网"的概念来描述人和自然两者之间的关系，并指出："如因陀罗网，或悉诸珍宝。"[②] 即上帝的宫殿中有一张罗网，罗网上有着琳琅满目的宝珠，各宝珠之间相互映照。佛教就通过因陀罗网来形容天、地、人是相互影响、相互联系的，彼此都成为对方的条件，这就是合聚积而成的"一合相"。

2. 尊重自然内在价值的思想

我国古代的思想家们普遍上都肯定自然有其内在的价值，主张尊重和保护自然固有的本性。庄子在《庄子·至乐》中指出："夫以鸟养养鸟者，宜栖之深

① 刘海霞，马立志.我国传统文化中生态智慧的现实意蕴［J］.学术探索.2017（7）.
② 王树海.楞伽经注释［M］.长春：长春出版社，1995：17.

林，游之坛陆，浮之江湖，食之多鳅鲦，随行列而止，委蛇而处。"强调人们在养鸟的过程中要尊重鸟的自然习性。他在《庄子·齐物论》中指出："物固有所然，物固有所可。无物不然，无物不可。"即一切事物都有它自身的价值。庄子强调，世间万物都拥有同等权利，在《庄子·秋水》中，他明确指出："牛马四足，是谓天，落马首，穿牛鼻，是谓人，故曰：无以人灭天，无以故灭命，无以得殉名"，其中的"天"强调的就是自然自身的秉性。庄子认为，人的内心中蕴藏着天性，人们展现出来的优良品德是靠人的天性，人的天性就是要尊重自然和顺应自然，这体现了庄子对自然界中其他物种生存权利的尊重。《冲虚真经》指出："天地万物与我并生，类也。类无贵贱，徒以小大智力而相制，迭相食，非相为而生之。"这表明，人同万物都共同生存在自然界中，都是物类，不同的物类之间不存在高低贵贱之分，通过智慧、力量的比较形成相互制约、相互影响的关系。尊重自然固有价值的思想在我国古代的宗教中也有所体现，唐代的道士王玄览在《玄珠录》中就指出："道能遍物，即物是道"，表明了道和物的统一性。《西升经》中说："道非独在我，万物皆有之"，强调道是万物的本体，在道性上人与万物都是平等的，自然界中的万物有其自身固有的内在价值，自然万物并不是为人类而存在。同时，我国佛教坚持"法界缘起"的宗旨，始终秉承着普度众生的信念，一直有"有情、无情，皆是佛子"的说法。"人对自然的态度取决于人对自然价值的认识"[1]，我国古代的生态伦理思想在很大程度上都主张人们尊重自然固有内在价值，这与人类中心主义的价值观存在明显的差异。

3. 敬畏生命的价值取向

"宇宙是创造万物的始基。"[2]《周易·系辞下传》中指出："天地之大德曰生。""生生之谓易"，表明了天地之间最大的恩德就是为宇宙和人类提供生生不息的环境，整个宇宙生生不息，循环往复，革故鼎新成了万物产生的本源。《周易》蕴含着诸多生态伦理思想。古人认为，宇宙中的万物都来自相同的本源，万事万物都要遵循"生"这一最根本规律，人们对世间万物要有人文伦理关怀。"仁民爱物"就是儒家生态伦理思想的重要体现。儒家将"仁"作为核心概念，

---

① 赵海月，王瑜．中国传统文化中生态伦理思想及其现代性［J］.理论学刊.2010（4）.
② 刘海霞，马立志．我国传统文化中生态智慧的现实意蕴［J］.学术探索.2017（7）.

认为"仁"作为伦常规范调控原则，不能只适用于人类社会的道德律令之中，需要将其用于调整一切事物的关系，尤其是在处理人与自然的关系中，要始终将"仁"作为道德规范来调节人们的行为。《孟子·尽心上》指出："亲亲而仁民，仁民而爱物"，亲爱亲人而仁爱百姓，仁爱百姓而爱惜万物，从"亲亲"再到"仁民""爱物"，形成了具有人文关怀的生态道德思想，从而使人类社会的伦理与生态伦理两者具有了合理性。尽管在等级上人和动物会有差别，但是儒家明确指出，人们要以"恻隐之心"对待每一个生命。同样的，道家也注重敬畏生命。道家强调宇宙万物的本原是道，即"人与物类，皆禀一元之气而得生成"[①]。《庄子·秋水》指出："物无贵贱"，在人与自然关系的处理过程中，道家强调宇宙万物是平等的。老子在《道德经》中指出："衣养万物而不为主"，老子认为对于宇宙万物，人们要像对待人类自身一样对待它们，只有这样才能做到《道德经·十三章》中所说的"若可寄天下"，积极承担起对宇宙万物相应的责任和义务。另外，在我国古代宗教思想中也蕴含着丰富的生态伦理思想。我国古代的道教坚持"贵生戒杀"的思想，其中的"贵生"思想强调对整个宇宙的生命和自然界给予道德关怀，并且在其宗教修持中将慈爱和同、不伤生灵等关于生态保护的思想作为修持的重要内容。在《太平经》《三天内解经》等道经中都主张要"好生戒杀"，明确规定严禁杀生，保护动植物。同样的，佛教也强调"不杀生"，并且将该戒条置于"十戒"之首，其中的"生"就是指宇宙中的一切生命体。佛教指出"草木国土皆能成佛"，人们要爱护世间万物的一切生命，人类要和自然之间友好和谐相处。

4. 戒奢节俭的生态消费思想

先秦时期我国许多思想家都秉承着戒奢节俭的生态消费思想。孔子指出："礼与其奢也，宁俭"[②]。孔子指出"礼"并不是对奢侈豪华的追求，而诠释其内容才是"礼"的实质所在。同时，孔子在《论语·述而》中指出："饭疏食饮水，曲肱而枕之，乐亦在其中矣"，体现了孔子对淡泊名利、与自然融为一体的生活方式的赞许。荀子在《荀子·天论》中说："本荒而用侈，则天不能使之富。"如果荒废农业生产并且浪费各种开支，那么上天也不可能使人们富裕起来。道家

---

① 李道纯. 道藏（第22册）[M]. 上海：上海文物出版社、上海书店出版社，1988：383.

② 刘宝楠. 论语正义 [M]. 北京：中华书局，1990：32.

也不断追求朴素节俭的生活。道家主张，"人只有以虚静、恬淡无为的境界控制欲望，才能够减少对物质资源的滥用。"① 老子认为，人们在利用自然环境时，要学会适可而止，不断追求人与自然的平衡。老子在《道德经》中指出："我有三宝，一曰慈，二曰俭，三曰不敢为天下先。"其中节俭就是老子持有而珍重的重要宝贝之一。老子还强调"治人事天，莫如啬。"② 这里的"啬"是指爱惜、节约的意思，人们要学会调控对物质的欲望，强调了人们学会养护身心的重要性。老子在《老子·四十四章》中强调："知足不辱，知止不殆，可以长久。"这说明，人如果知道满足就不会遭受很多的不如意，如果对欲望的追求能够适可而止，在人与自然关系的处理中才能不违背自然规律，更好地实现两者的和谐。墨子在诸子百家中也是提倡节俭的重要流派。"强本节用"是墨家崇尚节俭的重要体现。墨子在《墨子·节用中》指出："凡足以奉给民用则止"，表明英明的君主深知满足百姓的合理需求，他反对浪费自然资源的行为。墨子还将节用思想贯彻到了穿衣、饮食和交通工具等方面。同时，墨子在《墨子·辞过》中指出："从政节则昌，淫佚则亡。"皇帝如果勤俭节约，国家就能繁荣昌盛，反之，盛行奢侈之风，国家就会最终走向灭亡。君王通过以身作则，从而让更多的百姓坚持做到节用。法家也积极倡导勤俭节约的生态伦理观。法家的重要代表人物韩非子在《韩非子·难二》中指出："俭于财用，节于衣食，宫室器械，用于资用，不事好玩，则入多。入多，皆人为也。"能否将节俭落实，最终取决于人自身，人自身是厉行节俭的关键。韩非子还强调要将节俭贯彻到事物的各个方面。在《韩非子·十过》中指出："以俭得之，以奢失之。"韩非子强调君王因勤俭会得天下，因奢靡则会失去天下。

三、习近平生态文明思想

中国特色社会主义进入新时代，努力实现人与自然的和谐共生，是衡量一个社会全面、平衡、协调、可持续发展不可或缺的重要指标。习近平直面我国社会主义生态建设实践中资源环境问题和生态环境总体恶化的趋势，以马克思主义者的雄才大略和高瞻远瞩的战略眼光与抓铁有痕的求实精神提出的"山水

---

① 邵鹏，安启念.中国传统文化中的生态伦理思想及其当代启示 [J].理论月刊.2014（4）.
② 饶尚宽译注.老子 [M].北京：中华书局，2006：143.

林田湖草是生命共同体的生态系统方法论、绿水青山就是金山银山的绿色发展观、良好的生态环境是最普惠的民生福祉的生态民生观、用最严格制度和最严密法治治理生态环境的生态治理观、深度参与合作共赢的生态国际观"为主要内容的生态文明思想具有很强的现实针对性，是新时代西北地区生态文明思想的直接理论依据。对于推动西北地区生态治理、美丽西北建设和促进中华民族永续发展具有重要意义。

1. 山水林田湖草是生命共同体的生态系统方法论

习近平总书记主张用系统论的方法推动生态文明建设。世界是物质的，物质是运动的，运动是有规律的。大自然是一个相互依赖、相互依存、相互作用、相互影响的庞大的系统。辩证系统观认为："包括人工自然界在内，整个自然界是物质的，它的结构层次是无限的，自然界是以系统的形式而存在的。"[①] 在我国生态文明建设中，习近平总书记善于运用系统论的方法推动生态文明建设，2014 年 3 月 14 日习近平总书记在中央财经领导小组第五次会议上指出："坚持山水林田湖是一个生命共同体的系统思想……形象地讲，人的命脉在田，田的命脉在水，水的命脉在山，山的命脉在土，土的命脉在树。"[②]2017 年 7 月 19 日，习近平在主持召开中央全面深入改革领导小组第三十七次会议中又指出"山水林田湖草是一个生命共同体"[③]，草的加入使得生命共同体内涵更加充实完善，土的命脉在林和草，这是我们党对生命共同体认识上的新发展和新飞跃，草原素有地球的皮肤之称，我国的"草原面积近 60 亿亩，约占我国国土的 41.7%"[④]，草原与森林、湿地、荒漠等生态系统一道构成陆地生态系统的主体。因此，"要用系统论的思想方法看问题，生态系统是一个有机生命躯体，应该统筹治水和治山、治水和治林、治水和治田、治山和治林等"[⑤]。要将山水林田湖草作为一个

---

① 魏宏森，曾国屏.系统论——系统科学哲学［M］.北京：清华大学出版社，1995：107.

② 中共中央文献研究室.习近平关于社会主义生态文明建设论述摘编［M］.北京：中央文献出版社，2017：55.

③ 习近平.从服务党和国家工作大局出发推动改革［N］.人民日报（海外版），2017 - 07 - 20（2）.

④ 保护草原生态环境建设山水林田湖草生命共同体［EB/OL］.http://sannong.cctv.com/2017/08/04/ARTIS9dpG1Wo2pFiRlC2wuir170804.shtml.

⑤ 中共中央文献研究室.习近平关于社会主义生态文明建设论述摘编［M］.北京：中央文献出版社，2017：56.

生命共同体进行系统性治理，统筹治山和治草、治水和治草、治田和治草、治林和治草等，综合施策，标本兼治，综合治理，这样的治理就不会导致顾此失彼，不会因为片面性的治理而导致系统性的破坏。正如习近平总书记指出"山水林田湖草是生命共同体，要统筹兼顾、整体施策、多措并举、全方位、全地域、全过程开展生态文明建设。"①

推动区域性系统工程中高度重视生态文明建设。党的十八大将生态文明建设纳入"五位一体"总体布局，标志着我们党把生态文明建设纳入中国特色社会主义伟大事业中进行战略谋划。十八大以来，我国相继推行了京津冀协同发展、长江经济带发展、粤港澳大湾区建设、长三角一体化发展、黄河流域生态保护和高质量发展等区域性系统工程，这些区域性工程都注重和贯彻生态环境系统治理思想。2015 年 3 月审议 4 月通过的《京津冀协同发展规划纲要》中指出要实现京津冀一体化建设，重要是在交通一体化、生态环境保护和产业升级转移三驾马车并驾齐驱，率先发力，重点突破。2015 年 12 月在京津冀三地环保部门正式签署的《京津冀区域环境保护率先突破合作框架协议》，为京津冀创新协同发展和环保一体化建设制定规划，不断推进京津冀地区生态环境的联商联建和联防联治。在推动长江经济带建设中，为了更好地实现长江流域治理，推动长江经济带建设，中央审时度势，2014 年国务院印发了《国务院关于依托黄金水道推动长江经济带发展的指导意见》中指出，把长江经济带建成横贯东西、辐射南北、通江达海、经济高效、生态良好的生态文明示范区。2016 年 1 月 5 日习近平在主持推动长江经济带发展座谈会时指出："当前和今后相当长一个时期，要把修复长江生态环境摆在压倒性位置，共抓大保护，不搞大开发……把长江经济带建设成为我国生态文明建设的先行示范带、创新驱动带、协调发展带。"②习近平总书记为长江经济带的建设定调定向，成为引领指导长江经济带各项建设的纲领性文献。2016 年中共中央政治局 3 月审议通过，并于当年 9 月正式印发了《长江经济带发展规划纲要》，至此，以规划纲要的形式将长江经济带建设上升为国家战略和国家意志。在推动粤港澳大湾区建设中，2017 年 7

<hr />

① 习近平．习近平总书记在出席全国生态环境保护大会并发表重要讲话　生态兴则文明兴 [N]．人民日报（海外版），2018 − 05 − 21（1）．

② 习近平．一条心一盘棋 共建黄金经济带 [N]．人民日报（海外版）.2016 − 01 − 08 （1）．

月，国家发改委和粤港澳三地政府签署《深化粤港澳合作推进大湾区建设框架协议》，重点是打造国际科技创新中心，实施科技创新能力和生态环境质量提升两轮驱动，重点突破，规划了将粤港澳大湾区建成国际一流湾区和世界级城市群，2019 年 2 月中共中央、国务院印发了《粤港澳大湾区发展规划纲要》，进一步明确了大湾区的战略定位、比较优势、发展重点以及具体措施，多措并举打造粤港澳创新生态系统，构建"科技 + 金融"生态圈，不断构建宜居宜业宜游的生态大湾区。习近平总书记 2019 年 9 月在河南郑州主持召开黄河流域生态保护和高质量发展座谈会上指出："黄河流域是我国重要的生态屏障和重要的经济地带……保护黄河是事关中华民族伟大复兴的千秋大计。""治理黄河，重在保护，要在治理。"① 习近平总书记的讲话为新时代黄河流域的生态保护和经济发展定向把脉。可见，从我国实行重大区域性工程建设中，生态环境保护都作为优先发展方向和重点突破的工程。此外，我国在城市化规划建设和乡村振兴战略中都突出生态环境的治理，切实把生态文明建设贯彻到整个建设的全过程。

用重大生态工程建设修复推进生态文明建设。"坚持保护优先、自然恢复为主，深入实施山水林田湖草一体化生态保护和修复。"② 一是开展大规模的国土绿化行动。主要实施建设 14 项重点工程："三北"防护林工程五期工程，建设北方绿色的万里长城、长江流域防护林工程体系建设三期工程、天然林保护工程二期工程、退耕还林还草工程、京津冀沙源治理工程、全国沿海防护林体系建设工程、珠江流域防护林体系建设工程、太行山绿化工程、平原绿化工程、国家级沙化土地封禁保护工程、野生动植物保护及自然保护区建设工程、湿地保护和恢复工程、岩溶地区石漠化综合治理工程和林业协防工程等重大生态工程，加快城市绿化，建设森林城市、园林城市、海绵城市和智慧城市。切实绿化祖国，造福子孙。二是开展生态修复工程。重点在我的四大高原进行生态修复，主要的山脉是秦巴山脉、祁连山脉、大兴安岭、小兴安岭、长白山、南岭山区生态修复，主要流域是黄河流域、长江流域、珠江流域、塔里木河流域和中小河流及库区的生态修复，以及京津冀水源涵养区、河西走廊、滇黔桂喀斯特地

① 习近平.《求是》杂志发表习近平总书记重要文章　在缓和流域生态保护和高质量发展座谈会上的讲话［N］.人民日报，2019 - 10 - 16（1）.

② 中共中央文献研究室.习近平关于社会主义生态文明建设论述摘编［M］.北京：中央文献出版社，2017：77.

貌生态修复工程，推动水土流失、荒漠化、石漠化以及其他生态灾害的综合治理，切实维护我国生态安全，筑牢生态安全屏障，维持生态平衡和生物多样性。三是设定生态红线，优化空间布局。为了构建高效、合理、可持续的国土开发空间格局，2010年国务院印发《全国主体功能区规划》（国发〔2010〕46号），对我国国土开发空间做出战略性的谋划。2013年7月27日国家林业局宣布启动"生态红线"行动工程，这是划定了林地、森林、湿地、荒漠植被和物种四条生态红线，我国划定林地不少于46.8亿亩，森林面积不低于37.4亿亩，蓄积量不低于200亿立方米，湿地不少于8亿亩，荒漠植被不少于53万平方千米，所有自然保护区禁止开发利用，现有濒危野生动植物得到全面保护。[①]此外，我国还划定了18亿亩耕地红线，加上此前划定的人口红线是2030中国人口红线为15亿，制定的《全国水资源综合规划2010—2030》划定的水资源红线，规定到2013年全国用水总量控制在7000亿立方米以内，用水效率达到或接近世界先进水平。至此我国划定了人口红线、水资源红线、耕地红线、生态文明建设的4条红线，形成完善合理、适合国情的红线，为生态环境保护，促进生态文明建设，实现人口、资源、环境可持续发展，保证国家生态安全提供了可靠的依据。

2. 绿水青山就是金山银山的绿色发展观

理念引导实践，实践催生理念。发展是党执政兴国的第一要务，经济的发展不能以破坏生态环境为代价，在深刻总结分析国内外发展经验和发展大势中，针对我国发展中存在的问题，十八届五中全会中提出了"创新、协调、绿色、开放、共享"的新发展理念，这是我们党历史上对马克思主义发展观的又一次创新和发展，是马克思主义发展观的最新理论成果，也是我国实现新时代发展的行动指南。

坚持绿水青山就是金山银山的发展理念。习近平总书记把保护生态环境与经济发展的关系形象地比喻成绿水青山与金山银山的关系，他在访问哈萨克斯坦时指出："我们既要绿水青山，也要金山银山。宁要绿水青山，不要金山银山，

---

① 贾治邦. 论生态文明建设（第2版）［M］. 北京：中国林业出版社，2014：159.

而且绿水青山就是金山银山。"① 从 2003 年开始主政浙江时经过长期思考和实践探索总结出的"两山"的重要思想，到 2013 年以国家主席身份首次出国访问时的进一步完善，至此，"两山"的重要思想"趋于成熟和定型"②，"两山"的重要思想为我国正确处理经济发展与生态环境保护之间的关系指明了方向。绿水青山就是金山银山的发展理念在十九大党章修正案中写入党章，在 2018 年的全国两会宪法修正案中载入了宪法，绿水青山就是金山银山理念上升成为党和国家的意志，为我们更好推动绿色发展、实现可持续发展提供了理论武器和行动指南。

全面推进绿色发展。绿色发展就是要"解决好人与自然和谐共生问题。"③ 生态环境问题本质上就是经济发展方式问题，绿色发展方式是适应新时代新发展新要求的经济发展方式，是我国"发展观的一场深刻革命"④。绿色发展是适应新科技革命的必然要求，是当今世界上最有前途、最有潜力的发展领域，我国在绿色发展领域拥有巨大发展潜力和空间，是未来我国经济发展新的增长极，因此绿色发展是我国实现高质量发展的必然要求，建设现代化经济体系的必由之路，是治理我国环境问题、解决污染问题的根本之策。目前，我国主要从以下几个方面推动绿色发展。一是调整经济结构，优化产业结构。转变经济发展方式，以实行"三去一降一补"为主要内容供给侧结构性改革为突破口，扎实推进创新驱动战略、科教兴国战略、人才强国战略和可持续发展战略，运用互联网、大数据、人工智能、量子计算机、云计算、5G 技术、区块链技术等前沿新科技，不断培育壮大新产业、新业态、新模式，形成新动能，不断优化经济结构，大力发展节能环保产业、清洁生产产业、清洁能源产业，实现我国产业升级和合理产业格局，在经济发展中促进资源全面节约和循环有效利用，实现生产系统和生活系统循环衔接，推动我国经济的质量变革、效率变革和动力变革，

---

① 习近平.习近平在纳扎尔巴耶夫大学演讲 全面阐述对中亚国家睦邻友好合作政策 "共建丝绸之路经济带"[N].人民日报（海外版），2013 - 09 - 09（1）.

② 沈满洪.习近平生态文明思想研究——从"两山"重要思想到生态文明思想体系[J].治理研究.2018（2）.

③ 习近平.在省部级主要领导干部贯彻党的十八届五中全会精神专题研讨班上的讲话[M].北京：人民出版社，2016：16.

④ 中共中央文献研究室.习近平关于社会主义生态文明建设论述摘编[M].北京：中央文献出版社，2017：36.

更好地适应高质量经济发展的要求。二是优化能源结构。坚持节约优先，立足本国，实现能源的多元化，提升绿色能源的比重，提高传统能源的利用率，利用科技实现能源的清洁化使用，大力开发使用清洁能源和可再生能源，比如太阳能、风能和光能，建立大型能源基地，大力开发页岩油、可燃冰和核能，实现黑色能源向绿色能源的变革，建设清洁低碳、安全高效的现代能源体系，保证我国能源有效供应和能源使用安全。三是优化国土空间布局。结合《全国主体功能区规划》和十三五规划，根据各地区优势按照主体功能定位发展，以"两横三纵"为主体，优先发展京津冀、长三角、粤港澳三大城市群，形成东北地区、中原地区、长江中游、成渝地区、关中平原等城市群，发展一批中心城市的城市化格局，建立"七区二十三带"为主体的农业发展格局，构建"两屏三带"为主体的生态安全格局。坚持陆地国土空间开发和海洋国土空间开发并重，合理统筹陆海，建设海洋强国，维护海洋权益。四是提倡绿色生活方式。大力弘扬勤俭节约、艰苦奋斗的传统美德，建设节约型机关、节约型企业，建设绿色家庭、绿色社区、绿色学校，倡导绿色出行、绿色消费、合理消费、适度消费、光盘行动，不攀比浪费、不讲排场、不摆阔气，提升人们的生活质量，丰富人们的精神世界和道德水平，树立公民意识，提高全民的综合素养。实现经济结构和产业结构的调整、能源结构和国土结构的优化，提供全民共建绿色之路，给自然生态修复和发展留下充分的休养生息时间和空间，在新发展理念的指引下，"形成以产业生态化和生态产业化为主体的生态经济体系"①。因此，坚持绿色富国、绿色惠民，走绿色发展的生态文明之路，为广大人民群众提供更多优质生态产品，让"良好生态环境成为人民生活质量的增长点，成为展示我国良好形象的发力点"②。让绿色生态成为我国最大财富、最大优势、最大品牌，我们"一定要保护好，做好治山理水、显山露水的文章，走出一条经济发展和生态文明水平提高相辅相成、相得益彰的路子"③。推动绿色发展，坚持节约资源和保护环境的基本国策，坚持可持续发展战略，实现中华民族的永续发展，

① 习近平.习近平总书记在出席全国生态环境保护大会并发表重要讲话生态兴则文明兴[N].人民日报（海外版），2018 – 05 – 21（1）.
② 中共中央文献研究室.习近平关于社会主义生态文明建设论述摘编[M].北京：中央文献出版社，2017：27.
③ 习近平.在江西考察工作时的讲话[N].人民日报，2016 – 02 – 04（1）.

让华夏大地天更蓝、山更绿、水更清、环境更优美,形成人与自然和谐发展现代化新格局,使中华民族在建设国家富强、人民幸福和美丽中国的征程中阔步迈向生态文明新时代。

3. 良好的生态环境是最普惠民生福祉的生态民生观

良好的生态环境是人民幸福生活的重要内容。习近平总书记指出"良好的生态环境是最公平的公共产品,是最普惠的民生福祉。"[①]良好的生态环境是人们生存的基础,生态环境关乎每一个人身心健康,关乎社会的发展进步。没有清新的空气、清洁的水源、安全的食物,人们挣了再多钱,创造再多的物质财富和精神财富,没有良好生态环境相伴,任何幸福美好生活都是无稽之谈。良好的生态环境就是最起码、最基本的民生工程,我们"要像保护眼睛一样保护生态环境,像对待生命一样对待生态环境"[②]。通过全社会齐心协力共同努力,全面推动绿色发展,让老百姓真正呼吸上清新的空气,喝上纯净自然的水,吃上卫生绿色安全的食品,享受惬意舒适的环境,让人民真正切实拥有经济发展、生活改善、生态良好的获得感和幸福感。欠发达地区通过改革创新,激活各种生产要素,"通过发展旅游扶贫、搞绿色种养,找到一条建设生态文明和发展经济相得益彰的脱贫致富路子"[③],走出一条适合欠发达地区经济发展的新路子,实现经济发展和生态文明建设双赢。保护生态环境就是保护人类自身,生态环境是最公平的公共产品,需要我们全社会各行各业行动起来,共同建设我们美好的家园。

着力解决损害人民健康的生态环境问题。我国自改革开放以来积累的各类环境污染呈现高发易发频发态势,制约着我国经济社会可持续发展,严重危害着广大人民群众的身心健康,已经变成民生之患、民心之痛。生态环境中最重要的大气、水、土壤污染严重,比较严重的是 2013 年以来雾霾天气、一些地区饮水安全和土壤重金属含量过高等严重污染问题集中暴露,社会反映强

① 中共中央文献研究室.习近平关于社会主义生态文明建设论述摘编[M].北京:中央文献出版社,2017:4.

② 中共中央文献研究室.习近平关于社会主义生态文明建设论述摘编[M].北京:中央文献出版社,2017:8.

③ 中共中央文献研究室.习近平关于社会主义生态文明建设论述摘编[M].北京:中央文献出版社,2017:30.

烈，已成为我国经济社会发展的突出短板，整治生态环境问题已然成为我国民生建设的优先领域。为了实施大气、水、土壤污染的综合治理，我国率先发布了《中国落实 2030 年可持续发展议程国别方案》、实施《国家应对气候变化规划（2014—2020 年）》，国务院 2013 年印发《大气污染防治行动计划》（国发〔2013〕37 号）把工业、燃煤、机动车三大污染源列为大气污染治理的重中之重，坚决打赢蓝天保卫战，把空气质量明显改善作为刚性约束和硬性要求，强化联防联控，基本消除城市农村的重污染天气，还老百姓蓝天白云、繁星闪烁。国务院 2015 年印发《水污染防治行动计划》（国发〔2015〕17 号），明确指出要深入实施水污染防治行动计划，保障饮用水安全，基本消灭城市黑臭水体，还给老百姓清水绿岸、鱼翔浅底的景象。国务院 2016 年印发《土壤污染防治行动计划》（国发〔2016〕31 号）要全面落实土壤污染防治行动计划，突出重点区域、行业和污染物，强化土壤污染管控和修复，有效防范风险，让老百姓吃得放心、住得安心。要持续开展农村人居环境整治行动，打造美丽乡村，为老百姓留住鸟语花香的田园风光。以 "气九条" "水十条" "土十条" 为抓手，着力解决损害群众利益的生态环境问题，切实扭转不断恶化的生态环境。

不断满足人民日益增长的优美生态环境的需要。人民对美好生活的向往就是中国共产党人的奋斗目标。中国共产党人的宗旨就是全心全意为人民服务，这是我们党区别于世界上其他一切政党的根本标志，也是我们党能够长期在神州大地合法执政的根基。生态环境问题在我国不仅仅是一个经济问题，也是一个社会问题和政治问题，我们党要实现两个一百年奋斗目标和中华民族伟大复兴的中国梦，就必须坚持以人民为中心的发展理念，建设生态文明 "关系人民福祉,关系民族未来" [①]。因此,生态文明建设是中华民族永续发展的千年大计和根本大计。在党的领导下，坚持一张蓝图绘到底，一代接着一代干，驰而不息，久久为功，推动生产发展、生活富裕、生态良好，让广大人民生活在天蓝水碧、山清水秀的环境中，让民众安居乐业，力争生态环境得以改善，生活环境美丽，居住环境舒适，让广大民众确实享受到经济发展和生态环境带来的红利，让民众拥有真真切切、实实在在的获得感、幸福感和安全感，最终实现人与自然、

---

① 中共中央文献研究室.习近平关于社会主义生态文明建设论述摘编［M］.北京：中央文献出版社，2017：5.

人与社会、人与人的多重和解。为了推动我国生态文明建设迈上新台阶，加快构建生态文明体系，确保到 2035 年，生态环境质量实现根本好转，美丽中国目标基本实现，确保到本世纪中叶，五大文明全面提升，美丽中国全面建成，社会主义强国和民族复兴的奋斗目标全面实现。

4. 用最严格制度和最严密法治治理生态环境的生态治理观

有法可依，建立起源头严防的制度。习近平总书记指出："保护生态环境必须依靠制度、依靠法治。"[①] 为了建立健全生态环境的保护制度，我们这些年加快了立法步伐，仅环境保护的法律法规就有 120 部之多，但是有些领域仍然是制度空白，依然存在无法可依、执法不力，制度衔接不到位的情况，地方环保部门隶属地方政府，执法"受制于人"导致环保监管不力。为了扭转这种不力不利不紧的被动局面，只有通过全面深化改革才能解决环境治理的"拦路虎"，常言道"与其扬汤止沸不如釜底抽薪"。十八大以来，我国加快了生态环境保护法律法规的制定和修订完善的步伐。主要有 2015 年 1 月 1 日实施《中华人民共和国环境保护法》，被称为"史上最严"的环保法，这是"我国环境立法史上的又一座里程碑，是加强生态文明建设的重要成果"[②]。从 2014 到 2016 年期间，中共中央、国务院印发了《生态文明建设目标评价考核办法》和《关于全面推行河长制的意见》，2014 年国务院印发了《国务院关于依托黄金水道推动长江经济带发展的指导意见》、2015 年制定了《京津冀协同发展规划纲要》、2015 年 5 月和 9 月中共中央国务院先后印发了《中共中央国务院关于加快推进生态文明建设的意见》和《生态文明体制改革总体方案》，2016 年制定《长江经济带发展规划纲要》，国务院 2013 年、2015 年和 2016 年先后印发《大气污染防治行动计划》《水污染防治行动计划》《土壤污染防治行动计划》。加上 2010 年制定的《全国主体功能区规划》，2008 年 2 月 28 日修订通过的《中华人民共和国水污染防治法》、2010 年 12 月 25 日修订通过的《中华人民共和国水土保持法》、2013 年 6 月 29 日修订通过的《中华人民共和国固体废弃物污染防治法》、2013 年 12 月 28 日修订通过的《中华人民共和国海洋环境保护法》。这些生态环境相

---

① 中共中央文献研究室 . 习近平关于社会主义生态文明建设论述摘编［M］. 北京：中央文献出版社，2017：99.

② 中共中央宣传部理论局 . 改革热点面对面［M］. 北京：学习出版社、人民出版社，2014：100.

关法律规章的制定实施，修订完善，实现了生态环境保护有法可依，使生态环境保护不断走向科学化、制度化、法治化、规范化，为生态环境保护提供了坚实的制度保障。

执法必严，创新生态环境保护监督制度。首先，实行生态环境督查制度。为加快改善生态环境，加强生态环境的监管力度，我国健全完善了生态环境督查制度，实行"统一监管、分工负责"和"国家监察、地方监管、单位负责"监管体系。本着对党和人民高度负责的精神，自从2016年起，党中央分两批对地方生态环境进行了督查，并对部分省市实现了"回头看"，中央对督查的情况向地方省市进行反馈，省市根据督查情况进行整改，并向社会公布整改情况，通过督查加强全社会对生态环境保护的重视，切实使生态环境法律制度得到有效的贯彻落实。其次，加强机构改革力度。国务院组建生态环保部，制定了新的机构，对有关属于生态环境相关职能机构进行改革整合，推动国家生态治理能力和机构建设。2014年7月3日，最高人民法院宣布设立环境资源审判庭。这表明，我国正在不断加大对环境犯罪行为的打击和惩戒力度。

违法必究，建立生态环境后果严惩制度。就企业而言，企业是经济的细胞，企业是生态环境污染治理的主体，严格落实谁污染谁付费的制度，加大对违规破坏生态环境、污染环境的企业和个体处罚力度，让违法者因为破坏生态环境而付出沉重的代价。就领导干部而言，实行问责制，治污先治吏，把环境保护纳入到综合考核体系，成为重要的一项考核指标，实行"一票否决"制。建立生态环境损害责任终身追究制。据最高人民检察院2014年6月12日通报："从2013年6月到2014年5月，全国检察机关共批准逮捕涉嫌污染环境罪案件459件799人，起诉346件674人。"①这个数字比2012年和2013年同期大幅度增长提高，环境污染执法力度空前加大。据统计，2013年全国检察机关共查办涉及生态环境的渎职犯罪1196人；2014年1月4日，查办了349人，今后还将进一步加大力度查办环境领域的职务犯罪。②因此，加强执法力度，创新执法方法，提升执法水平，加大惩戒问责追责力度，是增强生态环境保护的重要保

---

① 中共中央宣传部理论局.改革热点面对面［M］.北京：学习出版社、人民出版社，2014：111.

② 第二批中央生态环境保护督察"回头看"进驻工作结束［EB/OL］.http://www.mee.gov.cn/xxgk2018/xxgk/xxgk15/201812/t20181208_680881.html.

障和重要举措。

正如习近平总书记所说："推动绿色发展，建设生态文明，重在建章立制，用最严格的制度、最严密的法治保护生态环境。"① 因此，建立科学完善生态文明制度体系，以法治思维、法治理念、法治方式，加快制度创新，强化制度执行，让制度成为带电的不可触碰的高压线。

5. 深度参与合作共赢的生态国际观

全球各个国家是不可分割的生态命运共同体。人类共享一个地球，全球各个国家共处于这个地球村中，没有哪个国家可以离开这个地球村单独生存和发展，国际社会已经成为你中有我、我中有你、互相依存、休戚与共、不可分割的生态命运共同体。在全球生态环境问题日益凸显和日趋严重的今天，任何一个国家、任何一个民族都不可能独自解决这一世界性的难题。除非所有的国家都致力于建设生态文明，否则，任何一个国家解决生态环境的努力充其量只能取得暂时的成功，而不可能获得真正意义上的成功。在蝴蝶效应作用的影响下，生态文明取得暂时成功的国家不管主观上有多么不情愿，都迟早会被拖进全球生态灾难的漩涡中，全球各个国家的命运都会被紧密联系在一起，人类就是命运共同体。发生雪崩时，没有一片雪花是无辜的。

积极参与应对全球气候变化。我们共同生活在一个星球上，尤其是应对全球气候变化时，任何一个国家都不能独善其身，应对气候变化，已经成为全人类共同面临的挑战。正如习近平主席接受路透社记者专访时所说："气候变化是全球性挑战，任何一国都无法置身事外。"② 中国政府高度重视全球气候变化问题，积极参与气候变化合作机制，加强与西方国家的沟通与协调，加强南南合作，坚决维护发展中国家的正当利益和合理关切，习近平郑重宣布中国"建立规模二百亿元人民币的气候变化南南合作基金，可以支持其他发展中国家。"③《联合国气候变化框架公约》近 200 个缔约方在 2015 年 12 月 12 日巴黎气候变化大会上达成《巴黎协定》，2016 年 11 月 4 日正式生效，全国人大于 2016 年 9 月 3 日批准中国加入《巴黎气候变化协定》。中国率先发布《中国落实 2030 年

---

① 习近平.习近平谈治国理政（第2卷）[M].北京：外文出版社，2017：396.

② 习近平.习近平在接受路透社采访时的答问［N］.人民日报，2015 - 10 - 19（1）.

③ 习近平.习近平在接受路透社采访时的答问［N］.人民日报，2015 - 10 - 19（1）.

可持续发展议程国别方案》、实施《国家应对气候变化规划（2014-2020）》，作为世界上最大的发展中国家，中国高度负责、顺应时代，主动作为，积极参与，应对气候，因为"《巴黎协定》符合全球发展大方向，成果来之不易应该共同坚守，不能轻言放弃。这是我们对子孙后代必须承担的责任！"[①] 积极参与全球气候变化治理，为全世界生态安全做出自己的贡献。

和衷共济，共建人类共同的家园。习近平总书记在参加首都义务植树时指出："建设绿色家园是人类共同梦想。"[②] "共同呵护人类赖以生存的地球家园。"[③] 绿色是地球底色，共同建设绿色家园是全人类义不容辞的责任和义务。土地荒漠化是人类生存和发展共同的挑战，习近平总书记在致第六届库布其国际沙漠论坛的贺信中指出："荒漠化防治是人类功在当代、利在千秋的伟大事业。"[④] 我们要弘扬尊重自然、保护自然的理念，坚持生态优先、预防为主，坚定信心，面向未来，制定广泛合作、目标明确的公约新战略框架，共同推进全球荒漠生态系统治理，让荒漠造福人类。[⑤] 中国主张世界各国应当同舟共济，携手合作，共同参与全球生态环境问题态治理，推动和引导建立公平合理、合作共赢的全球气候治理体系，推动构建人类命运共同体。

四、西方学者解决生态危机的智慧

20世纪70年代以来，受日益加剧的生态危机的影响，西方学术界逐渐兴起了生态学马克思主义和生态学社会主义，以福斯特、奥康纳为代表的西方学者为解决生态环境问题，提出解决和治理生态环境问题的智慧和思路，形成了福斯特生态学马克思主义发展观以及奥康纳的生态学马克思主义思想，是新时代我国西北地区的生态治理的有益镜鉴。

---

① 习近平.共担时代责任 共促全球发展［N］.人民日报，2017－01－18（1）.

② 习近平.在参加首都义务植树活动时的讲话［N］.人民日报（海外版）.2016－04－06（1）.

③ 习近平.弘扬和平共处五项原则，建设合作共赢美好世界［M］.北京：人民出版社（单行本），2014：10.

④ 习近平.致第六届库布其国际沙漠论坛的贺信［N］.人民日报，2017－07－30（1）.

⑤ 习近平.致《联合国防治荒漠化公约》第十三次缔约方大会高级别会议的贺信［N］.人民日报，2017－09－12（1）.

1. 福斯特生态学马克思主义发展观

福斯特是现当代生态学马克思主义的重要代表，在马克思主义发展史中首次提出了马克思的生态学概念，并且建构起了绿色氛围最为浓厚的生态学马克思主义理论体系。福斯特的生态学马克思主义"代表了到目前为止的肇始于20世纪60—70年代的生态学马克思主义这一股西方思潮的最新和最高水平"。① 福斯特生态马克思主义发展观对我国西北地区生态环境治理提供了有效的理论借鉴。首先，积极寻求利用资本和限制资本之间的平衡点。二战后，全球经济开始复苏，各国的经济实现了迅速发展，但是，在经济迅速发展的同时也带来了一系列生态环境问题，影响世界各国的可持续发展。福斯特深刻揭示了实现可持续发展必须满足的三条明确生态法则："（1）对可再生资源的利用率必须控制在可再生率之下；（2）对不可再生资源的利用率不能超过替代资源的开发利用率；（3）环境污染和栖息地的破坏不能超过环境的进化能力。"② 福斯特指出，要满足这三条法则，前提是对利润的追逐必须让位于环保需求。资本主义社会中，追求利润的最大化是资本家的终极目标，资本家们为了追求利润的最大化，在开发和利用自然的过程中，忽视了对自然的保护，最终造成了生态环境的破坏与污染，所以，资本主义社会不可能实现可持续发展。企图通过技术的方式，积极推动资本主义的绿化，促进绿色增长，最终实现可持续发展的观点完全是一种空想。福斯特强调要实现可持续发展，就需要废除资本主义制度，在社会主义条件下，积极改造生产关系。福斯特印证了马克思所提倡的"一个符合人性的、可持续的制度应该是社会主义的"③，强调了社会主义对于实现可持续发展的重要作用。

其次，"必须以人为本"。1995年，福斯特在《全球生态与公益》《可持续发展什么》的论文中阐述了必须"以人为本"的思想。福斯特针对资本主义国家把追求利润的最大化作为追求的首要目标的弊端，明确指出经济社会发展过

---

① 郭剑仁.生态的批判——福斯特的生态学马克思主义思想研究［M］.北京：人民出版社，2008：封2.

② J. B. Foster.*The Vulnerable Planet：A Short Economic History of the Environment.* New York：Monthly Review Press，1999：132.

③ ［美］约翰·B·福斯特.生态危机与资本主义［M］.耿建新等译.上海：上海译文出版社，2006：76.

程中必须把人放在第一位。西方主流经济学家认为，资本主义制度直接追求的是利润而间接追求的则是人类的需求。福斯特对此进行了明确的表态，他指出，资本主义制度在追求利润方面完全忽视了人类需求。他强调，要做到生产是为了满足人的需求而不是一味地追求利润，只能依靠社会主义社会。因为社会主义社会能够实现生产和分配等方面的社会化，同时生产也是为了真正满足人们的生存和发展需求，不断提升人们的生活水平。同时福斯特表明，无论是发展还是环境保护都要以人为本。他认为，资本家为了追求更多的利润，对生态环境造成了破坏与污染。为了实现生态的可持续发展，就要有效解决涉及生产方式的经济以及环境不公的问题。福斯特还指出，为了有效解决就业与环保之间的冲突，需要实行生态转化战略。

最后，"用新的指标体系替代 GDP 衡量社会发展进步"[①]。资本主义社会中判断人类社会的进步，主要是从数量方面进行衡量。从 20 世纪 30 年代以来，GNP 以及 GDP 成了一个国家重要的衡量标准，这就在一定程度上使某些国家片面追求数量型的增长，不顾对自然环境可能造成的破坏和污染。福斯特深刻认识到经济发展与环境保护两者失衡可能造成的后果，为此，他强调人类社会要积极追求与自然之间的和谐发展，但这并不代表人类社会无法追求进步和发展，或者不能追求财富的增长，而是需要对人类社会进步的内涵进行重新考虑，如果不重新考虑，盲目地以"数量"为标准来衡量社会的进步，人类社会将无法实现可持续的发展。

2. 奥康纳的生态学马克思主义思想

詹姆斯·奥康纳是生态学马克思主义的重要代表人物。当资本主义生态危机开始在全球蔓延时，奥康纳对历史唯物主义自然生态理论、资本主义社会中出现的危机和未来社会的发展方向等方面进行了深入的研究。首先，"奥康纳在其著作中充分肯定了马克思主义理论'本身的可信度'及其'理论和实践上的洞察力'"[②]。奥康纳在其著作中多次驳斥了那些批评马克思、恩格斯的思想家们。奥康纳尊重和坚持马克思的历史唯物主义，根据当代资本主义国家的发展趋势，

---

① 康瑞华，佟玉华.福斯特生态学马克思主义发展观及其启示［J］.马克思主义研究.2010（6）.

② 崔洁，张博颖.奥康纳的生态学马克思主义及其当下意义［J］.马克思主义研究.2019（9）.

在社会维度中增加了文化维度和自然维度，形成了具有新的生态价值观的生态伦理思想，使历史唯物主义在生态方面的研究领域得到了进一步的拓展。他形成的方法论范式将自然、文化和社会劳动三者实现有机结合，进一步丰富和发展了历史唯物主义的方法论内涵。

其次，奥康纳对资本主义生态危机进行了深入分析，深刻揭示了生产力和生产关系之外的第二重矛盾，即在资本主义社会中生产力、生产关系以及生产条件之间的矛盾。他指出第二重矛盾的根本问题就是价值和剩余价值的生产环节。奥康纳将第二重矛盾视为"流动性危机"。奥康纳指出，第二重矛盾"是资本主义从经济的维度对劳动力、城市的基础设施和空间，以及外部自然界或环境的自我摧残性的利用和使用造成的"，[①] 奥康纳提出的第二重矛盾的理论进一步丰富和发展了马克思所提出的生产力与生产关系之间矛盾的理论，更加全面地揭示了生态危机的根源。奥康纳在政治经济领域和生态领域都坚持和继承了马克思主义的批判精神，他通过双重矛盾的思想对资本主义生态危机进行了全面批判。当今社会，世界进入了全球化时代，奥康纳形成的双重矛盾危机理论仍然具有重要的理论指导意义和现实价值，它为全球化时代背景下的发达国家与发展中国家之间关于经济、政治、生态以及可持续发展提供了可资借鉴的智慧和思路，有助于人们更好地认识到资本主义的新变化以及社会主义的新发展。

最后，"奥康纳用马克思主义的立场审视当代资本主义和社会主义的新变化和新问题，他基于历史唯物主义历史观和自然观的双重维度，提出了社会主义和生态学的结盟"[②]。奥康纳积极倡导构建生态学社会主义，并坚持以生态正义为导向，更好地保护生态环境，减少对环境造成的破坏，积极推动经济与环境的和谐发展。奥康纳对生态学社会主义的设想，为西方马克思主义探索新社会主义的模式开辟了道路并指明了方向。他所倡导的生态社会主义发展方式，为当前有效解决生态危机提供了正确路径，即从最根本的社会制度出发，通过构建生态社会主义，寻求人与自然两者的和谐发展。奥康纳主张"保护第一"的生态理念，有助于人们思考社会主义生产条件和社会形式的重组建构等方面的

---

① ［美］詹姆斯·奥康纳.自然的理由：生态学马克思主义研究［M］.唐正东，臧佩洪译.南京：南京大学出版社，2003：284.

② 崔洁，张博颖.奥康纳的生态学马克思主义及其当下意义［J］.马克思主义研究.2019（9）.

问题。同时，奥康纳还提出了生产性正义的概念，他指出，在资本主义社会中，资本家追求利润的最大化，这就决定了它生产的非正义性和对生态的破坏性，资本主义制度本身不能从根本上解决其内生的双重矛盾，当双重矛盾进一步凸显时，资本主义社会中的其他矛盾就会随之产生，所以，奥康纳明确表明"资本主义在生态上是不可持续的"①。

① ［美］詹姆斯·奥康纳．自然的理由：生态学马克思主义研究［M］．唐正东，臧佩洪译．南京：南京大学出版社，2003：284.

第三章　新时代西北地区生态治理中的困境

　　生态环境问题是当前中国经济社会发展中面临的非常严峻且须下力气解决的难题，西北地区作为我国生态环境脆弱、多民族聚居、经济发展落后、生态功能重要的叠加区域，更是面临着经济发展和生态环境保护的突出矛盾。新时代推进西北地区生态治理，加大西北地区生态环境保护力度，是促进西北地区经济社会良性、健康、可持续发展必须采取的战略性决策和行动。为此，推进西北地区生态治理，必须从新时代西北地区生态治理的主体和客体以及二者的互动关系中探寻生态治理的困境。不言而喻，生态治理的主体是政府、企业、社会公众和环境NGO，生态治理的客体不仅要考虑到生态环境本身的自然属性和造成生态环境问题的行为，更为重要的是要考虑到生态环境的社会属性，重点涉及生态治理的"主体对治理行为的认知，参与环境决策的权利、维护环境权益的制度保障和执行环境决策的绩效等方面"[①]。新时代西北地区生态治理并不仅仅局限在技术层面的生态修复和政府管理上的指导和规定，而是要通过正式制度和非正式制度的有效安排，调动多元主体，积极参与生态环境问题的积极性、主动性和热情。全面考察新时代西北地区生态治理的困境和难题，不难发现，它主要表现在发展观、政策选择、价值观念、生态正义等方面。

第一节　新时代西北地区生态治理中的发展观困境

　　发展的观点是唯物辩证法的总特征之一。唯物辩证法认为无论是自然界、

　　[①]　朱留财.从西方环境治理范式透视科学发展观［J］.中国地质大学学报（社会科学版）.2006（9）.

人类社会还是人的思维都是不断地运动、变化和发展的，事物的发展具有普遍性和客观性。发展的实质就是事物的前进、上升，是新事物代替旧事物。因此，我们必须坚持发展的观点看问题，即发展观。在社会历史领域，发展观是一定时期经济与社会发展的需求在思想观念层面的聚焦和反映，是一个国家在发展进程中对发展什么、如何发展、为谁发展等问题的总的和系统的看法。社会发展阶段不同，发展观也就不同，不同的发展观决定了不同的发展道路和发展模式。改革开放 40 多年来，传统发展观的确促进了西北地区经济的快速增长，但"发展 =GDP 增长 = 经济增长"的扭曲发展观带来了严重的生态环境问题。当前，西北地区面临的突出问题是：先天不足，并非优越；人为破坏，后天失调；退化污染，兼而有之；局部在改善，整体在恶化；治理能力远远赶不上破坏速度，环境质量每况愈下。以上问题已经不仅仅是一个简单的生态难题，它实际上已经变成了复杂的政治问题和社会问题。正如前环保部部长潘岳所指出的："环境问题也不是一个专业问题，而是一个政治问题，根源是我们扭曲的发展观。"[1]

一、新时代西北地区传统发展观及其省思

传统发展观是一种非理性的发展观，在发展的内涵认识和发展问题的基本观念上存在着一些非理性的思想倾向。为了发展经济，人们不顾一切地掠夺资源，使经济增长与经济发展的目标建立在生态环境被破坏的基础上。建立在这种发展观基础上的传统经济发展模式认为只需要将"经济馅饼"做大，一切问题就会迎刃而解。在这种发展观的支配之下，经济增长中的负面效应被放大了，企业在生产产品的同时，毫不顾忌地浪费资源，边生产边污染，好处留给自己，坏处转嫁给社会。由此产生了被经济学上所说的"外部性"的现象。

不难看出，传统发展观把经济发展等同于经济增长，并把经济增长率作为衡量经济发展的唯一指标，认为只要提高经济增长率，社会财富就会自然增长，经济社会自然就发展起来了。为了追求高增长，人们对自然资源进行了掠夺式的开发，在这种发展观念的引导下，加重了环境破坏的广度与深度；把发展问题单纯看成一个经济问题，把资源、环境问题看成经济发展的外生变量或外部

---

[1]　潘岳 . 中国环境问题的根源是我们扭曲的发展观 [J] . 环境保护 .2005（6）.

环境。在这种发展观的指导之下，人类长期以牺牲环境为代价来追求产量的增长。此外，传统发展观以功利主义和实用主义为出发点，主张人类在经济行为的选择时重点考虑当前可以预期到的直接经济后果，而不涉及或忽视不可预期到的未来经济后果。将人与自然的伦理关系建立在人的价值基础上，只承认人类利益，忽视自然以及其他物种的利益。实用主义经济伦理把满足人类自身的需要视为经济活动的价值判断，并以这种价值判断作为标准引导人类生产活动，其局限性是只考虑眼前的功利与实用，不顾及人类的长远利益。传统发展观实质上是一种不讲人本、不讲全面、不讲协调、不讲持续的发展观，它追求高速度，试图用高速度化解发展中的问题和矛盾；推崇非均衡发展，以全局的失衡换取局部的发展；注重眼前利益，试图通过高投入求得高产出，发展成本巨大；物本高于人本，不以人的利益为出发点和落脚点，陷入为发展而发展的怪圈之中。

在传统发展观这个指挥棒的指挥下，西北地区的一些政府部门及相关领导干部以 GDP 论英雄，秉持 GDP 至上的错误认知，一味片面追求经济的高速增长，倡导自然为经济发展服务，提倡高投入和高消费，把自然生态环境的脆弱性和承载能力置之度外，直接或间接地割裂了人与自然共存共荣、不可分割的有机联系，这种形而上学的世界观带来的危害是巨大的。长期以来，在这种片面的形而上学世界观的影响下，西北地区许多地方单纯看重 GDP 总量的增长，轻视环境保护，甚至不惜牺牲生态环境换取经济增长。在这种错误认知的支配下，一些高排污的投资项目在环评时被"开绿灯"，一些环境污染违法行为也是在"睁一只眼闭一只眼"中蒙混过关。某些地方政府的环境治理也缺乏实际行动，出现"会上重视、会下不重视""纸上重视、实际工作不重视"等现象。于是，GDP 上去了，生态被破坏了，环境也被污染了。虽然西北地区采取了相应的措施进行了整治，但只是局部有好转，整体仍然在恶化，整治效果不明显且短期效应比较明显。如果不尽快推动绿色发展为模式的可持续发展，西北地区经济增长中的不公平因素和危害性风险就会更多更快地爆发出来，这会使西北地区经济社会发展和生态环境保护更加难以为继。

毋庸置疑，一味追求 GDP 增长的传统发展观是短视的、不可持续的发展观，可持续的绿色发展观以经济、社会以及环境的可持续发展为目标，以持续、效率以及和谐为发展方式，主要解决经济发展和生态环保的矛盾，促进经济发展和环境保护互惠互利、互利共赢。绿色发展观，就其要义来讲，是要解决好人与自然和谐共生问题，维护好和实现好最广大人民的利益。面对新时代西北地区经济社会发展和生态环境保护的突出矛盾，我们必须坚持生态文明的科学理念，强化危机意识；必须坚持生态效益、经济效益和社会效益的有机结合和协调一致；必须强化绿水青山就是金山银山的意识；必须根本转变经济发展模式，推动绿色发展，坚持在发展中保护，在保护中发展。

二、新时代西北地区生态治理中的发展观问题

传统发展观对新时代西北地区生态环境问题频发负有不可推卸的责任，这些问题具体表现在：追求增长，忽视保护和治理；注重传统产业，排斥生态产业；重视政府治理，轻视其他主体；追求 GDP 政绩观，忽视绿色 GDP 政绩观。

1. 追求经济增长，忽视保护和治理

在西北地区经济社会发展过程中，有些人坚持传统发展观，认为经济增长是第一位的，可以利用西北地区资源禀赋优势，促进经济增长。在这种观念的影响下，从短时期看，西北地区经济确实增长了，但生态被破坏了、环境被污染了；从长远看，短时期经济增长所获得的效益往往难以承担治理生态环境问题的费用，从某种意义上讲，这种增长有可能变成一种负增长。几年前，中科院曾经测算过的数据就很能说明问题，由环境污染、生态破坏造成的各种损失已经占到中国 GDP 总值的 15%，这意味着一边是 10% 的经济增长，一边是15% 的损失率。GDP 至上的观念造成了边发展边污染、先污染后治理的局面，无法在经济发展与环境保护二者之间形成有机平衡，因此难以从根本上遏制生态环境恶化的趋势。这种情况在经济发展落后、生态环境脆弱的西北地区尤为明显。许多人认为，自然生态环境就应该为经济发展保驾护航，经济发展会对生态环境带来危害，这是难以避免的，也是没法逾越的，西北地区要赶上我国其他地区，就得让自然生态环境做出牺牲。这种传统发展观指导下的传统发展道路使得西北地区原本就脆弱的生态环境雪上加霜。显然，人们在如何处理和协调经济发展和生态环境保护这一问题上的认识存在着明显的偏差和错误，西北地区一些地方政府和领导干部急功近利，违背自然规律，盲目追求短平快的

经济增长。西北地区对这种发展模式带来的生态环境问题也一直在整治，但这种治标不治本的行为并没有使西北地区摆脱"边整治、边破坏""整治赶不上破坏""局部好转、整体恶化"的怪圈。这种问题源于地方政府追求经济增长、忽视生态环境保护和治理。诚然，对于经济发展落后、整体欠发达的西北地区来讲，首先发展生产力，解决经济增长，这本来无可厚非，但要命的是，把经济增长作为唯一的追求指标，势必会忽视生态环境的阈值和承载能力，导致经济发展和生态环境保护失衡，甚至最终导致经济负增长也就不足为奇了。

2. 注重传统产业，排斥生态产业

传统产业也称传统行业，主要指劳动力密集型、以制造加工为主的行业，主要包括钢铁、煤炭、电力、建筑、汽车、纺织、轻工、造船等工业。生态产业，简称ECO，是继经济技术开发、高新技术产业开发发展的第三代产业。生态产业是包含工业、农业、居民区等的生态环境和生存状况的一个有机系统。通过自然生态系统形成物流和能量的转化，形成自然生态系统、人工生态系统、产业生态系统之间共生的网络。生态产业能将生产、流通、消费、回收、环境保护及能力建设纵向结合，将不同行业的生产工艺横向耦合，将生产基地与周边环境纳入整个生态系统统一管理，谋求资源的高效利用和有害废弃物向系统外的零排放。以企业的社会服务功能而不是产品或利润为生产目标，谋求工艺流程和产品结构的多样化，增加而不是减少就业机会，有灵敏的内外信息网络和专家网络，能适应市场及环境变化，随时改变生产工艺和产品结构。工人不再是机器的奴隶，而是一专多能的产业过程的自觉设计者和调控者。企业发展的多样性与优势度，开放度与自主度，力度与柔度，速度与稳度达到有机的结合，污染负效益变为资源正效益。生态产业是技术、体制和文化领域的深刻革命。

西北地区主要有钢铁、煤炭、石油、电力、有色金属、化工和机械制造等传统产业。改革开放40多年，西北地区的经济建设和产业结构调整消耗了大量自然资源，经济发展的高耗能、高污染、高排放造成了严重的资源浪费、生态破坏和环境污染。与传统产业相比，发展生态产业需要较高的成本、较高的科技含量和产业工人较高的素质，这种情况下，经济发展本来就比较落后的西北地区许多地方，本着节约成本和理性经济的原则，宁可选择发展成本低、科技含量低、不需要较高职业素质要求的传统产业。有学者就指出："西北地区自由开发性重工业比重过高，而且重工业中以采掘业、初级原材料工业为主，产品以初级产品、高耗低附加值为主。另外，工业行业的同构化趋势明显，能源、冶金、化工在各省市区主要工业行业中的占比较大。"①

3.重视政府治理，轻视其他主体

不言而喻，政府在生态环境保护和治理中发挥着不可或缺的主导作用，西北地区环境问题因其涉及范围的广泛性、危害程度的严重性、解决的迫切性及其治理的复杂性、问题本身的综合性已经到了不得不重视的地步。生态环境保护和治理中的以往实践已经说明，政府是生态文明建设的第一责任人，发挥着非常重要的主导作用。生态环境保护和生态治理具有明显的公共性特征，应该由代表公民意志的机构——政府来主导。政府作为生态环境保护和生态治理的顶层设计者，要加强对生态环境保护和生态治理的总体设计和组织领导；作为生态环境保护和生态治理的投资主体，要为生态环境保护和生态治理提供充裕的资金保障；作为生态环境保护和生态治理多元主体的协调者，要有效协调不同主体之间的利益关系，形成生态环境保护和生态治理的强大合力；作为生态环境保护和生态治理的监管者，要坚决惩治破坏环境的恶劣行为。然而，政府发挥了其主导作用，并不意味着生态环境问题就能彻底解决，政府在治理生态环境问题中往往还存在着一些缺陷和不足，比如政府能力不足的问题、生态治理投入不足的问题、生态环保和生态治理政策不力的问题、政府滥用权力问题、政府行为失灵等问题。

随着西北地区经济社会的快速发展，生态环境保护和生态治理有了明显的改观，取得了明显的成就。但是，不可回避的是，政府在生态治理的过程中，除了出现了一些上述所说的共性问题外，生态治理的其他主体，如企业、公众、社会组织等的参与度不足，西北地区生态治理的社会参与机制亟待完善。有人认为，治理生态环境问题是政府的事情，与企业、公众、社会组织没有关系。事实上，生态环境治理不仅需要政府的主导，同时需要企业、公众、社会组织等的参与，尤其需要公众全程积极参与，否则，政府生态治理的行为不仅得不

①　娄胜霞.西部地区生态文明建设中的保护与治理［M］.北京：中国社会科学出版社，2016：111.

到有效监督，而且生态环境问题也难以得到彻底解决。西北地区面临的一大问题就是："生态环境治理中的公众参与，无论在程序上的规定，还是具体方面的要求，都难以与经济社会发展的要求相适应。公众的环境参与意识不强、生态资源产权不够明晰、缺乏保障。"① 由于社会公众没有把自己自觉地当作生态治理的天然主体，故而缺乏参与生态环境问题治理的自觉意识和主动行为。社会公众在生态环境问题治理中的缺位是西北地区近年来生态环境治理中急需解决和完善的问题。

4. 追求 GDP 政绩观，忽视绿色 GDP 政绩观

长期以来，在我国传统粗放型经济发展模式影响下，西北地区本来就贫困落后，不少地方政府为了追求政绩，沉迷和深陷于传统发展观的迷梦中，把"发展是硬道理"曲解成"GDP 增长是硬道理"，一味盲目追求 GDP 增长，形成了 GDP 至上主义，把 GDP 增长作为评判自己政绩的主要依据，视经济增长为解决一切问题的灵丹妙药，认为经济增长就是目的，随着经济的增长，一切困难都会迎刃而解，这种情况下，自然会对生态环境的重要作用以及经济社会可持续发展的重要性缺乏科学正确的认识，将可持续发展和绿色环保抛之脑后，不注重合理开发利用自然环境资源，肆意污染环境，导致生态环境呈现恶化的态势。显然，这种为追求眼前利益而牺牲自然生态环境利益的行为是不可持续的、短视的和愚蠢的。粗略估算就不难发现，在传统粗放型经济发展模式下，即便 GDP 增长能保持较高速率，但实际上由于生态环境问题带来的绿色 GDP 为零甚至小于零，或者这种传统的 GDP 增长值甚至不足以支付治理生态环境问题的费用，因此，这是一种不可持续的毫无意义的发展模式。

诚如此，西北地区政府应该尽快转变传统 GDP 政绩观，坚决克服各级政府存在的急功近利、急于求成，重显绩，不重潜绩的短期行为，应当高度重视"绿色 GDP"，提倡更多的绿色环保的经济增长方式，注重环保产业的发展，更多关注到生态环境的保护。"绿色 GDP，指政府在保证经济增长水平的同时，需要考虑因经济发展所造成的环境问题。简单来说，就是拿 GDP 扣除生产这些

---

① 娄胜霞.西部地区生态文明建设中的保护与治理［M］.北京：中国社会科学出版社，2016：113.

GDP 所消耗掉的环境资源的价值。"①注重绿色 GDP 政绩观,就要求西北地区的各级政府将人类与自然看作一个有机整体,应该认识到人与自然肢体相连、息息相关,人类的一切都与自然相关,人与自然的血脉相连性决定了人的幸福取决于自然的完整健康,应该把追求人与自然的共同福祉作为发展的首要目标,把追求生态保护和经济发展的互利共赢作为首要选择。

第二节　新时代西北地区生态治理中的体制政策选择困境

政策是指国家政权机关、政党组织和其他社会政治集团为了实现自己所代表的阶级、阶层的利益与意志,以权威形式标准化地规定在一定的历史时期内应该达到的奋斗目标、遵循的行动原则、完成的明确任务、实行的工作方式、采取的一般步骤和具体措施。生态环境的治理,需要政府选择合理有效的政策。从生态治理的角度讲,政策选择就是政府有效进行生态治理的工具,不仅包括政府环保管理体制、政府的政策执行和政策激励,而且还包括普遍意义上事后选择类政策,比如行政法律类的政策、市场化政策和自愿性政策等。西北地区生态环境的脆弱、敏感、复杂,经济发展落后,民众环保意识不强、快速城镇化建设等问题已经向传统单一的政府治理模式提出了挑战,需要因新情况新问题制定和选择新政策。

一、新时代西北地区生态治理体制困境

众所周知,环境既具有外部性特征又具有公共物品的性质,这意味着,环境问题的解决必须依靠公共行动、合理的政策选择和体制机制设置。在我国许多地方,尤其是西北地区存在着环境产权不清晰、公众环保意识淡薄和生态治理参与度不高、企业逃避生态责任等问题,更需要政府制定强制性政策和有效的体制机制推动生态治理的有序有效进行。政府生态治理体制上的困境和问题主要表现在以下几个方面:

1. 经济社会发展综合决策能力有待加强。生态环境问题的防治及其权力运

---

① 刘海霞.环境问题与社会管理体制创新——基于环境政治学的视角［J］.生态经济,2013（2）.

行往往集中于生态环境部和各级地方政府生态环境所，但自然和资源保护职能却分属于林业、农业、水利、国土资源等相关部门。当前，生态环境部在生态环境保护和治理中发挥着主导作用，通过机构改革等也理顺了一些关系，但依然存在着一些问题。为了提高环境保护和治理方面的综合决策能力，比较重大的经济社会发展战略往往要进行环境影响评价，比如丝绸之路经济带的提出和实施、黄河流域生态保护和高质量发展战略的提出和推进等，这都充分体现了中央政府在重大决策中对环境影响评价的重视和环境保护与治理综合决策职能的充分体现。然而到了地方政府决策层面，环境保护和生态治理参与综合决策就会受到经济发展指标的挤兑。尤其是经济发展相对落后的西北地区，这种情况更是屡屡发生。西北地区许多地方政府在进行决策时，在制定、执行和考虑一些比较重大的经济社会发展规划和战略决策中，由于过于注重经济指标，自然不会更多地顾及生态环境保护和治理的问题。

2. 生态治理的综合协调能力不足。生态环境公共物品的性质决定了生态环境问题需要政府间有效协调和合作共治，"建立有效的政府间协调机制是十分必要的，不仅要协调好中央政府与地方政府之间的关系，还要建立地方政府之间、跨流域跨区域的地方政府之间，以及政府部门之间的协调机制，提高生态保护与治理的综合协调能力"①。在生态环境治理中，经常存在着中央政府和地方政府之间的利益博弈现象。许多地方政府都是理性经济人，当中央政府的生态治理政策与其利益一致，或者能给其带来更多实惠和好处时，地方政府往往乐意贯彻执行，否则就会敷衍甚至变相不执行。不仅如此，地方政府之间也存在着利益博弈、利益冲突和竞争，还会造成"公地悲剧"。

生态环境是公共产品，有人用，没人疼。在西北地区生态环境保护和治理中，的确有地方政府积极主动作为，但如果没有获得治理所带来的全部利益，这种治理环境所带来的利益部分地被别的政府所享受，或者如果承担了别的地方政府在生态环境治理上不作为的负外部性和其"搭便车"行为，都会降低其进一步主动作为的积极性。在跨地区、跨流域生态环境保护和治理，如西北地区的沙尘暴治理、水土流失治理等中不仅存在这种现象，而且还会造成"公地悲剧"。此外，西北地区有些地方政府由于传统政绩观作祟，地方保护主义盛

---

① 林尚立. 国内政府间关系 [M]. 杭州：浙江人民出版社，1998：14.

行，坚持经济利益至上，不惜牺牲生态环境利益追求经济利益，认为环境保护和治理会损害经济增长，不乏干涉环保执法、纵容污染企业等行为。生态环境部是生态环境保护和治理的中枢，其下属的各个部门各自承担着不同的职能，但问题是，政府部门职能有交叉、重叠、错位，这种情况会导致部门间利益的冲突和竞争，就会出现"有利可图时，你不让我、我不让你；承担责任时、相互推诿；出现问题时，相互指责"的现象。在政策制定和推进中还有自我中心、各自为政、配合不够、交流不畅等问题，以上问题对西北地区生态保护和生态治理的推进都是极其不利的。

3. 资源环境管理能力较弱。资源环境管理是指依据国家资源政策，以资源的合理开发和持续利用为目的，以实现可再生资源的恢复与扩大再生产、不可再生资源的节约使用和替代资源的开发为内容的环境管理。资源环境要素包括大气、水体、土地、矿产等，都在不同程度上具有公共物品特性。在市场经济条件下，涉及整个社会的资源和环保问题的公益性事业，往往是市场作用有缺陷的领域。市场本身不仅不具备保护环境的能力，而且经常是环境破坏的主要因素。因此，政府干预是十分必要的，这决定了资源环境管理的主体是国家，具体指政府、立法机构和司法机构。通过公共干预可以为资源环境的管理提供制度框架，制定和执行有效的干预政策，推进资源利用与环境保护公共事业发展。资源环境管理的权威性表现为环境保护行政主管部门代表国家和政府开展资源环境管理工作，行使资源开发与环境保护的权力和职能，政府其他部门要在国土资源部门与环保部门的统一监督管理之下履行国家法律所赋予的资源管理与环境保护责任和义务。环境管理的强制性表现为在国家法律和政策允许的范围内为实现环境保护目标所采取的强制性对策和措施。例如，关闭"小煤窑"、污染限期治理等，就是根据国家的资源与环保产业政策，为实现经济增长方式转变所采取的强制性措施。

近年来，西北地区经济发展和人们的观念都比较滞后，西北地区各级政府的环境管理能力也相应较弱，这导致出现了诸多生态环境问题，比如甘肃祁连山生态破坏问题、陕西秦岭违章建筑破坏生态环境问题等。西北地区资源环境管理能力弱具体表现在基础设施的缺乏、监测执法用房严重不足、环境监测水平落后、管理人员的不足且素质不高。以环境信息检测为例，环境监测的信息数量庞大且繁多，规整需要耗力费时，这就需要配备具有较高专业素养和知识背景的专业人员和非常先进的监测设备，但是西北地区许多地方不具备这些条件。另外，许多基层环保部门环境监测信息有失真现象，还有的环保信息数据滞后，还有些需要监测的项目，由于各种原因，不去监测或者是无法监测。"有的县、区级环境保护机构甚至没有固定的办公场所，监督能力、应急能力、检测能力离国家标准化建设要求甚远，难以确保环境法律、法规的有效实施。"①西北地区许多地方环境保护执法缺乏力度，环境污染治理手段偏软，有些省份环保部门的最高罚款权限只有几十万元。这种过低的罚款上线，不足以对环境违法企业产生强有力的震慑作用。从成本收益上考虑，许多企业宁愿选择违法排污并缴纳罚款，也不愿意购置治污设施。比如，一造纸厂购置治污设施，1吨纸的成本要多花150元左右；如果不购置治污设施，一个日产百吨的小型造纸厂日均降低1.5万元，而不购置治污设施的罚款最多10万元，造纸厂10天不到就可以挣回罚款，从单纯利益角度考虑，造纸厂宁愿选择排污被罚款。一些地方投资数十亿元的特大电站项目，违反环境评价擅自开工建设，最后罚款也不过20万元。区区20万元罚款，对于一个投资超亿元的项目来说，简直就是九牛一毛。②

二、新时代西北地区生态治理政策工具选择困境

政策工具既可以是一种"客体"(object)，也可以是为一种活动(activity)。一方面，我们可以将工具看作一种客体。例如，在法律文献中，人们往往将法律和行政命令称为工具；另一方面，工具也可以被看作活动，因而有学者将政策工具定义为"一系列的显示出相似特征的活动，其焦点是影响和治理社会过程"(A·B·Ringeling语)。这种定义扩大了工具的范围，将某些非正式的活动也纳入工具之中。简单讲，政策工具就是实现政策目标的手段或是方式。生态环境保护和治理需要选择合乎需要的政策工具，这些政策工具应该是可用的且是有效的。一般来讲，生态环境保护和治理的政策工具包括三大类：一是行政法

① 娄胜霞.西部地区生态文明建设中的保护与治理［M］.北京：中国社会科学出版社，2016：123.

② 李格琴编著.当代中国的生态环境治理［M］.武汉：湖北人民出版社，2012：49—50.

律类政策工具，二是市场化政策工具，三是自愿性政策工具。

1. 行政法律类政策工具。行政法律类工具是指"政府根据相关的法律、法规及标准等，对治理的相关人及其行为做出强制性的要求或限制，从而达成相关政策目标的手段和方法。"①行政法律类工具包括行政手段和法律手段。行政手段是国家凭借行政权力，通过颁布行政命令，制定政策、措施等形式，对经济社会发展活动和生态治理的各项工作进行宏观调控或干预的方式或方法。它具有权威性、强制性、垂直性、具体性、非经济利益性和封闭性特点。在生态环境治理过程中，行政手段具有一定长处，一是能维持行政管理系统的集中统一，便于充分发挥行政组织的管理功能，可以保证生态治理管理行为朝着优美生态环境这个共同的目标前进。二是具有一定弹性，能比较灵活地处理各种生态环境保护和治理中的问题。在治理特殊生态环境问题上，它比法律方法灵活；在排除管理故障上，它比经济方法和思想教育方法及时有效。三有利于政府直接领导、协调和控制生态环境保护和生态治理的有序推进。法律手段是依法治国、行政法治的武器和工具。具体贯彻到生态环境保护和治理中，是指行政机关以环境保护法为准绳和武器，根据环境法律活动的规律、程序和特点实施生态行政管理。它具有权威性、强制性、规范性、稳定性。在我国的各类环境法律法规中，都明确规定了政府、企业、公众和民间环保组织等主体在环境保护和治理中的权利、义务和责任。法律手段就是要调整和规范各类主体在自然生态环境保护和治理中的利益和关系。

不难看出，行政手段和法律手段在我国包括西北地区在内的生态环境保护和治理中具有不言而喻的强制性和权威性，但生态环境治理不仅仅是一个专业问题或技术问题，它是关涉经济、社会、政治等各方面的综合性问题。这种情况下，行政法律类工具不可避免地暴露出了一些弊端：一是不利于发挥下级的积极性、主动性和创造性。不适当地单纯运用行政法律类工具，会形成权力过分集中于上级、下级有职无权，养成对上级的依赖性，执行上级指示的被动习惯和消极意识。二是信息传递迟缓、失真。如果生态环境发讯者的权威小，则生态环境信息传递缓慢，接受率低；尤其在机构庞大、层次繁多的情况下，则

---

① 娄胜霞.西部地区生态文明建设中的保护与治理［M］.北京：中国社会科学出版社，2016：114—115.

必然导致信息传递拖延、失真。三是可操作性不强，对环境违法行为处罚缺乏力度。许多环境违法行为没有被依法追究法律责任，或者处罚额度太低，有的甚至成为漏网之鱼，继续从事环境违法行为。四是独立执法比较困难。各地环保部门按照国家相关法律法规对招商引资项目、各类建设项目等进行环境评价，对破坏生态和污染环境的行为进行处罚时，西北地区许多地方政府往往以招商引资效益和难度、税收、经济增长为由阻挠环保部门的执法行为，这在甘肃祁连山生态环境保护和治理、陕西秦岭违章建筑破坏生态环境事件中表现得尤为明显。五是公正执法难。在西北地区许多地方，存在着官商勾结对抗执法的现象。比如，有些企业没有排污监测设施，企业生产照旧进行；或者有的企业虽然有排污设施，但却偶尔使用或者一直没有使用，形同虚设，这样往往会造成重大环境破坏和环境污染事件的发生。

2. 市场化政策工具。市场化政策工具指的是公共部门利用市场这一资源有效配置手段，来达到提供公共物品和公共服务的目的公共管理方法。市场化的具体方法是民营化、用者付费、合同外包、特许经营、凭单制、分散决策、放松规制、产权交易、内部市场、生态补偿等。在生态环境保护和治理中常用的市场化方法就是用者付费、排污权交易和生态补偿。用者付费就是通过把价格机制引入到为人们提供生态环境这个公共服务中，对生态环境这一公共产品和服务采取收费的方式。用者付费工具有利于显示公众对生态环境这一公共产品和服务的真实需求，有效配置生态环境资源和提高生态环境服务质量；能够克服免费提供生态环境产品和服务所导致的对生态环境资源的不合理配置和浪费；有偿提供生态环境产品和服务，促进社会公平；可以使价格真正起到信号灯的作用，即市场机制在生态环境产品和服务领域有效应用；可以增加公共财政收入，缓和公共财务危机。

在生态环境脆弱、生态环境问题突出的西北地区，强化市场化政策工具显得尤为重要，这具体表现在：第一，加强排污收费。排污收费可以实现企业外部效应的内部化。生态环境问题源于经济的外部性，是由于外部性（即存在外部环境成本）引起市场失灵而使社会资源未得到有效配置造成的。排污收费就可以将企业经济活动的负外部性纳入其中，推行企业环境成本的内部化，从而提高污染企业的环保意识，加强生态科技创新，最大限度地减少和降低污染排放。第二，征收环境税。环境税 (Environmental Taxation)，也有人称之为生态税 (Ecological Taxation)、绿色税 (Green Tax)，它是把环境污染和生态破坏的社会成本内化到生产成本和市场价格中去，再通过市场机制来分配环境资源的一种经济手段。部分发达国家征收的环境税主要有二氧化硫税、水污染税、噪声税、固体废物税和垃圾税等 5 种。2011 年 12 月，中华人民共和国财政部同意适时开征环境税。西北地区生态环境的恶化不但直接影响着西北地区民众的生存生活质量，而且制约着西北地区经济和生态的协调发展，因此，通过开征环境税来筹措专门的环境保护费是很重要的。在国外取得良好效果的环境税，在中国还处于刚刚开始尝试、尚未有效加以利用的状况，经济发展落后的西北对于征收环境税更是没有得到有效利用。三是排污权交易。排污权交易是以市场为基础的经济制度安排，它对企业的经济激励在于排污权的卖出方由于超量减排而使排污权剩余，之后通过出售剩余排污权获得经济回报，这实质是市场对企业环保行为的补偿。买方由于新增排污权不得不付出代价，其支出的费用实质上是环境污染的代价。排污权交易制度的意义在于它可使企业为自身的利益提高治污的积极性，允许排污单位在一定范围内排放污染物的种类和数量，使污染总量控制目标真正得以实现。这样。治污就从政府的强制行为变为企业自觉的市场行为，其交易也从政府与企业行政交易变成市场的经济交易。排污权交易是实行总量控制的有效手段。西北地区由于发展经济和追求 GDP 增长，许多地方政府并没有将企业的排污交易制度真正落到实处。四是构建生态补偿机制。生态补偿机制是以保护生态环境、促进人与自然和谐为目的，根据生态系统服务价值、生态保护成本、发展机会成本，综合运用行政和市场手段，调整生态环境保护和建设相关各方之间利益关系的一种制度安排。西北地区建立生态补偿机制不仅对西北地区有益，也是对全国资源环境的整体补偿和保护。当前，构建西北地区生态补偿面临的问题主要有："(1)'部门主导'的生态保护体制，职责主体不明确，生态保护效率低下，生态保护区居民受益少，贫困人口多；(2)'项目工程'的补偿方式使生态政策缺乏长期性和稳定性，生态保护缺乏可持续性；(3) 补偿标准'一刀切'、补偿标准低、补偿不足和过度补偿并存，影响了生态保护区居民生计；(4) 生态补偿融资渠道过于单一，主要依赖中央财政转移支付，导致中央政府压力过大；(5) 生态效益提供者和受益者的界定不明确；生态补偿政策缺乏科学性和合理性。"①

3. 自愿性政策工具。自愿性政策工具几乎不存在政府干预，它不具有强制性特征，可以有效弥补行政法律类政策工具和市场化政策工具的不足，它遵循企业自愿的原则，允许企业在合情合理追求经济利益最大化的基础上，自觉自愿、积极主动地参与生态环境保护和治理，这一类的政策选择主要有：自愿性协议、ISO14000 认证等。

自愿协议 (Voluntary Agreement-VA) 是目前国际上应用最多的一种非强制性节能措施，全球十余个主要发达国家，如美国、加拿大、英国、德国、法国、日本、澳大利亚、荷兰、挪威等都采用了这种政策措施来激励企业自觉节能。它指的是整个工业部门或单个企业在自愿的基础上为提高能源效率与政府签订的一种协议，自愿协议的主要思路是在政府的引导下更多地利用企业的积极性来促进节能。它是政府和工业部门在其各自利益的驱动下自愿签订的。也可以看作在法律规定之外，企业"自愿"承担的节能环保义务。需要强调的是，自愿协议中的"自愿"并不是绝对的"自愿"。根据自愿协议参与者的参与程度和协商内容，可以把它大致分为两类，一是经磋商达成协议型自愿协议，它是指工业界与政府部门就特定的目标达成的协议，谈判时双方有一个约束条件，即如果协议没有达成，政府将会实施某种带有惩罚性的政策措施。可见，这一类自愿协议中所指的"自愿"是有条件的。二是公众自愿参与型自愿协议，在此类型的自愿协议中，政府部门规定了一系列需要企业完全满足的条件，企业根据自身条件选择是否参加。环境自愿协议运用不仅可以克服政府和市场传统管制方式的弊端，而且可以促进各治理主体的快速成长，使生态环境问题的解决更有效率。"②2000 年 3 月，我国开始探索如何结合国外的成功经验，立足我国国情，将自愿协议这一政策模式引入国内，并将山东省钢铁行业的两家大企业济南钢铁集团总公司和莱芜钢铁集团有限公司选为自愿协议政策试点企业。试点初步成功，一方面证明了节能自愿协议在中国是可行的，另一方面也反映出自愿协议由试点到推广还有一段路要走，还需要解决一系列相关问题，如指标

---

① 王健，董小君. 构建西部地区生态补偿机制面临的问题和对策 [J]. 经济研究参考. 2007（44）.

② 万健琳. 政府主导的多方合作生态治理模式研究：角色厘定·关系重构·行动协同 [M]. 北京：中国社会科学出版社，2019：169.

体系问题，指标认定问题，政府政策问题等。因此，对于生态环境整体恶化的西北地区来讲，应该在国家对实施的自愿性政策进行总结、完善和升华的基础上，自觉探讨自愿协议的多种形式，加快研究与节能自愿协议相配套的政策措施，争取尽早在西北地区各省份推广自愿协议。

"ISO14000 是一个系列的环境管理标准，它包括环境管理体系、环境审核、环境标志、生命周期分析等国际环境管理领域内的许多焦点问题，旨在指导各类组织取得和表现正确的环境行为。"[1]ISO14000 系列标准，在许多方面借鉴了 ISO9000 质量认证标准[2] 的成功经验，是在当今人类社会面临严重的环境问题（如：温室效应、臭氧层破坏、生物多样性的破坏、生态环境恶化、海洋污染等）的背景下产生的，其基本思想是以减少各项活动所造成的环境污染，节约资源，改善环境质量，促进企业和社会的可持续发展。ISO14000 标准可以促使企业在其生产、经营活动中考虑其对环境的影响，减少环境负荷；促使企业节约能源，再生利用废弃物，降低经营成本；促使企业加强环境管理，增强企业员工的环境意识，促使企业自觉遵守环境法律、法规；树立企业形象，使企业能够获得进入国际市场的"绿色通行证"。从以往 ISO9000 推行的实践经验来看，那些及早动手，实施标准精髓的企业都是最大的受益者。西北地区生态环境保护和治理，应该及早推行 ISO14000 管理体系认证，及早研究，及早决策，认真实施，解决西北地区生态环境保护和治理中的实际问题。

三、新时代西北地区生态治理政策执行和政策激励困境

政策执行是通过一定的方法，综合运用各种手段，为了实现政策目标而采取特定行为模式的过程，是将一种观念形态的政策方案付诸实施的一系列政策活动。这些行为包括两方面内容：一是将决策转化为可以操作的过程，二是按照决策所确定的目标而进行的努力。政策执行的过程主要包括政策宣传，政策分解，物质准备，组织准备，政策实验，全面实施，协调与监控等环节。在西北地区，由于生态治理执行主体的素质缺陷和利益倾向、政策本身的质量、公

---

① 陈宗兴主编.生态文明建设（实践卷）[M].北京：学习出版社，2014：1013.

② ISO9000 质量认证标准是指企业为了避免因产品质量问题的巨额赔款而建立的质量保证体系，目的是保证产品质量，提高产品信誉，保护用户和消费者的利益，促进国际贸易和发展经贸合作。

共政策执行机制不健全以及责任与监督机制缺乏，现实中的政策执行往往会出现种种政策规避问题，包括政策敷衍、政策附加、政策替换、政策缺损、政策照搬等等，而且政策执行和实施过程中的失控问题严重。在西北地区，生态治理政策执行方面往往侧重于政府管制，如环境影响评价、排污收费制度等，大多都是由政府一手操控，需要经过公众和环保 NGO 推行的政策不仅很少，且效力不足，甚至无法推行。在政策实施中，注重用自上而下的强制性手段如行政处罚、行政法规等来治理生态环境问题，无法有效调动社会其他主体参与环境保护和治理的热情，难以形成齐心协力、多元共治的局面。上述原因决定了政府成了生态环境保护和生态治理的单一主体，也必然会导致政府和其他治理主体的定位、地位、作用不清晰，限制了其他主体参与生态治理的权利和行为，这些都会制约和影响西北地区生态环境保护和治理的效果，无形中增加了西北地区生态治理的成本。此外，在生态治理政策执行上，还应因地制宜、因时制宜。正如前文所述，西北五省自然生态和地理环境各具特色，许多地方迥然不同，政策执行中就需要考虑西北地域性、差别性和环境的多元性特征，因地制宜采取不同的治理策略，否则不仅会浪费资源而且还会增加生态治理的成本。

政策激励上的困境突出表现在两个方面，第一是 GDP 发展观和政绩观导致的政府生态治理激励上的偏差和问题。相比较而言，西北是经济发展落后的欠发达地区，很多地方政府为了追求政绩，大多都有 GDP 崇拜情结，这样就会造成片面追求经济利益的发展观和政绩观导致的政府生态治理激励上的偏差和问题。不言而喻，GDP 增长可以在短期内实现，但生态治理带来的生态环境效益却是一个需要较长时间的过程。各地方的企业都是理性经济人，其目的就是追求利益最大化，在政府绩效评价的唯 GDP 政绩观导向下，企业经营的经济利益导向更趋明显，这样就会置生态环境利益于不顾，其生产带来的负外部性就只能由社会和公众承担，势必会出现有意敷衍或躲避对它自身生产行为带来的生态环境问题的治理。此外，有些地方政府为了追求政绩奉行地方保护主义，对自己所辖企业的生态破坏和环境污染行为睁一只眼闭一只眼，在招商引资上，可能还会降低环保标准，在环保评价制度上只是走走形式。以上诸如此类的问题不仅存在于西北地区，在我国其他地区也同样存在，尤其是在许多地方的矿山开采中尤为严重。诚如此，为了解决矿山生态修复历史欠账多、现实矛盾多，

"旧账"未还、"新账"又欠等突出问题，党的十九大提出了"关于构建政府为主导、企业为主体、社会组织和公众共同参与的环境治理体系"的要求，遵循"谁修复、谁受益"原则，通过赋予一定期限的自然资源资产使用权等激励机制，吸引各方投入，推行市场化运作、开发式治理、科学性利用的模式，加快推进矿山生态修复。近年来，国家不断出台大政方针以协调区域间的不平衡如西气东输、西电东送等。国家不断将西部地区的优势资源能源补给东部，但补偿的具体政策倾斜调整不足，影响了西北地区经济发展，这使得西北地区民众对环境保护更是处于"心有余而力不足"和漠视的状态，这样就加剧了生态环境恶化的程度。

第二是社会参与机制监督机制缺失导致的政府生态治理激励上的偏差和问题。西北地区生态环境恶化不仅反映了错误认知和治理体制的问题，也暴露了西北地区环保领域中社会参与机制的缺失。目前，生态环境问题已不仅仅是一个技术问题，它已经变成了一个社会问题和政治问题。当前的生态环境保护和治理，缺乏社会公众和民间环保组织的参与和监督，不仅生态治理的效果无法保证，而且也无法调动社会公众和民间环保组织的积极性、主动性和热情。生态环境治理缺乏社会参与机制的核心表现是环境信息公开不透明，很多时候很难查到哪些企业因何种对环境的污染而被罚款以及哪些投资的环境评价如何等一些与老百姓健康生活密切相关的信息。一些环境违法或灾害性环境事件中，新闻记者很难第一时间进入现场、掌握真相，部分记者甚至因采访环境事件被扣、被抓、被打等，在甘肃祁连山生态环境问题中就出现过此类现象。有些地方政府以"维稳""治安"等名义有意不及时公布生态环境问题真实情况、阻挠新闻媒体报道，使得社会监督大打折扣，也严重削弱了社会公众、民间环保组织、新闻媒体等参与环境保护和生态治理的热情。

第三节　新时代西北地区生态治理中的价值观困境

价值观是关于价值信念、价值目标、价值标准、价值规范的稳定的观念模式。一定意义上讲，社会经济发展、生态环境保护和治理状况如何，关键在于人们的价值观和价值取向是否科学正确。恩格斯就曾讲过："人只须了解自己本身，使自己成为衡量一切生活关系的尺度，按照自己的本质去估价这些关系，真正依照人的方式，根据自己本性的需要，来安排世界。"① 这说明实践主体的价值观对实践活动有着巨大的影响作用，有什么样的价值观就有什么样的实践活动方式。当前，西北地区经济社会发展中出现的生态环境问题，源于忽视自然内在价值、发展就是经济增长、科技万能论等违背人与自然和谐的传统价值观。要治理和解决西北地区生态环境问题，就必须用新的价值观替代传统的价值观。

一、价值观对西北地区生态治理的重要意义

作为一种社会意识，价值观集中反映一定社会的经济、政治、文化，代表了人们对生活现实的总体认识、基本理念和理想追求。实际生活中，人们的价值观念系统十分复杂，在经济社会深刻变革、思想观念深刻变化的条件下，往往会呈现出多元化、多样性、多层次的格局。人们行为动机的目的受价值观的支配，价值观具有导向、激励、调节、规范和凝聚作用。符合人与自然和谐共生的新价值观，对西北地区经济社会发展、生态环境保护和治理都具有非常重要的现实意义。

第一，人与自然和谐共生的新价值观必然会减少生态环境保护和治理所面对的阻力，大大降低政府开发政策的社会运行成本。众所周知，政府保护和治理生态环境会关涉各方主体的不同利益，尤其是会触及企业主体的利益。企业是以追求经济利益最大化为目的的理性经济人，政府治理生态环境的行为可能会增加企业生产运行的成本，可能会受到企业的阻挠和抵触。当政府、企业、公众等生态治理的主体拥有了人与自然和谐共生的价值观后，就会减少西北地区生态环境保护和治理所面对的阻力，大大降低政府开发政策的社会运行成本。

第二，人与自然和谐共生的新价值观对于在开发中起关键主导作用的政府来说，可以开阔眼界、通观全局，建立全新的发展理念，增加工作的系统性和预见性。在传统价值观的引导下，政府秉持的是 GDP 政绩观，一味追求的是GDP 的增长，这是西北地区生态环境问题频发的重要原因。人与自然和谐的新价值观有利于西北地区各级政府树立经济发展和生态环境保护和谐共赢的新发

---

① 马克思，恩格斯．马克思恩格斯全集（第1卷）[M]．北京：人民出版社，1956：650.

展理念，有利于西北地区各级政府考虑到西北地区经济社会发展的可持续发展和长远未来，增强其全方位工作的系统性和预见性。

第三，人与自然和谐共生的新价值观对西北各界民众起到重要的思想引导作用，从而助推西北地区生态环境保护和治理。西北地区公众是西北地区生态环境保护和治理的最直接参与者，也是生态环境治理成果的最终享有者。公众是否具有人与自然和谐共生的价值观是衡量西北地区生态环境保护和治理成果的重要依据。由工业文明时代生产方式所决定，西北地区许多民众的生活方式是不健康、不文明、不理性的和短视的，具体表现在物欲主义膨胀和消费主义盛行等方面，这种传统的生活方式不仅会破坏自然生态环境，而且会对人类自身生存发展带来致命影响。诚如此，树立人与自然和谐共生的价值观有助于西北地区民众变革和调整传统生活方式，在尊重自然规律的基础上践行有利于人与自然和谐的绿色生活方式，这不仅有利于西北地区生态环境保护和治理，也有利于西北地区民众高质量生存和可持续发展。

第四，人与自然和谐共生的新价值观可以使西北地区政府通过古今中外的综合比较拟定开发利用自然生态环境资源的新方案，从而避免出现新的生态环境问题。世界各个国家经济社会发展中或多或少都存生态环境问题，古今中外，概莫能外，这些生态环境问题在人类工业化进程越来越凸显、越来越严重。西北地区各级政府如果秉持人与自然和谐共生的价值观，在生态环境保护和治理中就可以更加主动地从古今中外各个国家发生过的生态环境问题中总结好的经验，自觉摒弃错误观念和短视做法，取其精华，去其糟粕，扬长避短，制定和实施西北地区生态保护和生态治理的更好方案，从而减少或避免生态环境问题。

二、新时代西北地区生态治理中的价值观困境

中外许多国家经济社会发展实践已经证明，工业化进程中忽视自然内在价值、以 GDP 论英雄、科技万能论等传统价值观导致了各种各样的社会问题和生态环境问题。实现价值观的革命，树立经济、社会、生态三者效益的协调统一的发展观和工具理性与价值理性相结合的新价值观，对于西北地区社会经济发展和生态环境保护互利共赢、有效推进西北地区生态环境保护和治理至关重要。

1.树立经济、社会、生态三者效益协调统一的发展观。发展是人类亘古不变的永恒主题。西北地区在推进现代化的进程中，经济总量快速增长，但是，以GDP论英雄的发展观把发展理解为经济发展加快、规模扩大等，这种单纯从经济增长角度考虑问题的工具性认识没有意识到生态系统的平衡和稳定，将自然界看作一种异己的力量，认为自然界就是为生产力增长和GDP服务的。在这种观念的指导下，人们"雄赳赳、气昂昂"地展开了对自然界的强烈攻势，不顾大自然的"感受"掠夺自然生态资源，漠视西北地区日益恶化的生态环境，只是欣然沉醉于经济发展带来的喜悦之中，几乎不考虑自然的内在价值及其权利，为了"政绩竞赛"不惜损坏生态系统平衡与稳定，在饱尝了大自然的报复以后方才如梦初醒。当前，西北地区的民众不得不面对发展不平衡、不协调、不可持续等一系列亟待解决的如水资源短缺、土地沙化、水土流失、生物多样性减少等问题。西北地区长期以来以高消耗、高排放、高污染为特征的粗放型经济增长模式，造成了人与自然关系的紧张和对立，经济发展和生态环保的矛盾日趋凸显和尖锐，经济增长的资源环境代价太大，资源利用效率不高，环境污染严重，生态环境总体恶化的趋势尚未得到根本扭转。以上问题是长期以来人们错误价值观所致，认为人是万物的尺度，是自然的主人。只有人有价值，离开了人，自然无所谓价值可言，自然只是人类改造和利用的对象，完全是人类的纯粹"服务者"，只有满足人类需要的"工具性价值"，只有受人改造的份儿。人类的一切需要都是合理的，都应当满足。自然界的全部价值也无非就是它对人类的"有用性"，这样就"剥夺了整个世界——人类世界和自然世界——本身的价值"[①]。正是这种"人是万物之灵，人对自然万物拥有绝对的所有权、占有权和支配权"的单纯追求经济利益的价值观还没有意识到"这是一条把我们推向衰败和崩溃的道路"[②]，这种价值观无异于竭泽而渔、杀鸡取卵。

生态环境问题的频发迫使人类反思自身对自然的所作所为，开始从人是自然界的一部分，是自然界的一员出发，认识到自然本身所具有的内在价值，认识到人类和自然其实是一个不可分割的有机整体，认识到人类对自然的粗暴掠

---

① 马克思，恩格斯.马克思恩格斯全集（第1卷）[M].北京：人民出版社，1956：448.
② ［美］莱斯特·R·布朗.崩溃边缘的世界——如何拯救我们的生态和经济系统［M］.林自新，胡晓梅，李康民译.上海：上海世纪出版集团，2011：7.

夺和肆意侵害实际上就是伤害人类自身。1923 年法国哲学家 A. 施韦在《文明的哲学：文化与伦理学》一文中提出了尊重生命的伦理学观点，强烈主张将伦理学正当行为的概念扩大到包括对自然本身的关心，尊重所有生命和自然界。1933 年美国生态学家 A. 莱奥波尔洋德发表《大地伦理学》，他指出，自然界本身具有内在价值，在社会发展中，人们要树立自然具有内在价值观念。无可辩驳的事实已经说明，经济社会发展中一定要注重生态环境问题，使经济效益、社会效益和生态效益三者协调发展，当前西北地区经济社会发展尤其要注意这一点。众所周知，西北地区生态环境脆弱敏感、降水少、风沙大、水土流失和土地沙化比较严重，如果西北地区经济社会发展再不注重生态环境保护和治理，不吸取西方国家和我国经济社会发展中生态遭到严重破坏和环境遭到严重污染的经验教训，西北地区面对着比发达国家更为严峻的生态环境问题将不会是危言耸听。

此外，必须认识到的是，仅仅实现经济发展和生态环境保护的协调统一还远远不够，在西北地区经济社会发展中，必须树立经济、社会、生态三者协调统一的发展观。改革开放以来，随着科学技术的迅猛发展，西北地区在现代化进程中社会物质财富丰富了，但社会伦理道德堕落和人们之间的诚信降低的趋向明显。对于这种现象，马克思早在一百多年前的《1844 年经济学哲学手稿》中就指出："物的世界的增殖同人的世界的贬值成正比。"[1] 人类社会发展到今天，市场经济的推动和刺激，客观上确实为社会创造出了更多的价值和财富，也大大提高了经济社会发展的活力。然而，同时也出现了诸多的问题，如两极分化、道德滑坡、诚信降低等。美国学者艾恺就曾指出："现代化是一个古典意义的悲剧，它带来的每一个利益都要求人类付出对他们仍有价值的其他东西作为代价。"[2] 前事不忘，后事之师，西北地区在今后的经济社会发展中就要特别注意总结和吸取现代化过程中单纯追求经济增长忽视社会发展效益的经验和教训，坚决树立经济、社会、生态三者效益协调统一的发展观。在西北地区经济社会发展中，各级领导干部不仅要积极解决西北地区的贫困、分配不公平等诸多社会

---

① 马克思.1844 年经济学哲学手稿［M］.北京：人民出版社，2000：51.
② ［美］艾恺.世界范围内的反现代化思潮——论文化守成主义［M］.贵阳：贵州人民出版社，1991：221.

问题，考虑到人们全面发展的物质需要和精神需要，还要积极主动投身于西北地区生态环境保护与治理中，使西北地区经济社会的发展真正实现经济、社会、生态协调统一的良性发展道路。

2. 树立工具理性与价值理性相结合的新价值观。随着科学技术日新月异的发展，科学技术的工具性价值渗透到了人类社会生活的各个领域，推动了人类社会的迅猛发展。恩格斯在马克思墓前的讲话中评价马克思时指出："在马克思看来，科学是一种在历史上起推动作用的、革命的力量"[1]，"他把科学首先看成是历史的有力的杠杆，看成是最高意义上的革命力量"。[2]作为经济社会发展杠杆和最高意义革命力量的科学技术为物质文明和精神文明的发展奠定了基础，然而同时它却变成了人类征服、掠夺自然的武器。换句话讲，这种理性已经发生了质变，退化为单纯的技术理性。17世纪的弗兰西斯·培根明确强调过科学知识的实际效用，培根有句名言：知识就是力量，这是人类认知的一大转变。古希腊哲学家认为，人类认识自然是为了自然本身；而培根认为，人类认识自然只是手段，把手段转变为技术，通过技术来改造自然，从而让我们过上更好的生活。在他看来，科学的合法的真正目标应当把新的发现和新的力量惠赠给人类生活。这里，培根强调的是科学的工具价值和功利性，对科学的进展的确起到了巨大的推动作用。然而，随着实证科学不断取得成功，人们的观念发生了根本的转变，认为实证科学才是唯一真正的科学。这种情况下，理性就被人们主观地理解成了实证理性、工具理性，人们也跃跃欲试，想通过实证理性、工具理性的力量构建现实世界。实践证明，这种科学注重工具的合理性，却忽视了价值的合理性。在这种思潮的影响下，"科学技术万能论"甚嚣尘上。人类在科技万能论和功利主义指引下，人性得到充分的释放，工具理性"只关心物的进步，不关心人类的进步"[3]，更不关心人性的完善和人的自由全面发展，导致社会两极分化加剧，劳资关系恶化，人与自然割裂分离，人全面走向异化，整个社会物欲主义盛行，人沦为金钱和利益的奴隶，并为此铤而走险。更要命的是，人们并没有从物质的享用和富足中感到精神生活的满足和愉悦，相反却

---

① 马克思，恩格斯.马克思恩格斯文集（第3卷）[M].北京：人民出版社，2009：602.

② 马克思，恩格斯.马克思恩格斯全集（第19卷）[M].北京：人民出版社，1963：372.

③ ［法］西斯蒙第.政治经济学研究（第1卷）[M].胡尧步等译.北京：商务印书馆，2009：41.

产生了创造越多、失去越多、无比空虚的消极体验，并一直处于不愿承受但不得不承受的消极后果的恶行循环中不能自拔，人成了单向度的片面的人。此时，人的异化愈加突出，人完全背离了自己的本质，生态环境问题也接踵而至、频频爆发。为此，在西北地区经济社会发展中，要打破科学主义的教条，既要尊重现代科技提供的工具合理性，又要不懈反思和追求其价值合理性。值得注意的是，科学技术的迅猛发展在促进西北地区经济社会发展中发挥了巨大的作用，它不仅能推动我国西北地区社会经济的迅速发展，也是西北地区生态环境保护和治理的不可或缺的重要支撑力量。我们决不能因为科学技术的负面作用（如：生态环境问题、道德滑坡、诚信降低等）而因噎废食，应在坚持科学技术工具合理性与价值合理性相统一的基础上，合理利用科学技术，促使科学技术健康发展，使西北地区社会经济发展和生态环境保护与治理步入和谐发展的轨道。综上所述，追求经济、社会、生态三者效益协调统一的发展观，树立科学技术应用"工具理性与价值理性的相结合"新价值观，是西北地区实现经济发展和生态环境保护、有效推进西北地区生态治理的必然选择。

第四节　新时代西北地区生态治理中的生态正义困境

新时代西北地区生态治理中，除了上述发展观的困境、体制政策选择的困境和价值观的困境外，还存在着生态正义上的困境。那么，何为生态正义，西北地区生态正义又有着怎样的现实困境呢？

一、生态正义含义及类型

1. 生态正义的含义

生态正义（Eco-justice）（有学者亦称环境正义）何以出场？它的出现与人类进入大工业时代所引发的生态环境问题是密不可分的。第二次世界大战以后，生态环境问题日益凸显，与此同时，各种生态正义运动也应运而生，最典型的如"爱渠事件"和"瓦伦抗议事件"①,这些运动均由受害者自觉发起,他们极力反对在生态权利上的不公平对待。对于生态正义追本溯源,它是在1970年由美国的伦理学家诺曼在他的《生态责任和经济正义》一文中正式提出,并一度引起众多学者关注。《美国环境百科全书》曾对生态正义下了两层含义,一层"是将与平等对待相关的伦理与道德思想运用到包括自然本身以及它的组成部分,并且每当人类活动影响到这些生物时,人类有义务顾及其他生物的内在价值。另一层是环境收益与负担及环境改良的支出和收益应当被公正地分配,也就是如何使特定的团体和阶层的人民不承受环境退化的冲击,及地球上欠发达地区的可持续发展的培育"②。华侨大学俞长友认为:"生态正义亦称环境正义,是人们针对由环境因素引发的社会不公正问题,特别是强势群体和弱势群体在环境保护中权利与义务不对等问题而提出的一种正义论主张。"③笔者认为,生态正义就是遵循生态伦理和社会道德,以期实现人与自然、人与人共同享有同等"生态权利",共同履行相应"生态义务",并能将其长期维持的一种状态。它是一个中性词汇,不偏不倚,不带任何感情色彩,它所提倡的是区别承担生态责任,共同享有生态红利,共谋人类可持续发展大计。生态正义的本质意含在于"环境责任和生态利益的合理分担和分配"④,是对"人类中心主义"的彻底批判和否定。

2.生态正义的类型

对于生态正义的类型,当前学者们并没有形成普遍一致的共识,往往都是

---

① 爱渠 (Love Canal) 原为美国纽约州的一处废弃运河。1942年,美国胡克化学公司购买该运河用于填埋化学废弃物。1953年后,纽约州政府陆续在该填埋场及其周边地区修建了一批廉价住房。1978年春天,爱渠地区的地面开始流出一股股对人体危害极大的有毒化学物质。纽约州政府被迫于当年8月宣布该地区进入紧急状态,并紧急疏散并重新安置了当地的许多居民。后续的调查发现,1974—1978年间在该地出生的婴儿畸形率是其他地方的3倍。此事件被称为爱渠事件。1982年美国环境保护局、北卡罗来纳州政府和一家有毒有害废弃物处理公司拟在北卡罗来纳州瓦伦县修建一座用于填埋聚氯联苯 (PCB) 废料的垃圾填埋场。该县65%的居民为非洲裔美国人。当地居民认为,垃圾场的修建没有征得他们的同意,侵犯了他们的权利。为此,当地居民举行了大规模的抗议活动,史称"瓦伦抗议事件"。

② [美]威廉·P·坎宁安主编.美国环境百科全书 [M].张坤民等译.长沙:湖南科学技术出版社,2003:181.

③ 俞长友.生态正义:可持续发展的理性诉求 [J].内蒙古农业大学学报(社会科学版).2009(4).

④ 贾爱玲.环境责任保险制度研究 [M].北京:中国环境科学出版社,2010:62.

各抒己见。有的学者坚持生态代内正义和生态代际正义两分法；有的学者坚持生态代内正义、生态代际正义和生态种际正义三分法。这里笔者认同第二种分法即三分法：生态代内正义、生态代际正义和生态种际正义。

生态正义的核心是公平。法国环境法学家亚历山大·基斯将生态公平概括为三方面："首先，它意味着在分配利益方面今天活着的人之间的公平；其次，它主张代际尤其是今天的人类与未来人类之间的公平；最后，它引入了物种之间公平的观念，即人类与其他生物物种之间的公平。"① 可以看出，生态公平包含代内公平、代际公平和种际公平三个内容。按照亚历山大·基斯的说法，可以将生态正义分为代内正义、代际正义和种际正义三种形式。生态代内正义是指同一时代内不分种族、不分民族、不分地域群体、年龄、性别等之间的生态正义。它着重强调生态权利和生态补偿问题以及生态权益和生态责任的对等，即同时代下生态利益如何分配或生态责任如何承担的问题。生态代内正义所追求的终极目标是实现同时代内的可持续发展。生态代际正义是指后代人与当代人在生态权益方面应达到共享的要求。生态代际正义要求当代人在消耗自然生态环境这一"公共产品"时，要时刻秉承节制和可持续发展的理念，既满足当代人的生态需求又不影响后代人的生态利益，以实现人类永续发展为目标。正如江泽民所说"必须把可持续发展作为一个重大战略"②，只有这样才能真正达到生态代际正义。每代人之间公平分配"生态利益"是生态代际正义的核心。生态种际正义是 20 世纪 60 年代生态保护运动的伴生物。它在坚持生态代内正义和生态代际正义的基础上，力图将生态正义的视野拓宽，把人之外的生态系统或存在物纳入道德伦理，从而调节人与自然的关系。一言以蔽之，生态种际正义就是人与自然界之间的生态正义。它要求人类在改造和利用自然时要严格遵守生态伦理底线，真正明确人与自然是一个"命运共同体"。

按照内容，人们一般把正义分为程序正义和分配正义。程序正义被视为"看得见的正义"，这源于一句人所共知的法律格言："正义不仅应得到实现，而且要以人们看得见的方式加以实现"，程序正义注重分配决策的一视同仁。分配正义涉及财富、荣誉、权利等有价值的东西的分配，在该领域，对不同的人给

① ［法］亚历山大·基斯. 国际环境法［M］. 张若思译. 北京：法律出版社，2000：3.
② 江泽民. 江泽民文选（第1卷）［M］. 北京：人民出版社，2006：463.

予不同对待，对相同的人给予相同对待，分配正义，即给每个人以其应得，它注重分配结果的平等性。生态正义是生态环境保护和治理上的正义，是指不同群体平等享用自然生态环境资源和生态治理成果的权益，同时公平承担生态环境保护和治理的责任和义务。与对正义的理解相应，可以把生态正义分为生态程序正义和生态分配正义。生态程序正义是生态分配正义的保障，生态分配正义是生态程序正义的结果。生态正义的核心问题就是不同主体之间的利益，它体现的是当代人类社会在自然环境领域对公平正义的共同价值诉求。

生态正义践履在西北地区生态环境保护和治理中比较艰难。改革开放以来，随着西北地区经济社会较快发展，"区域、城乡和群体之间的生态不公正状况日益凸显，即更多的受益者未必履行相应的保护生态环境和积极参与生态治理的责任和义务，而更少的受益者却往往承担了更大的生态环境代价"[①]。西北地区要突破这一难题，"真正的难点就是冲破既得利益。……这部分利益有企业和（地方）政府之间的利益，也有地区之间的利益"[②]。尤其是某些地方政府和污染企业的"狼狈为奸"，被学界戏称为生态治理的"西西弗斯推石困境"。西北地区生态不正义是西北地区生态治理中必须正确面对和下力气解决的一大困境，否则会严重影响西北地区社会稳定和经济社会的可持续发展。

一、新时代西北地区生态治理的程序正义困境

生态程序正义是指制定自然生态资源环境使用权和环境保护责任与义务等与生态环境保护和治理相关的分配决策的程序的公平性和正当性，其"主要内容包括决策制定的基本原则、参与决策的人员、优先考虑的议程、决策的基本方式等的确定"[③]。生态程序正义应该做到以下几个方面：(1)保证环境资源的使用和保护上包括这一代和下一代在内的所有主体一律平等，享有同等的权利，负有同等的义务，从事对环境有影响的活动时，负有防止对环境的损害并尽力

---

① 龚天平，刘潜.我国生态治理中的国内环境正义问题［J］.湖北大学学报（哲学社会科学版）.2019（6）.

② 张孝德.生态制度落地难点在于冲破既得利益［EB/OL］.http://politics.people.com.cn/n/2013/1127/c70731-23671924.html.

③ 龚天平，刘潜.我国生态治理中的国内环境正义问题［J］.湖北大学学报（哲学社会科学版）.2019（6）.

改善环境的责任;（2）任何主体的生态环境权利都有可靠保证,受到侵害时能得到及时有效的救济,对任何主体的违反生态环境义务的行为予以及时的纠正和处罚。从这一角度看,当前,西北地区生态治理中面临的问题是环境的民主决策程序缺失,"这种缺失集中表现为相关人群的环境权益在环境决策中难以得到平等的、充分的反映,他们的环境监督权、环境参与权等难以得到平等的、有效的行使"①。在西北地区,城郊和乡村居民、贫困人群的利益关切就难以进入决策中;与此相反,城市居民、富裕人群在决策中能更多地发出自己的声音。

根据笔者对有关纸质文献和政府新闻公告的梳理,近年来,在甘肃、陕西、宁夏、青海、新疆发生了一些影响较大,后果较严重的环境事件,如 2007 年 8 月 2,延安市长庆采油厂一输油管线发生原油泄漏事故,造成了较大范围土地环境污染和财产损失。2007 年 8 月 29 日陕西省原油泄漏造成的延安市区水源地污染事件,时任环境部部长周生贤立即派专家工作组赴现场指导工作,西北环保督查中心也派人到现场,督促当地政府做好污染防治工作。2009 年 9 月 7 日,甘肃省兰州市西固区兰州飞龙化工有限责任公司泄漏有毒气体对附近的陶瓷批发市场、兰炼一小、兰炼二小产生了不小的影响。2012 年 4 月 6 日 14 时 40 分左右,一辆从兰州开往成都装载 27 吨丙烯酸的罐车,在白龙江上游甘肃碌曲县境内（距离四川省阿坝州若尔盖县界公路 6 公里左右）,由于机械故障侧翻至近 30 米的沟底,约 26 吨丙烯酸泄漏,部分丙烯酸泄漏至距事故现场 10 米左右的白龙江支流河道内（距白龙江约 4 公里）。白龙江为嘉陵江支流,跨甘肃、四川两省,该河流在甘肃碌曲县及四川若尔盖县境内无集中式饮用水取水点,对周围居民的饮水安全造成了很大威胁。2006 年 3 月至 8 月,甘肃省陇南市徽县水阳乡新寺村、牟坝村、刘沟村共查出 368 人血铅超标。调查表明,徽县有色金属冶炼公司是此次事件的直接责任单位。自 1996 年建成到 2004 年,该企业违反有关法律法规,长期不按规定运行治污设备,超标排放,该公司 400 米范围内的土壤已经受到了不同程度的污染。2015 年 3 月 12 日,群众告发的甘肃武威荣华工贸有限公司向腾格里沙漠腹地排放生产废水的环境违法行为被查实。2014 年 5 月 28 日至 2015 年 3 月 6 日,累计排放污水 271654 吨,其中 187939 吨用于沙漠公路两侧树木绿化灌溉,83715 吨通过铺设的暗管直接排

---

① 龚天平,刘潜.生态经济的道德含义 [J].云梦学刊.2019（1）:67—72.

入沙漠腹地。受污染的沙漠位于武威市以东23公里，当地称为八十里大沙，经无人机航拍和GPS定位，确定共有大小不等的污水坑塘23处，污染面积近266亩，污染土方量62.51万立方米。污染区域地下水水质也受到不同程度的影响。事件发生后，虽然污染企业和政府相关部门、相关人员都受到了应有的处罚，承担了相关责任，但这一事件本身对生态环境和人们生产生活的影响不会在短时间内消除，引起了人们的强烈不满和抗议。①2015年陕西"引汉济渭"工程、"6.27"环境污染事件等也产生了一些负面影响。以上事件大都是由于当地政府为了发展经济或缓解能源紧张，在没有经过扎实的民意调研、进行有效民主协商的基础上，匆忙上马相关有可能造成污染和环境侵权的项目，从而导致的环境程序不正义事件。近年来，我国加大了环境执法的力度，解决了一大批影响可持续发展和关系民生的突出环境问题，但因为企业违法排污引发的突发环境事件仍然普遍存在，因此必须寻求更强有力的手段来进行支持，刑法手段无疑是所有惩罚手段中最严厉、最有威慑力的手段。只有充分发挥现行刑法的作用，并对其根据环境形势的需要进行修改完善，才有可能从根本上扭转当前生态破坏凸显、环境污染严重、环境事件高发、频发的态势。

二、新时代西北地区生态治理的分配正义困境

生态正义是正义观在生态环境问题中的具体体现，从表面看，它关注的领域是人与自然之间的关系，但其实质却是人们面临有限的自然生态环境资源与蔓延的环境危机时的道德选择问题。也就是说，生态正义并不仅仅是单纯的人与自然的关系问题，而是生态环境利益及其负担的分配问题，是面对生态环境时的人与人之间的关系问题。从根本上说，生态环境问题总是要牵涉到利益问题，生态正义指涉的重点就是对生态环境利益的合理分配。有学者将在生态环境方面受到不正义对待的人群称为环境弱势群体。"环境弱势群体属于社会性弱势群体，主要是指在环境资源享用、环境污染规避、环境风险承担等方面处于不利地位的群体。"②这些弱势群体主要"包括污染企业一线工人、污染企业周

---

① 吕志祥，白小平等.新环境法与区域生态建设研究［M］.北京：光明日报出版社，2015：189.

② 刘海霞.环境正义视阈下的环境弱势群体研究［M］.北京：中国社会科学出版社，2015：2.

边居民、生态恶化地区的农民、环境开发移民与生态保护移民等"[①]。从对生态环境利益能否合理分配的角度看，当前西北地区生态治理面对如下困境：

第一，西北地区城市民众与郊区、乡村民众享受的生态权益和承担环保责任不对等。西北五省的许多企业大都位于城郊，高排放和高污染物也就集中在了城郊，这样势必会严重侵害郊区民众的生态环境权益、身心健康和生命安全，严重破坏郊区民众生活环境和干扰其正常的生产生活秩序。在郊区受到侵害和干扰受到警告和处理后，这些高排放和高污染企业又通过资本向乡村扩展，在乡村投资办厂，生产废物敷衍处理或者甚至根本不经过严格无害化处理就排入乡村附近所在的河流、湖泊、水塘等，严重的水污染、土壤污染、空气污染等，恶化了乡村民众的生活环境，严重降低了乡村民众的生活质量，使其身心健康和生命安全严重受损。诸如此类的典型事件在西北各地都不同程度地存在且频发。比如，2020年7月8日，生态环境部就通报了甘肃白银有色（601212）集团股份有限公司西北铅锌冶炼厂违法排放大气污染物。2020年3月30日上午7点，白银市区豫源饭店环境空气质量监测点二氧化硫监测数据异常偏高。白银市生态环境局立即利用空气质量监测微站、无人机探测等科技手段对辖区企业污染物排放情况进行排查。上午9时，白银市生态环境局执法人员利用无人机在对银山路以东企业排查过程中发现，白银有色集团股份有限公司西北铅锌冶炼厂厂区东侧一个车间和厂区北侧一个车间上空烟雾弥漫。白银市生态环境局执法人员立即对该企业进行现场调查并固定证据，查明该企业焙烧炉圆盘给料机发生故障断料，烟道内负压变正压，造成余热锅，炉烟道连接处焊缝冲开。该企业未向生态环境部门报告设备故障及维修情况，也未及时采取降低负荷、抢修烟道泄漏处等措施减少污染物排放，导致部分烟气从焊缝逸散至外环境。该行为违反了《中华人民共和国大气污染防治法》第四十八条的规定，白银市生态环境局依据《中华人民共和国大气污染防治法》第一百零八条第五项的规定，责令该企业立即改正违法行为，通过使用甘肃环境行政处罚裁量辅助决策系统计算，处以12.2万元罚款。

此外，城市的生产生活垃圾和垃圾处理点大都选择在郊区和乡村，严重影

---

① 刘海霞.环境正义视阈下的环境弱势群体研究［M］.北京：中国社会科学出版社，2015：69.

响当地民众的生活质量和生产生活秩序。"城市享受了较多的环境资源权益，拥有更多的环保设施、技术，而郊区和乡村不仅没有享受相应的环境资源权益和缺少环保设施、技术，反而承担了比城市更多的环境负担。"① 笔者小时候生活的乡村——甘肃省陇南市武都区马街镇寺背村几年前建立了垃圾填埋场，武都城区的生产生活垃圾被运到寺背垃圾填埋场，垃圾填埋场方圆几里臭气熏天，夏天来临时，这种情况更是雪上加霜，严重影响了周围民众的生活环境和生活质量。武都马街寺背村的垃圾填埋场严重扰民事件也遭到了周围民众的多次抗议和举报。2019 年 7 月 25 日中央第五生态环境保护督察组给陇南市转交第十二批信访投诉案件，要求严格按照《中央生态环境保护督察信访案件交办办理及信息发布规定》和《中央生态环境保护督察群众信访举报问题办结要求》，严格按照谁主管谁负责和一岗双责的原则，依法依规查清责任严肃问责。这次的信访投诉案件涉及武都区的有四件，其中就有马街镇垃圾填埋场臭味扰民的问题，武都区住建局在清水沟社区对面修建人行道时，将此处用于收集雨水和居民化粪池污水的排水沟掩埋问题，东江幼儿园旁水沟污水横流、蚊蝇滋生、周围生活垃圾散落、臭味扰民的问题，陇南市第一人民医院外墙中央空调压缩机噪音扰民的问题。以上虽然是个案，但足以说明，西北地区存在的这些问题显然与生态正义相违背。

第二，移民与非移民生态环境权益与环保义务划分不对等。西北地区的移民有三种情况：一是当地生态环境恶劣，为生活所迫的移民。西北地区自然条件恶劣，地形复杂，以高原山地为主，生存条件困难，加上近年来 GDP 崇拜导致生态环境进一步恶化，许多民众迫于生计，不得不移民。甘肃省武威市民勤县地处河西走廊东北端，石羊河流域下游，腾格里和巴丹吉林两大沙漠包围之中，是石羊河流域水资源问题最为突出、生态环境最为脆弱的地区，是全国四大沙尘暴策源地之一。全县 2385 万亩面积中，各类荒漠化面积达到 2228 万亩，境内年均降水量只有 110 毫米，而蒸发量高达 2644 毫米。时任总理温家宝 11 次牵挂民勤治沙问题，多次说"决不能让民勤成为第二个罗布泊"。因为生态环境恶劣，许多民众不得不移民。"早期，民勤主要是群众自发投亲靠友移民、教

---

① 龚天平，刘潜 . 我国生态治理中的国内环境正义问题［J］. 湖北大学学报（哲学社会科学版）.2019（6）.

育移民等分散型移民，后来政府实施有组织的县内外整体型移民。2003 年，组织湖区 377 户、1037 人向县外移民至新疆军户、芳草湖农场；从 2004 年开始，依托国家易地扶贫搬迁项目，先后在本县内的昌宁、夹河、蔡旗、大滩等乡镇建立 4 个移民点，整村整社推进县内移民 385 户、1804 人。"①

二是为了发展经济而进行的移民。随着西北地区现代化进程的不断推进，西北各地都争相开展大规模的自然资源开发活动，在这大规模开发过程中，也随之产生了数量巨大的移民。比较典型的事件当属陕西神木大柳塔镇武成功村的移民。大柳塔镇位于神木市北端，地处世界八大煤田之一的神府东胜煤田腹地中心，全镇的煤炭总储量为 35 亿吨。1986 年，大柳塔镇成为神府及神东矿区开发建设的指挥中心，一支煤矿建设开采大军进驻这里。如今，这里已经是高楼林立，俨然是一个现代化的城市。而位于毛乌素沙漠边缘的大柳塔煤矿也成为神华神集团旗下的骨干矿井，并因年产 2000 万吨而被称为"世界第一矿"。目前，该矿的年产能已经达到惊人的 3000 万吨。随着煤炭的开采及相关产业的发展，神木的地区生产总值从 2000 年的 23 亿元增长到 2015 年的 817.41 亿元，短短 15 年翻了约 35 倍。但过去几十年的煤矿开采，也给当地本已脆弱的生态环境带来了严重的破坏。在当地，随处可见露天煤矿、被竖切开来的山体，植被被破坏，水土流失严重，地面塌陷、河水断流、草木枯死、满目疮痍、空气污浊、村庄毁弃。然而，这些年因开采煤矿、发展煤炭产业给当地造成的生态损失究竟有多大却是一笔糊涂账，生态修复所需要的时间和成本就更不得而知。更大范围的研究数据或许能看到事态的严重性。一篇发表于《中国水土保持》（2012 年第四期）上的研究论文显示，仅 2007 年到 2009 年，包括榆林、延安等地在内的陕北地区各年能源开发造成的生态环境损失分别为 174.84 亿元、176.10 亿元、180.48 亿元，平均开采 1 吨煤炭造成的生态环境损失就高达 65 元。研究者还强调称，由于数据获得受限，这些数据仅是保守数字。至于修复的成本有多少，也没有一个准确的数字。但这个数字一定不小。仅以采空区等治理为例，根据《陕西日报》一篇报道提供的数据，目前神木市矿区已形成的采空沉陷面积和火烧隐患面积分别为 324 平方公里和 45 平方公里——大于西安市雁塔、莲湖、碑林、新城四区面积之和。业内清楚，采空区治理是个烧钱的项目。

① 王成勇，卢小亨. 民勤县生态公益型移民模式［J］. 开发研究 .2009（4）.

仅仅治理每个塌陷区所耗，都将是一笔笔巨款。陕西省榆林市神木市武成功村方圆几公里的区域已经整体沉陷了四五米，在边缘处还能清晰地看到地表下陷的痕迹。位于煤矿塌陷区中央的武成功村大部分居民已经无法在原址继续生存生活下去，在政府安置下搬到了不远的李家畔移民区。不言而喻，不仅生态修复需要花费巨额资金，而且这种生态破坏和环境污染的的确确严重侵害了当地民众的利益。

二是为了建设自然保护地，进行生态保护而移民的人群。为了推进生态文明建设、构建国家生态安全屏障、建设美丽中国，正在快速推进建设自然保护体系的过程中，也产生了大量的生态保护移民。如青海省尖扎县地处黄河上游，黄河纵贯尖扎南北，流经 96 公里，其支流隆务河横穿尖扎东西，在尖扎境内汇入黄河。由于处在两河生态敏感区，生态保护任务十分艰巨。由于尖扎县地形呈南高北低分布，境内沟壑纵横，植被稀疏，水土流失严重，每年有大量泥沙被冲入黄河，形成晴天碧波，雨天浑浊的两种景象，如不及时进行生态环境治理，必然使黄河上游这道天然的生态屏障遭到破坏。大规模生态移民，就能减少在生态脆弱区的人为开发性活动，依靠大自然的自我修复功能，使其先绿起来，遏制水土流失，这是从整体上保护生态环境最便捷、最直接、最有效的办法。再如，祁连山东西绵延 1000 公里左右，冰川融化形成石羊河、黑河、疏勒河三大水系，是维系甘肃河西走廊 500 万群众生命的重要水源地。随着气候变暖以及人为活动加剧，祁连山出现冰川退缩、雪线上升、植被退化等生态问题。近年来，地处甘肃河西走廊的威武、张掖、酒泉等市，实施生态移民异地搬迁等保护工程以遏制祁连山生态恶化的趋势，促进了生态环境的保护和建设。[①]

无论是上述哪一种移民，他们都为了西北地区经济发展、环境保护和治理离开故土，搬迁到异地生活，为整个西北地区经济社会发展做出了自己的贡献。近年来，西北地区在国家政策的引导下，越来越重视移民的生活、工作等状况，搬至异地的民众总体上对安置地区生产生活持满意态度，但也仍然存在着许多有待改进的地方，比如改善移民待遇不公、重视移民切身利益等。具体体现在"对移民个人合法权益的忽视""在补偿标准和经费发放等方面的问题""移入地

① 徐兆霞，刘淑英.西北地区生态移民项目对生态环境的影响［J］.农业科技与信息.2015
（3）.

区的社会建设步伐滞后"和"移民的可持续生活能力没有受到重视"①等四个方面的生态正义问题。

其三，富裕民众与贫困民众生态环境权益与环保义务划分不对等。当前，我国对收入高低标准没有统一的界定和说明，但现实生活中却明显存在着富裕和贫困的现象。中国特色社会主义进入新时代，习近平总书记高瞻远瞩，把脱贫攻坚置于治国理政的突出位置，为此提出过许多重要观点，形成了多次重要论述，做过重要的部署安排。"2018年我国农村贫困人口为1660万人，同比上年下降45.5%；贫困发生率为1.7%，较上年也有所下降。从个区域来看，西部依然是贫困人口与贫困发生率最多的地区。数据显示，2018年东部地区农村贫困人口147万人，同比下降51.2%，占全国农村贫困人口的8.8%，贫困发生率0.4%；中部地区农村贫困人口为597万人，同比减少46.3%，占全国农村贫困人口的36%，贫困发生率1.8%；西部地区农村贫困人口916万人，同比下降43.9%，占全国农村贫困人口的55.2%，贫困发生率为3.2%。从各省市来看，贵州、西藏、甘肃、新疆等5省的贫困发生率在5%以上；山西、河南、广西、云南、陕西、青海、宁夏等7省份贫困发生率在2%—5%；河北、内蒙古、辽宁、吉林、黑龙江、安徽、江西、湖北、湖南、海南、重庆、四川等12个省市贫困发生率在0.5%—2%；北京、天津、上海、江苏、浙江、福建、山东、广东等8个省份的贫困发生率在0.5%以下。"②从以上数据不难看出，大多数贫困人口在生活在西北，西北地区生态治理必须多措并举，努力实现和保障这些民众的生态正义。

近年来，随着西北地区人民经济实力的不断增强，区域内人民主体的经济地位也产生了巨大悬殊，造成贫富分化现象的加剧，差距的不断拉大是导致社会问题不断发生的重要原因。相比较而言，富裕民众所享受的生态环境权益要更多更优，贫困民众可能由于无法改变和无法选择生产生活环境而无法享受到同等的生态环境权益。特别是在环境消耗能力方面，富人人均消耗资源量大、人均排放污染物过多，而穷人则往往成为生态破坏和环境污染的直接受害者。

---

① 刘海霞.环境正义视阈下的环境弱势群体研究［M］.北京：中国社会科学出版社，2015：93—94.

② 资料来源于中国报告网对国家统计局数据的分析整理.

事实证明，穷人对生态造成的压力远比富人小得多。换句话说，富人在生态治理中应承担不可推卸的主要责任，这才符合生态正义的要求。然而，事实却大相径庭，许多富人为了积聚财富、享受生活并未去积极履行保护环境的义务，他们毫无顾忌地"剥削"更多资源，甚至以穷人的节制和受损害作为其奢侈消费的补给，对严重恶化的生态环境不闻不顾，让自然变为他们致富的"奴隶"，致使普通社会成员感到极大的不公平。富人有选择高质量生活环境和良好医疗条件的能力，以此来补偿因生态破坏对生活质量造成的损害；穷人则相反，只能默默承受巨大的生态风险，"沦为生态难民"，这使得两个群体在承担环境责任上长期处于激烈博弈中。面对强势群体占有、利用甚至破坏更多的环境资源，弱势群体承受其恶果却得不到任何补偿的情况，穷人无奈之下只能对自然资源进行掠夺和无节制开采，简单地去利用，这便使生态环境处于长期被破坏的恶性循环之中，也使生态破坏与贫富分化紧密结合在了一起。

第四章 新时代西北地区生态治理原则、目标及趋向

西北地区环境问题不仅仅是专业问题，有的已经演变或上升为社会问题和政治问题，因此不容小觑西北地区环境的保护和治理，因为它不仅关系到西北地区自身长久可持续发展，更关系到美丽西北、美丽中国建设、国家生态安全以及中华民族伟大复兴中国梦的实现。因此，必须准确把握西北地区生态治理的原则、目标及其发展趋向，以有助于西北地区生态环境的保护和治理。

第一节 新时代西北地区生态治理原则

西北地区环境问题的发生往往是一个"日积月累"的过程，它具有突发性、复杂性、难以预见性和难以掌控性等现实特征，会严重影响西北地区民众生产生活秩序、身心健康、生命安全，甚至还会引发环境事件。中国特色社会主义进入新时代，西北地区当务之急应加快贯彻落实生态环境保护和治理的原则，以定民心、护秩序、守安康。

一、新时代西北地区生态治理的积极应对原则

积极应对原则，就是事前积极做好排查监督等准备，未雨绸缪；事中妥善解决问题，消除不作为现象，抵制消极思想；事后做好回访，总结经验教训。

西北地区环境问题要依靠各级政府的主导力量才能得到有效解决。具体来讲，首先，"凡事，预则立，不预则废"。事前要做好对各种大、中、小企业环境问题的监管和排查，对环境破坏有"前科"的企业要特别关注，整合各种资

源如通信、信息保障等，保证人民意见反馈渠道的畅通，力争尽早发现问题，及时解决问题，把隐患和"可能引发重大集体行动的不稳定苗头……消除在萌芽状态"①。其次，始终要以积极主动的态度应对生态环境问题，做到不拖延，发现一起处理一起。对于违法企业在交完罚金的基础上，应责令它们限期进行整顿、治理，屡教不改者责令限期停产、停业直至环境质量达标为止，再严重者责令吊销营业执照。还要采取"三慎用"和"三可三不可"②的处理方法。要注意语言措辞以促进生态环境矛盾和纠纷的有效化解，不宜互相推诿责任或将矛盾转嫁到其他相关部门，同时不能轻言许诺于民众，因为许诺就意味着要兑现，如果兑现不了承诺有可能会使矛盾升级，造成事态的进一步恶化，有效甄别受害者的要求是否合理，限期予以答复或加快解决。最后，加强后续监管力度。争取治理一处见效一处，积极总结经验。对整顿后环境质量达标的企业进行不定期突袭检查、抽查。及时兑现对人民的承诺并进行回访，彻底消除容易使生态环境问题反复的不安定因素和民众的恐慌心理，考察解决的效果，不能及时兑现的也要拟定切实可行的方案和计划，通过多种渠道向民众公布，维护政府的权威形象。

世事如棋局，善弈者谋事。西北地区想要下好生态环境保护和治理这盘大棋，就应审时度势地积极利用新时代国家实施新一轮西部大开发战略以及黄河流域生态保护和高质量发展战略的有利契机，加快改善基础设施，发展特色优势产业，增强经济实力，以扭转因经济"疲软"无力偿还生态欠债的局面；同时国家也应在西北地区"加大对资源枯竭、产业衰退，生态严重退化等困难地区的支持力度"③。以加快改善城乡人居环境，防止民众因环境问题对政府产生不满，维护西北地区社会稳定。

---

① 朱力.走出社会矛盾冲突的漩涡：中国重大社会性突发事件及其管理［M］.北京：社会科学文献出版社，2012：330.

② "三个慎用"即慎用警力、慎用警械、慎用强制措施；"三可三不可"，即可散不可聚、可顺不可激、可解不可结。

③ 中共中央关于制定国民经济和社会发展第十三个五年规划的建议［N］.人民日报，2015－11－04（3）.

二、新时代西北地区生态治理的依法应对原则

依法应对原则，就是在坚持公平、公正、公开的基础上积极践行有法可依、有法必依、执法必严、违法必究的基本要求，以保证社会有序运转，人民安居乐业。它是维护社会公共安全的一种手段。依法应对原则要求执法者要有较强的法制观念，言谈举止必须以宪法和法律为准绳，防止侵犯公民权利的违法犯罪现象发生。因为"'一切有权力的人都容易滥用权力，这是万古不易的一条经验'。所以，权力特别是行政的自由裁量权的行使，要受法律(包括实体法与程序法)的严格规范和控制"①。

依法应对原则是治理和解决西北地区环境问题必须坚持的根本性原则。首先，政府要严于律己，对于违法企业和政府之间有利益关系的，如私下购买非法排污权、贿赂政府官员、拖期等，一经发现要依法重罚相关人员和涉事企业，并对其进行必要的法律教育。对于执法者也要严肃彻查，防止相关部门出现滥用权力、越权、渎职以及互相推卸责任等现象，加大对执法不作为的打击力度，严肃执法环境，在法律上将权责更加明确细化、具体化，消除权责处于模棱两可的状态。其次，在现实中发现违反"三同时"②或违反其他与环保有关的法律法规的企业时，要依法严查责令其限期制定出治理方案，同时有关部门要对治理方案的执行情况和实施进度依法进行必要的监督和管理，直到环境质量达标为止。对于拒不服从依法监督、管理，故意拖延扩大污染范围、态度恶劣的企业，要依法予以重罚并采取相应的强制措施制定补救方案，严重影响周边群众正常生活或威胁其生命财产安全的要依法给予补偿，必要时可以吊销营业执照，并在承担民事责任的同时还要依法追究相应的刑事责任。另外，还要对这些违法企业的相关人员进行法律思想教育，如对"三同时"的法律规定、治理方法或经验进行补课等。最后，依法应对原则作为治理和解决西北地区环境问题"刚性手段"，目的在于不留生态环境治理"后遗症"。因此，对后期的监控和管理是一项更加艰巨的任务，对涉事企业登记入册以便做好善后工作，及时公布治理结果，依法维护人民的监督权和知情权，提高企业的自觉水平，推进治理

---

①　陈月生.群体性突发事件与舆情［M］.天津：天津社会科学院出版社，2005：121.

②　根据我国 2015 年 1 月 1 日开始施行的《环境保护法》第 41 条规定："建设项目中防治污染的设施，应当与主体工程同时设计、同时施工、同时投产使用。防治污染的设施应当符合经批准的环境影响评价文件的要求，不得擅自拆除或者闲置。"

成果的"常态化"。

此外，西北地区是一个多民族、宗教信仰明显的地域，这就决定了西北地区的领导者们在解决环境问题时要依法综合考虑这一特殊性。特别是新疆地区，要严格按照法律程序解决环境问题，防止"三个主义"（宗教极端主义、民族分离主义、暴力恐怖主义），维护社会稳定和民族团结。

三、新时代西北地区生态治理的科学应对原则

科学应对原则，就是以习近平生态文明思想为指导，注重科学技术的重大作用，科学治理生态环境，最终达到人与自然和谐发展。这一原则出发点和落脚点是"以人民为中心"，人的行为既能引发又能化解西北地区环境问题，所以首要任务就是集中精力解决好"人"的问题。环境问题会威胁人民群众的生命财产安全，同时有可能引发环境事件，不利于社会稳定和可持续发展。也就是说，只有解决好与人民群众切身利益密切相关的环境问题，或者说紧紧依靠人民群众才能有效解决和治理生态环境问题，"化险为夷，转危为安"。

首先，人的生命安全高于一切。治理和解决西北地区环境问题最关键的是要保护好人民群众的生命财产安全，这是政府"执政为民"的体现，更是政府的职责所在。西北地区各级政府在处理环境问题时应将人民群众的利益放在首位，对生活在大、中、小型化工、金属、冶炼等具有污染系数大的企业附近的人民，应定期进行免费体检抽查，特别是老人、幼儿、孕妇等"弱势群体"，检测身体是否含有污染物的超标情况，这不仅能有效规范企业，又能让人民放心。如若发现有超标现象，应加快治理或者科学制定防治措施，不惜一切代价救护身处危险中的群众，使群众远离生命危险，这不仅能衡量政府治理和解决生态环境问题的能力，更能检验政府能否贯彻"人民中心"发展理念的要求。此外，还要解决好人民群众各方面的利益，正确处理好个人利益和集体利益、眼前利益与长远利益之间的关系；统筹兼顾不同阶层、不同行业以及不同单位等，以维护社会和谐，实现西北地区可持续发展。

其次，西北地区各级政府和环保部门要全面了解区域内污染物性质、存在的主要问题以及危险源的具体分布情况，并备案入档以便提前预设方案，对区域内可能导致环境污染的所有企业进行一次彻底的生态"体检"——环境影响

评价，做到心里有数，及时处理不达标者，有效规避环境问题的发生；要知晓环境与经济、政治、文化等方面以及其他不同领域的密切关系，使工作更加贴近社会实际；加强监测力度，不断完善监控系统和治理体系，构建全区域内联动的快速反应网络，以提高解决问题的效率；致力加强法律法规刚性约束，"有针对性地开展法律法规、风险应对、经济管理及专业技能方面的培训，"①促进相互之间的经验交流。

最后，要不断提高科技创新能力，强化治理队伍。全区政府应加大资金投入，加快技术成果的转化，争取在核心技术上有所突破，加强区域内的交流与合作，让思想的火花激烈碰撞，共同研发新成果。加快区域内产业结构的优化升级，综合考虑人口、经济和环境承载力的空间均衡度。另外，西北地区各级政府应"坚决摒弃不合时宜的旧观念，努力打破制约发展的旧框框"②，走出一条科学治理环境问题的新路子。

第二节　新时代西北地区生态治理目标

有效解决和治理西北地区生态环境问题，对于西北地区经济社会可持续发展和国家长治久安意义重大。马克思说："问题是时代的格言，是表现时代自己内心状态的最实际的呼声。"③直视时代发展过程中出现的问题，并采取有效措施积极应对，是人类社会进步的必然要求。当前有效治理和解决西北地区环境问题，就要特别关注西北地区生态安全、生态正义、国家政治系统稳定和经济社会协调持续发展，加深对其理解和把握，积极、科学、依法应对西北地区生态环境问题，实现西北地区经济发展和生态保护互利共赢，最终实现善治。

一、保证西北地区生态安全

生态安全具有整体性和全局性，它"是人类生存与发展的最基本安全需

① 李志群，董增川.科学应对流域水污染事件——松花江重大水污染事件实例［J］.分析水资源保护.2008（2）.

② 周新民.习近平治国理政四大核心能力 真不是一般人能具备的［EB/OL］.http://rmrbimg2.people.cn/data/rmrbwap/2016/01/29/cms_1511879987528704.html.

③ 马克思，恩格斯.马克思恩格斯全集（第1卷）［M］.北京：人民出版社，1995：203.

求……是生态文明建设的基础"①。一个国家的生态安全应当建立在保障区域生态安全基础之上，只有这样国家层面的生态安全才能实现，否则就不是真正意义的安全。西北地区生态安全"在国家生态安全中具有重要的战略地位"②。因此，全面具体分析生态安全，敢于面对现实挑战，找到合适的解决路径，这是加快西北地区生态文明建设的必然要求。

1. 生态安全的含义和地位

生态安全（Ecological Security）的提出要追溯到 20 世纪 70 年代，随着全球性环境问题的频发，生态安全愈发引起各国重视。20 世纪 90 年代生态安全研究在我国兴起并逐渐成为学界研究的热点。国务院在 2000 年 11 月发表的《全国生态环境保护纲要》中首次提出"维护国家生态环境安全"目标，2014 年 4 月 15 日，中央国家安全委员会第一次会议将生态安全正式纳入国家安全体系，"表明生态安全成为国家总体安全的重要组成部分"，对此十三五规划建议也着重指出要"从源头上扭转生态环境恶化趋势……为全球生态安全作出新贡献"③。

当前因生态安全的复杂性，学界并没有对其给予一个统一普遍的含义，还处于众说纷纭、各抒己见的状态。国际生态安全合作组织（IESCO）认为"生态安全"应包括三种类型："'一是自然生态安全'、'二是生态系统安全'、'三是国家生态安全'"④；时任全国人大环境与资源保护委员会主任委员曲格平曾指出："生态安全一是防止由于生态环境的退化对经济基础构成威胁；二是防止由于环境破坏和自然资源短缺引发人民群众的不满，导致国家的动荡。"⑤学者周国富则认为："生态安全包括资源安全和环境安全两方面含义。"⑥还有许多学者的观点此处不再一一赘述。笔者认为，"生态安全"就是实现人与自然、人与社会、人与人之间矛盾的和解，以不断完善生态治理体系和营造优美的生态环境，

---

① 贾卫列，杨永岗，朱明双等.生态文明建设概论［M］.北京：中央编译出版社，2013：38.

② 李清源.生态地位·生态安全·生态保护——以西北地区为例［J］.西北民族大学学报（哲学社会科学版）.2006（4）.

③ 中共中央关于制定国民经济和社会发展第十三个五年规划的建议［N］.人民日报，2015－11－04（3）.

④ 马波.论生态安全与政府环境保护责任之关联［J］.陕西社会科学.2015（1）.

⑤ 曲格平.关注生态安全之一：生态环境问题已经成为国家安全的热门话题［J］.环境保护.2002（5）.

⑥ 周国富.生态安全与生态安全研究［J］.贵州师范大学学报（自然科学版）.2003（3）.

最终达到人类社会和经济社会可持续发展的目标。

生态安全并非一个独立存在的问题，它与经济安全、国家安全和军事安全须臾不可分离。"生态安全是一切安全的基石"①，只有保证生态安全，经济、军事、政治等发展才无后顾之忧。萨姆·努恩在担任美国参议院军事委员会主席时也指出，国家最重要的安全目标之一，就是要控制全球环境破坏步伐并使其得到改善。从事国际生态安全工作的蒋明君博士也突出强调，生态安全与国防安全、经济安全等具有同等重要的战略地位，它是其他安全的基础和载体。"近年来，国家与国家、地区与地区之间所发生的冲突与生态安全和资源安全有直接关系。因此说，生态安全是国家生存和发展的基础，是和平时期的特殊使命。"②

世界只有一个地球，自然是我们共同的母亲，人是自然之子。所以，一个国家和地区的生态危机和生态安全往往会连带影响到别国或全球，这使得生态安全更容易在国内和国际社会获得认同感。简言之，我们只有不断深入研究生态安全问题，才能有效预防因生态危机对经济长期发展支撑能力的削弱，预防因生态破坏和资源能源短缺引发群体性事件导致社会秩序混乱，以此降低生态安全风险系数。

2. 西北地区生态安全面临的现实挑战

生态是否安全无论从国家角度出发，还是基于一个地区来讲都具有十分重要的战略地位。然而，当前西北地区为提高经济发展水平缩小经济差距，不断推进城镇化建设、承接产业转移以及大力开发贫困地区旅游项目等，给西北地区生态安全造成了严重威胁。

其一，西北地区城镇化建设可能加深能源危机。众所周知，西北地区作为我国不可或缺的重要组成部分，自然资源和矿产资源丰富，这些资源不仅能为西北地区人民提供源源不断的物质生产生活需要，更能为其经济社会永久发展提供重要保障。显而易见，西北地区推进城镇化建设与资源能源的开采利用须臾不可分离，它们对城镇化建设的空间分布、生产格局具有直接影响，有时甚至会起到决定性作用。换句话说，西北地区资源能源空间格局分布不均，是致

---

① 刘海霞，王宗礼. 习近平生态思想探析［J］. 贵州社会科学.2015（3）.
② 贾卫列等. 生态文明建设概论［M］. 北京：中央编译出版社，2013：41.

使地区发展不均衡，城镇化水平产生巨大悬殊的关键所在。因此，"如何运用区域经济发展的思路解决好区域空间的合理构成与平衡"①，便成为西北地区城镇化建设进程中不得不面对的一个现实课题。

对于生活在西北地区的广大农民来说，自给自足的小农经济一直以来都是维持他们生活的基本手段，这使得他们对于能源的需求和使用也从属这一特性。西北地区农牧民所需要的能源基本能够从农牧业生产而富余出来的副产品中获得，如牲畜粪便、植物秸秆等。因此，生活在西北地区的农牧民一般不需要额外的能源供给，他们对西北地区能源危机的加深影响甚微。

然而，西北地区城市群落特别是大型城市群落无论是能源消耗量还是需求量都较农村地区高出好几倍。我们知道，城市与农村的经济运作模式有本质区别：一方面，生活在城市的大多数居民单凭自身根本无法满足他们所需的能源；另一方面，由于城市是人口和工业密集区，人们的需求早已超出仅以农副产品为原料的能源范围，工业生产的高速运转、市民的集体供暖以及昼夜不息的公路和铁路交通，无不以大量的化石燃料和非化石燃料为主要依托，如煤、石油、天然气等。另外，工业不仅能解决人们就业问题，更是城市发展的重要引擎。然而当前，西北地区把提高经济发展水平的着眼点主要放在重工业方面，不可否认，重工业对西北地区经济发展起着至关重要的作用，但是，我们也应看到这种工业模式是建立在牺牲大量不可再生能源基础之上，如矿产、化学能等。如果西北地区经济发展长期依赖于此，毫不夸张地说，它终将会成为西北地区经济社会持续发展的"拦路虎"。因为西北地区身处我国内陆，较东中部相比，不仅开采技术不成熟，人们认识水平也不高，加之对资源开采利用并没有科学的管理和严格的把控，致使人们失去"束缚"更为变本加厉，一味追求经济利益最大化，忽视生态环境的承载限度，最后不仅造成大量能源的消耗、浪费、衰竭，更会使生态环境因不堪重负。久而久之，西北地区必将因能源枯竭而导致能源危机。

其二，西北地区承接产业转移过程中引发环境风险。西北地区承接产业转移对改善全区人们生活条件、解决区域内人民就业问题以及促进经济社会持续

---

① 罗于洋等.西部地区城镇化建设中的生态环境问题浅析［J］.内蒙古师范大学学报（哲学社会科学版）.2007（6）.

发展有着巨大推动作用。它不仅能促使其产业结构优化升级，提高产业集聚效应，还能带来先进科学技术，不断增强产业创新能力。不难看出，西北地区承接产业转移对其自身发展的重要性不言而喻。但是，伴随外部地区尤其以东部地区为主的一些产业向西北地区转移速度不断加快，加之西北地区承接外部产业转移过程中几乎很少考虑此产业是否会给生态环境带来负面影响，承接产业转移门槛要求不严格，政府环保责任意识不强，不可避免地也将许多污染严重的密集型产业一并承接到了该区域，致使西北地区生态环境加剧恶化，不仅威胁民众生命财产安全，而且也严重阻碍西北地区经济社会的持续健康发展。"污染密集产业转移是指发达国家地区的企业或公民通过在欠发达地区投资污染密集产业，将一些资源浪费大、工艺落后、污染严重的设备、技术或工程项目转移到欠发达地区，从而在总体上表现出污染密集产业从发达地区向落后地区的单向转移趋势。"① 就目前来看，造成污染密集产业不断向西北地区转移的原因可以归咎于内在推力和外在拉力相互作用的结果。内在推力就是发达地区环境成本的提高以及不断优化和升级其产业结构的需求；外在拉力则是指欠发达地区环境成本普遍不高，但它所承接的产业在其区域内仍能以相对旺盛的生命力存在。当前，从西北地区所承接的产业转移项目来看，以普通消费材料为主的产业并不多，如纺织、日常消费品等对生态环境影响较小的产业。而大多数是以"三高"产业和原材料初级加工产业为主，对这些产业的过度承接无疑会增加西北地区生态环境的风险系数。因此，西北地区各级政府部门应当对此风险引起高度重视，对承接产业转移过程进行严格把控，负起自身应尽的环保责任和义务。

其三，对西北贫困地区进行旅游开发易导致资源高消耗、环境破坏加剧。加大对西北贫困地区的旅游开发进程，要特别注意旅游项目开发商和游客的行为，因为他们二者对西北地区自然资源的过度消耗和生态环境破坏有着直接联系。旅游项目开发商的某些不当行为极易改变西北地区原有的地质地貌结构，且会造成自然资源的过度消耗，引发一系列生态灾害。开发商以赚取高额经济利润为主要目的，所以在西北地区选择旅游项目开发时往往把贫困和环境脆弱

---

① 张建斌.西部地区承接产业转移过程中的环境规制问题研究［J］.内蒙古财经学院学报.2011（1）.

地区作为他们进行开发的"众矢之的",不言而喻,在贫困地区进行旅游开发无论是投入成本还是条件限制都相对要低很多,这也为西北地区生态环境问题进一步恶化埋下了隐患。由于对西北贫困地区进行大规模旅游业的开发大多在环境脆弱地带,不仅会破坏地质地貌的原生态,还会造成自然资源的过度消耗,进而导致生态失衡现象。如在山地风景区开山造路、修建索道,改变山体原有构造,会因此诱发环境脆弱区的地震灾害等。更严重的是,有些开发商不管不顾盲目动工,大肆砍伐林木,毁坏植被,对动植物的生存环境产生很大影响,致使生物多样性锐减,山地生态系统被破坏,引发一系列生态问题如水土流失加剧、泥石流频发等地质灾害。此外,旅游景区的经营者在巨大经济利润面前,根本不去理会景区环境承载力,超量接待游客已然成为他们惯用的牟利手段,长期以来,诱发土壤板结现象,抑制植物根系正常生长,随之引发大片植物因"营养不良",患病率激增导致枯萎、死亡,最具典型的就是古树死亡率的攀升,致使西北贫困地区风沙泛滥,土地荒漠化不断加剧。

游客行为是诱发当地生态系统失衡和水荒的一大重要因素。随着生活水平的提高,人们的生活内容越来越丰富多样,游览动、植物园已经成为人们生活中必不可少的一项日常活动。然而,游客在进入这些公共区域后践踏草坪、随意折枝、采花和喂食野生动物等不文明现象时有发生,同时有些园区并不限制游客狩猎,这种非科学、不合理的管理模式如若还将一如既往沿用下去,动植物物种和数量势必会逐渐减少,小环境内部分害虫因失去天敌也会泛滥成灾,导致生态失衡现象。另外,水资源匮乏一直以来是困扰西北地区的大问题,随着国内外游客数量不断增加,给当地水资源的供给施以重压,同时还要承受因旅游活动给水体造成不同程度的污染。这些亟待解决的问题不仅会导致西北贫困地区发生水荒,还会严重影响当地人民的正常生产生活用水。

3. 应对西北地区生态安全的路径

要确保西北地区生态环境真正处于安全状态,就要积极应对西北地区生态安全的现实挑战,采取有效措施合理规划城镇建设,加快能源结构调整;有选择性承接转移项目;同时强化政府、旅游开发商和游客三主体的环保责任意识,以切实维护西北地区生态安全。

其一，合理规划城镇建设，加快能源结构调整，有效遏制环境恶化。要有效解决西北地区城镇化推进过程中所引发的一系列生态环境问题，为地区经济社会的可持续发展营造一个良好的环境，就要合理规划城镇建设，加快能源结构调整，摆脱西北地区生态环境不断恶化的窘况。首先要在城镇化建设过程中坚持国家城镇化建设规律和其自身发展规律的有机统一。以尊重自然、保护自然为推进城镇建设的首要前提，在规划和建设的前期要做好科学的设计方案和模型，对土地资源的开发使用、产业布局以及各个主体功能区的发展格局进行实地考察、综合分析，严格乡镇企业开发手续和执行程序，防止对自然资源的过度消耗、土地浪费等现象出现，同时还要加强与城镇发展相配套的基础和公共设施建设。为消除对生态环境进行二次破坏而引发严重生态灾害的现象，还要对以工业和消耗自然资源为主要依托的城镇发展加以控制。其次要加快能源结构调整。"资源富集所形成的资源力是加快工业化发展速度，推进城镇化发展的重要保障。"① 为此，西北地区城镇建设过程中要协调好其发展和能源依赖之间的矛盾，一个行之有效的方法就是加快能源结构调整。加大普及电、气等清洁能源使用范围，以此改变以燃煤为主要终端的能源结构，进而促使能源结构向集中、清洁、高效、少（或无）污染的方式转变，这样能够有效制止因分散的能源燃烧对大气造成的污染问题。同时，还要创新开发能源技术，以此代替直接的燃煤方式，降低对生态环境的影响。如开发光能、太阳能等清洁可再生能源。在此基础上，将生物能源技术推广至农村，政府要对民众实施适当补贴，并做好宣传工作鼓励当地农民以清洁能源代替原有的燃煤方式。总之，西北地区城市发展过程中对能源的利用采取低能耗、高利用和高产出是今后该地区工业发展的必然选择。

其二，有选择性承接转移项目，严格转移环保要求，降低环境风险。西北地区承接转移项目一定会发生环境危机吗？答案显然是否定的。西北一些地区不断承接转移项目目的在于提高本地区经济发展水平，造福人民，从这个角度上来说是不存在问题的。然而，只追求经济增长却将承接转移项目的门槛设得低之又低，更不考虑所承接转移项目的性质，这样确实能换取经济总量的暂时

---

① 罗于洋等.西部地区城镇化建设中的生态环境问题浅析［J］.内蒙古师范大学学报（哲学社会科学版）.2007（6）.

增加，但紧随其后的环境问题激增导致治理成本上升，对能源的浪费和过度消耗致使其不断衰竭。因此，有选择性承接转移项目，严格转移环保要求便成为西北地区各级政府和环保部门所要考虑的首要前提。西北地区企业在承接转移过程中必须把环境保护和地区经济社会可持续发展放在突出位置。西北地区所要承接的产业转移项目无非就包括两种类型：一种是高新技术产业，它不仅能对当地的经济发展产生巨大的推动作用，同时还能加快区域内相关产业的优化、升级，减轻环境压力；另一种则与此相反，它就是我们众所周知的"三高"产业，这种产业会致使入驻地区的环境加剧恶化，抑制发展速度，并最终要付出巨大的环境治理成本。由此可见，这就决定了西北地区在承接转移项目时，要综合考虑眼前利益和长远利益，必须有选择性进行承接，要有将"三高"产业拒之门外的决心。另外，西北地区在承接其他产业转移项目时如劳动密集型产业等，必须严格把控承接项目的环保要求，权衡好经济发展和环境保护二者之间的关系。

其三，强化政府、旅游开发商和游客三主体的环保责任意识。西北地区各级政府应加强对全区贫困地区的生态保护，特别是环境脆弱地带和原生地质地貌区域，减少人为干预，提倡生态旅游。任何区域内的生态环境都兼有自我调节、自我修复和自我净化等能力，这个循环链条一经打破，便极其不易恢复。所以要避免对原生自然环境的损坏，加大对它们的保护力度如原始森林、绿洲、雅丹地貌、七彩丹霞地貌等。还要对自然保护区进行科学管理和适时扩大，真正实现原生态旅游。另外，西北地区政府还要不断完善相关法律制度，用"刚性手段"保护生态环境，实行统一管理。在实际操作中，西北地区各级政府和环保部门应出台相关具体政策，有效遏制短期经济行为，将旅游资源的开发和保护一并纳入对相关人员的考核内容中，严格追究责任，具体到个人，并对行为恶劣者予以法律制裁，不仅要承担民事和行政责任，严重者还要依法追究刑事责任。同时进行综合性的自然资源立法，增加合理开发、利用和保护、治理的内容；加强针对性更强的地方性的自然资源保护立法。使当地因旅游开发项目产生纠纷时有章可循、有据可查。还可以"引入 RS 和 GIS 技术，科学调查评价和监测生态景区游客容量、环境承载力和生态环境质量，设计以可持续发展为核心的旅游产品,实现西部贫困地区综合效益的协调发展"①。

对于旅游开发商和游客要加强他们自身的环保意识。具体讲就是要加大环保宣传力度,以正例和反例对其进行普及教育,定期在他们耳边敲警钟。为减少环境污染,还可以开展 ISO14000 环境管理认证活动,加快当地的绿色发展步伐,呼吁游客文明观光旅游,在旅游途中注意个人卫生,不随手丢弃垃圾,对于违反规定者可以采取适当金额的处罚予以惩戒。同时还要科学节约水资源,无论是开发商还是游客和当地居民都应当有节水意识,特别是开发商在进行旅游项目开发时不能对当地的水体造成污染,也不能随意开山、伐树,应在综合实地考察后启动工程,争取把对当地生态环境的影响降到最低。

二、保障西北地区生态正义

生态正义是实现社会公正的要求,更是西北地区生态文明建设的重要目标。随着西北地区经济迅速发展,生态正义问题也日益突出,严重阻碍其发展速度和质量。因此,保护区域人民生态权利,伸张"生态正义"就显得尤为重要。那么,如何能真正实现西北地区生态正义,让西北地区人民共享"生态红利",这是西北地区亟待解决的现实问题。要解决好这一问题,就要牢固树立正确的生态正义观、建立健全相关法律制度以及合理协调分配制度。

1. 牢固树立正确的生态正义观。美国前副总统阿尔·戈尔曾指出:"一种思想的力量远比政治家的力量更强大。"② 确实,思想是行动的先导。西北地区要实现生态正义,最重要的就是要让区域内人民在思想上牢固树立正确的生态正义观,只有观念入脑、信念驻心,行动才会有明确的目标和高度的定力。西北地区人民在改造和利用自然时应秉承敬畏之心与自然和谐相处,顾及"自然感受",尊重自然界所有物种的权利,消除物种歧视和生态非正义现象,履行对自然应尽的义务,站在平等的角度上去对待自然万物。正如美国著名生态学家和环境保护主义先驱所指出的:"要把道德权利扩展到动物、植物、土地、水域和

①　陈巧等. 对西部贫困地区旅游开发带来的环境问题的思考［J］. 内蒙古科技与经济. 2006（17）.

②　［美］蕾切尔·卡森. 寂静的春天［M］. 吕瑞兰,李长生译. 上海:上海译文出版社,2011:5（引言）.

其他自然界的实体，并确认它们在一种自然状态中持续存在的权利。"① 同时要终止对生态环境的透支行为，尽快偿还生态欠债，积极扬弃人类对自然所持的"工具价值论"②，反对"生态至上论"，处理人与自然关系时不能偏袒任何一方，实现西北地区人与自然、人与人之间矛盾的双重和解，这才是生态正义所要达到的目标。另外，西北地区还要按照"美的规律来构造"③生态正义新秩序，应多在启蒙和基础教育方面下功夫，综合运用各种各样的方式、方法在教育过程中贯穿生态正义理念，不断扩大生态正义受众群体，营造全区域人民共同参与生态正义的良好氛围。全区齐心协力共同攻克意识形态领域的难题是实现西北地区生态正义的必然要求。

2. 建立健全相关法律制度。美国著名伦理学家约翰·罗尔斯在《正义论》中曾指出："正义是社会制度的首要价值……某些法律和制度，不管它们如何有效和有条理，只要它们不正义，就必须加以改造或废除。"④ 不言而喻，根据不断变化的社会现实对法律制度做出相应的修改和补充，这是实现西北地区生态正义的关键所在和首要任务。西北地区要形成良好的生态正义法律秩序，彰显生态正义法律威严。在立法上就要对生态正义予以明确的法律规定，使之更加规范化、具体化和法律化，易于实际操作；建立公众参与机制，充分发挥全区人民群策群力的作用，在制定生态正义相关法律政策过程中，通过多种渠道征集区域内人民意见和建议，加强决策的民主化；在执法过程中，要严格依法办事，对于违反生态正义的主体，先进行普法教育，再对其进行严厉惩罚，依法维护其他环境保护主体和客体的生态权利，以实现区域社会稳定和生态正义。同时"阳光是最好的防腐剂"⑤，要使权力的运行"拨云见日"，就要鼓励民众自觉监督和有效行使生态权利，积极检举生态非正义行为，将生态正义取得的成果和严重损害的事实限期公开，特别是区域内公众关注的案件，必须提高其透明度，

① ［美］奥多尔·利奥波德.沙乡的沉思［M］.侯文惠译.北京：经济科学出版社，1992：3.

② 唐鹏.马克思主义实践的生态正义研究［D］.西安：西北大学博士论文，2014.

③ 马克思.1844年经济学哲学手稿［M］.北京：人民出版社，2000：58.

④ ［美］约翰·罗尔斯.正义论［M］.何怀宏等译.北京：中国社会科学出版社，2006：3.

⑤ 中共中央文献研究室编.十八大以来重要文献选编（上）［M］.北京：中央文献出版社，2014：720.

"以公开促公正、以透明保廉洁"①，保证区域内广大人民群众共同享有基本的生态权益。另外，在城乡间加快推广普及环境责任保险制度，建设绿色企业，推行谁开发、谁保护，谁破坏、谁恢复，谁受益、谁补偿，谁污染、谁付费的生态补偿制度；国家政策也应对西北地区有所倾斜，以加快其经济发展速度，缓和区域内紧张的经济和生态关系，逐渐消除"无力"治理环境的窘况。

3. 合理协调分配制度。缩小收入差距、实现分配正义和利益均衡是有效解决西北地区生态正义问题的安全阀。但是，当前西北地区还"充斥着分配不公及其导致的利益失衡，那么生态危机的根源就不仅不能彻底消除，反而变本加厉"②。显然，分配问题与生态危机之间有着不可分割的内在联系，简言之，西北地区需要分配正义作为伸张其生态正义的伦理之维。具体讲，就是在解决区域内人民温饱问题的基础上，最大限度满足人民的基本物质需求，加大对弱势群体的人文关怀，特别是承受巨大生态风险的人群，避免生态正义停滞在口号层级；坚持"按劳分配、按贡献分配的'应得'分配正义原则"③，以此阻断分配领域内出现的各种贪污腐败行为，形成一个公平、公正的分配环境和分配监督机制，进而有效防止两极分化和贫富悬殊的不断扩大，这对于缓和人际关系和营造良好的道德氛围有着非常重要的意义。换句话说，合理的财富分配以及和谐的人际关系是维护生态正义秩序的前提。相反，如果西北地区因分配正义缺位而使得群体利益失衡和贫富差距拉大，那么，区域内生态正义也将成为"纸上谈兵"。另外，在生态环境破坏非常严重的地区可以采取"生态移民"政策；对区域内日益恶化的生态环境，要让富人和穷人两个群体共同履行保护生态环境的义务，区别承担治理生态环境的责任；同时还要"实现真正的人与其他物种和生态系统的资源分配的正义"④。

---

① 中共中央文献研究室编.十八大以来重要文献选编（上）[M].北京：中央文献出版社，2014：720.

② 毛勒堂.分配正义：建设生态文明不可或缺的伦理之维 [J].云南师范大学学报（哲学社会科学版）.2008（3）.

③ 毛勒堂.分配正义：建设生态文明不可或缺的伦理之维 [J].云南师范大学学报（哲学社会科学版）.2008（3）.

④ 董岩.论生态资源的分配正义 [J].哈尔滨师范大学社会科学学报.2012（2）.

三、促进西北地区和我国经济社会可持续发展

随着西北地区经济社会的快速发展，环境问题却与日俱增，这不仅偏离经济社会协调持续发展的要求，而且造成区域内经济社会发展极度不平衡，影响西北地区经济社会可持续发展和长治久安。为此，加快治理和解决西北地区生态环境问题是一个必要而紧迫的现实课题。

1. 西北地区环境问题的治理和解决是经济社会协调持续发展的前提和基础。习近平总书记曾指出"保护生态环境就是保护生产力、改善生态环境就是发展生产力。"[①]生态环境质量的高低对经济社会的发展具有直接影响。所以西北地区在关注经济发展的同时，首先应"牢固树立生态因素是重要发展成本的意识"[②]。在加快经济建设过程中，要统筹兼顾经济发展和生态保护两个方面，充分考虑环境承载力，在实现经济效益最大化的同时把对生态环境的影响降到最低，达到经济效益和生态效益同步双赢的效果，这是实现西北地区经济社会协调持续发展的不二之选。其次，绿色之于地球母亲就是皮肤，毁坏生态环境，就是在损害其皮肤、侵蚀其生命，这是极不明智之举，正如毛泽东所言"皮之不存，毛将焉附"。所以，要高度重视生态问题，不断提升其质量，给予大自然人文关怀，将自然规律和人类社会发展规律统一结合起来，坚守生态伦理底线，秉承绿色发展新理念，与自然和解，明确"自然界是人类生存发展的前提和基础"[③]。只有这样才能使自然持续长久地为我们人类"服务"，创造更多的物质财富。这是实现人与自然共存共生的"黄金法则"，也是西北地区经济社会持续发展的基本前提。最后，知悉环境、经济和社会是三位一体不可分割的整体。良好的生态环境是经济和社会发展的基础。如果环境问题解决不好必将产生"木桶效应"，使其相互牵制，经济和社会健康发展便无从谈起，不仅会降低各自的质量，还会引起社会冲突扰乱社会秩序，影响社会治安。因此，加快解决西北地区环境问题是实现经济社会协调持续发展的前提和基础。

2. 西北地区生态环境问题的治理和解决是生态环境保护的现实诉求。毋庸置疑，生态环境问题如果得不到妥善解决，会影响经济社会的可持续发展。如

---

① 习近平.习近平谈治国理政［M］.北京：外文出版社，2014：209.

② 孙承斌，张鸿墀.胡锦涛总书记考察新疆纪实［N］.人民日报，2006 – 09 – 13（1）.

③ 马克思.1844 年经济学哲学手稿［M］.北京：人民出版社，2000：53.

果西北地区要将生态环境保护工作推向前进，就应集中精力解决环境问题，把其放在突出位置。近年来，环境问题给西北地区经济和人身财产安全等方面已经造成了巨大损失。据调查被誉为"镍都"的甘肃省金昌市"20世纪80年代以来，由于受全球气候变暖、上游过度开荒等因素影响，地表水资源呈逐年减少趋势。""白银市境内有黄河、祖厉河，但祖厉河因水中含有大量矿物质，不能灌溉和饮用，无资源价值。"① 每年沙尘暴等极端天气和地质灾害的频发无一不指向一个源头——环境问题。显然，环境问题如果再不加以解决，那么，它终会慢慢将整个人类吞噬，这就是违背自然规律、不尊重自然的后果。正如马克思所言："不以伟大的自然规律为依据的人类计划，只会带来灾难。"② 为了避免环境问题进一步恶化，使西北地区经济损失不再扩大，广大人民群众的生命财产安全不再受到威胁，就要对人类共同生活的家园负起保护和关爱的责任，在发挥主观能动性改造和利用自然时，与自然友善相处，不能以一种高姿态把自然当作"敌人"去征服它，相反，我们应以"孩子与母亲，游子与故乡的关系"③ 来与自然和睦相处。另外，充分发挥人类的聪明才智，加快环保技术的研发，综合考虑环境承载力和市场空间等因素，推动环境向良好态势发展。

3. 西北地区环境问题的治理和解决是实现全面建成小康社会的需要。西北地区作为我国不可分割的重要组成部分，加快提升其整体水平以赶上东部地区的发展速度是对全面建成小康社会"全面"二字最好的诠释。然而，当前西北地区生态环境问题的凸显却使其在紧跟全面建成小康社会的步伐上"掉了队"。不言而喻，要保证西北地区不拖全面建成小康社会的后腿，环境问题应是"我们必须去思考的主要矛盾"④。具体讲，西北地区就要重新审视和构建人与自然的关系，明确"大自然不是一个取之不尽的宝库，而是一个需要我们精心保护的家园"⑤。在与自然相处时要兼顾经济发展和自然"感受"，不能一意孤行，罔顾自然"意愿"，否则，人类终将自食恶果，即使换取到舒适的生活也无异于"生

① 高翔，鱼腾飞，程慧波．西北地区水资源环境与城市化系统耦合的时空分异——以西陇海兰新经济带甘肃段为例［J］．干旱区地理．2010（6）．

② 马克思，恩格斯．马克思恩格斯全集：第31卷［M］．北京：人民出版社，1972：251．

③ 周均平．美学探索［M］．济南：山东文艺出版社，2003：125．

④ Bill MeGuire.*Surviving Armgeddon*.Oxford University Press，2005：16．

⑤ 孙民．回到马克思主义的生态哲学理论——当代生态文明建设的哲学基础探微［J］．兰州学刊．2014（6）．

活在幸福的坟墓之中"①。这是全面建成小康社会的必然要求。同时还要坚持"环境就是民生，青山就是美丽，蓝天也是幸福"②的正确价值取向，在运用科学技术开发和改造自然，为人类谋福利时，应尊重自然、顺应自然、保护自然，促进"人—自然—社会"的同步发展，时刻谨记人类的幸福不应建立在毁坏自然这个人类"有机体"的基础之上，人与自然是一个命运共同体，只有这样，经济、政治、文化、社会和生态才能均衡发展，全面建成小康社会才有望进一步向前推进，也唯有如此，才能加快资源节约型、环境友好型社会建设的进程。

4. 西北地区环境问题的治理和解决是实现中华民族永续发展的要求。回顾历史，任何部落和民族的兴衰无不与环境质量密切相关。西北地区作为中华民族的一分子，其环境问题能否及时有效解决对于整个中华民族的永续发展起着重要作用。实现中华民族永续发展归根结底要依靠广大人民群众，然而不断恶化的环境问题却对广大人民群众的物质生产活动和日常生活产生了巨大的负面影响。诚然，中华民族要实现永续发展环境保护是其不可绕开的重要一环，就像习近平所说的："保护生态环境，关系最广大人民的利益，关系中华民族的长远利益，是功在当代、利在千秋的事业。"③当前，人民群众更多的是期盼能够看到蓝蓝的天，绿绿的地、喝上纯净的水、吃上绿色健康的食品、拥有优美的环境。一如习近平所言："老百姓过去'盼温饱'现在'盼环保'，过去'求生存'现在'求生态'"。④因此，维护好广大人民群众的生态权益，就要不断加大环境保护和治理力度，拓宽环境保护宣传渠道，让环保理念在民众心中"落地生根"，把环境问题解决在基层，使生态红利真正"飞入寻常百姓家"；严抓狠打环境破坏分子，从根本上扭转环境恶化局面，解决好人民群众关心的环境问题是实现中华民族永续发展的重要任务。在此基础上，还要创新生态治理体系，从源头抓起，标本兼治，充分发挥政府在生态治理中的主导作用，淘汰产

---

① ［美］蕾切尔·卡森.寂静的春天［M］.吕瑞兰，李长生译.上海：上海译文出版社，2008：83.

② 习近平、张德江、俞正声、王岐山分别参加全国两会一些团组审议讨论［N］.人民日报，2015－03－07（04）.

③ 中共中央宣传部.习近平系列重要讲话读本［M］.北京：学习出版社、人民出版社，2014：123.

④ 中共中央宣传部.习近平系列重要讲话读本［M］.北京：学习出版社、人民出版社，2014：123.

能过剩和落后企业，加快经济发展方式由粗放型向集约型转变，综合运用法律、行政等手段化解人与人、人与自然之间的冲突和矛盾。不言而喻，西北地区在解决环境问题上也要遵循这些要求，最终为实现中华民族永续发展作做贡献。

四、维护西北地区和整个国家和谐稳定

当前西北地区生态环境呈"局部好转、整体恶化"的趋势，由环境问题引发的人民生命财产安全受损、群体性事件时有发生，严重影响国家政治系统稳定。因此，要维护好国家政治系统稳定当务之急就是治理好和解决好西北地区环境问题。恩格斯在一百多年前就指出："我们不要过分陶醉于我们人类对自然界的胜利。对于每一次这样的胜利，自然界都对我们进行报复。"①事实证明，环境问题所折射出的不仅仅是人与自然关系不和谐的问题，更是深刻的社会问题和政治问题。

1. 维护西北地区人民生命财产安全与社会稳定。西北地区环境问题由区域内人民不合理的物质生产实践和生活实践活动所引起，这是造成区域内生态失衡的重要原因。同时它使生态系统严重退化和自然资源紧缺，生态环境质量急剧下降，对区域内人民的身心健康、生命财产安全以及长久发展构成了严重威胁。事实胜于雄辩，据调查显示，"甘肃徽县铅污染事件致使 334 名儿童血铅超标，周围 400 米范围内土地全部被污染。经检验周边土壤的总铅浓度竟超正常的 12 倍"②。铅污染主要以粉尘和二氧化硫为污染源，对人的神经系统危害极大，特别是对胎儿来说，一经入脑，便会使其患上先天性智力低下。根据当地居民反映，徽县有些大型企业以经营有色金属为主，这些企业不分昼夜排放滚滚浓烟和大量污水并伴有灰尘飞扬，致使大面积庄稼停止生长，空气中散发着浓重的刺鼻气味。诸如此类的问题，如新疆石河子总场一分场三连，已由昔日的"朝阳岛"发展为今天的"夕阳岛"，生活在岛上的民众苦不堪言，不得不忍受环境污染带来的巨大痛苦，当地居民甚至称"退休后迁出者 7 人无恙，留下的 11 人已仅剩 2 人"。显然，西北地区经济开发活动的不断扩大，已使环境污

---

① 马克思，恩格斯.马克思恩格斯文集（第 4 卷）[M].北京：人民出版社，2009：559-560.

② 骈文娟.环境问题引发的社会冲突及其规制——基于西北地区环境实践的研究 [J].前沿.2013（9）.

染指数不断攀升。长此以往，环境问题终究会变成全民性问题，引起西北地区大范围"地区崩溃"。西北地区环境问题不再是生态破坏和人居环境恶化那么简单，已"从个体发展到整个社会和谐发展的政治问题"①。

2. 避免或减少环境问题引发群体性事件。西北地区经济的迅猛发展，是长期以来消耗环境这一"公共产品"换取的。由于环境这一"公共产品"不具有竞争性和排他性，许多人毫无顾忌地对其"盘剥"，致使环境上演了一幕幕"公地的悲剧"。人们只关注自我利益的得失，却很少去理会公共利益实现与否。显然，目前西北地区环境问题"说到底是私人利益、局部利益、眼前利益的过度'溢出'，反过来也可以说公共利益、整体利益、长远利益的缺乏保护"②。政府作为这些利益的调配者，民众对其"寄予厚望"。然而期望一旦落空，政府的能力会立刻遭受质疑，陷入信任危机，其威慑力和公信力亦会随之降低，此时，民众本能地会采取一些非法手段以保自身生存安全，这是诱发群体性事件的症结所在。西北地区因环境问题引发群体性突发事件众所周知，如1992年8月，兰州市兰泉化工厂因生产排放大量废水、废气，引发的"兰州污染械斗案"。2009年8月在陕西凤翔对长青镇东岭集团冶炼公司进行环境影响评价时发现，附近村庄731名儿童在血铅检测中615人血铅超标，其余166人也都有不同程度的中毒迹象，引起民众的极度不满，8月16日上午一些村民集聚东岭厂区开始围堵街道、砸车、推墙，引发令民众恐慌的"血铅事件"。环境问题频现致使群体性事件层见叠出，导致基层群众与地方政府发生冲突，不仅使民众陷入恐慌之中，也极大降低了政府在民众中的形象。一言以蔽之，西北地区环境问题已成为引发群体性事件的重要因素。

3. 保证西北地区和整个国家政治系统稳定。良好的生态环境是确保国家政治系统稳定的重要基石。西北地区在促进区域经济发展的同时应保证生态完整，正如牛津大学教授诺曼·梅尔斯所言"生态完整是国家安全的核心"③。如果西北地区继续放任生态环境恶化而不采取相应措施加以治理和解决，那么，环境问题将会严重削弱区域内经济和社会可持续发展的能力，致使人民生活水平下滑，

---

① 刘海霞. 环境问题与政府责任——基于环境政治学的视角［J］. 甘肃理论学刊. 2013（2）.

② 丁大月. 发展新思路［M］. 北京：中国国际广播出版社，2000：70.

③ 杨京平. 生态安全的系统分析［M］. 北京：化学工业出版社，2002：9.

引发一系列如疾病、犯罪、生存摩擦等问题，影响社会秩序，动摇国家政治系统根基。环境危机的加深致使人民群众的切身利益遭受严重损害，久而久之，民众自然会对领导者和政府的路线、方针和政策失去信心，"使执政党和政府陷入政治上的认同性危机、合法性危机、参与性危机以及整合性危机"①，进而对国家政治系统稳定构成威胁。西北地区环境问题特别是新疆地区环境问题解决不好容易诱发国家间的摩擦，导致国家间的关系紧张。众所周知，新疆地处西北边陲，与众多国家接壤，境内有些河流流经不同国家，一旦发生跨境环境问题将是"牵一发而动全身"，同时西北地区属于多民族区域，尤其是新疆地区这样的多民族地区，环境问题应当引起国家和西北地区的高度重视，谨记"7.5"、会宁"9.15"等事件的沉痛教训，防止给"三个主义"（宗教极端主义、民族分离主义、暴力恐怖主义）以可乘之机煽动民众影响国家政治系统稳定。

第三节　新时代西北地区生态治理趋向：生态治理现代化

改革开放以来，我国西北地区经济开始了前所未有的发展，人们物质生活水平也逐渐提高。然而，值得我们反思和注意的是，西北地区在这几十年的经济建设过程中，在消耗自然资源的同时也忽视了对自然生态环境的保护与治理。回望过去，展望未来，西北地区应该加快对生态环境的保护和治理，以实现西北地区生态治理现代化。"生态治理现代化是国家治理现代化的一部分，是人与自然和谐发展现代化新格局，走向新时代社会主义生态文明的必要举措。"②"生态治理现代化要解决可持续发展问题、安全问题和生态保护问题这三个核心问题。"③"实现生态治理现代化，就要通过不断创新来适应国家治理现代化所需要的生态文明制度，以实现生态环境的根本好转。"④当前，西北地区生态治理的历史欠账已经摆在了我们面前，生态环境污染不仅已经开始危及当前人们生存发展、身心健康，而且对子孙后代满足其需要的能力也造成了一定程度的负面影

---

① 刘海霞．环境问题与政府责任——基于环境政治学的视角［J］.甘肃理论学刊.2013（2）.
② 方世南．"生态治理现代化"专题讨论［J］.山东社会科学.2016（6）.
③ 刘方平．论人类命运共同体思想的内涵、特色与建构路径［J］.大连理工大学学报（社会科学版）.2020（2）.
④ 叶冬娜．国家治理体系视域下生态文明制度创新探析［J］.思想理论教育导刊.2020（6）.

响。由于西北地区自然环境复杂，经济发展相对于东南沿海依然较为落后，再加上长期以来的传统经济发展方式，实施生态治理的难度较大，这决定了推动西北地区实现生态治理现代化的远景目标将是一项长期性、艰巨性任务。

一、新时代西北地区生态治理现代化的重要性

西北地区地域辽阔，地理位置十分重要。2020 年是"两个百年目标"中第一个目标的关键节点，同时也是全面建成小康社会和脱贫攻坚的关键期，随着国家和东部地区的帮扶，西北地区的精准扶贫工作效果显著。西北地区的经济社会发展是我国发展全局中重要的环节，没有西北地区经济发展的繁荣，我们整个国家就没有实现全面发展的繁荣。西北地区作为我国重要的生态安全屏障，其生态治理现代化不仅有利于西部地区生态保护和经济的协调发展，而且关乎整个国家的生态治理全局，意义十分重大。

1. 新时代西北地区生态治理现代化是国家治理现代化的重要内容

西部地区生态治理现代化与国家治理现代化是部分与整体的关系，实现国家生态治理现代化不能割裂与西北地区生态治理现代化的关系。西北地区由于自然地理的原因，社会经济等各方面与全国其他地区还有很大差距。当前，我国全面建成小康社会已经到了关键节点，同时，脱贫攻坚战也到了收官环节，全面小康社会是否"全面"，西北地区的经济社会发展是其中一个重要考量。自我国经济社会发展进入新时代，将生态文明建设写入我国宪法后，党和国家对生态环境保护和治理格外关注，美丽中国建设成为多数人的共识，这些都对新时代西北地区的生态治理现代化提出了新的以及更高的要求。因此，着力促进西北地区生态保护和经济的协调发展，治理和解决好西北地区生态环境问题就成为当下国家治理的重要部分和内容。

2. 新时代西北地区生态治理现代化是维护国家生态安全的重要内容

生态安全是生态治理现代化的出发点和落脚点，生态治理是实现生态安全的重要手段和途径。生态安全，关乎人民福祉、关乎发展质量，就国家而言，生态安全与国家生存和发展紧密相关，成为国家安全的重大问题。新形势下，我国生态环境质量的改善从量变到质变的拐点还没有到来，我们面临着发达国家对我国的技术封锁以及要求承担更多的环境责任，同时我国生态安全又呈现

出日益复杂多变、风险加剧、影响深入的趋势，比如：资源约束、环境污染、生态退化。我国西北地区存在大面积的干旱及沙漠化地区，包括黄土生态脆弱区、河西生态脆弱区、新疆天山脆弱区、塔里木脆弱区、准噶尔脆弱区等，其中西北地区有我国面积最大的自然保护区——三江源自然保护区，其作为中华民族的水塔，是我国黄河、长江、澜沧江的重要补给地，同时三江源自然保护区生态极其脆弱和敏感，是"两屏三带"生态安全屏障的重要部分，生态地位尤为重要。因此，新时代西北地区生态治理现代化既是维护国家西部生态安全屏障的迫切需要，还能促进当地生态保护与经济协调发展，改善当地人民生活水平。

3. 新时代西北地区生态治理现代化是维护公平正义和社会和谐的现实需要

西北地区作为边疆地区、革命老区、民族地区三者融合的区域，其生态治理现代化不仅关乎我国整体经济发展、人民幸福、国家强盛，更关乎国家的长治久安、永续发展和社会公平。据相关调查显示，全国 18 片比较集中连片的贫困区中，有 11 片在这一区域内[①]。公平正义是全面建成小康社会的价值追求，也是促进社会和谐稳定的重要指标。坚持公平性原则，推动生态治理现代化，就是要实现区域生态治理平衡。过去由于我国的基本国情和经济发展差异，导致东部与西部、沿海与内地、城市与农村、发达地区与落后地区生态治理严重失调，并没有得到同等重视。进入新时代后，党和国家对西北地区的支援和对接越加深入，截至 2019 年底，百分之九十以上的地区实现了脱贫摘帽，2012 年至 2019 年，西部农村贫困人口由 5086 万人减少到 323 万人，贫困发生率从 17.5% 下降到 1.1%，取得了举世瞩目的成就。生态治理现代化要兼顾每个地区的利益，注重整体均衡，这不但关系到西北地区的现代化发展，而且关系到民族团结、边疆稳定和社会和谐。

二、新时代西北地区生态治理现代化的实现路径

中国特色社会主义进入新时代，美丽中国建设深入人心。为贯彻落实"两山论"的发展理念，新时代西北地区的生态治理现代化应该着力在生态法制建

---

① 孙特生. 生态治理现代化——从理念到行动 [M].北京：中国社会科学出版社，2018：65.

设，构建生态产业体系，树立公民的生态意识等方面下功夫，满足西北地区人民对美好生活的向往，实现新时代西北地区的生态治理现代化。

1. 始终坚持党的领导、基层党组织在生态治理现代化中的作用

历史和实践表明，只要坚持党的领导，中国特色社会主义就会绽放出勃勃生机，党政军民学，东西南北中，党的领导是全国各族人民的利益所在，幸福所在。21 世纪头 20 年，特别是十八大以来，在党中央和国家的大力支持下，西部大开发战略使西北地区基础设施和生态环境取得了突破性进展，科技教育、卫生、文化、医疗等社会事业明显加强，为西北地区生态治理现代化创造了良好的条件。目前，全面建成小康社会最艰巨的任务在农村，而西北地区又是全国贫困比较集中和比较落后的地区，截至 2020 年 4 月 29 日，国家级贫困县共计 95 个，除了云南和广西最多外，西北地区新疆维吾尔自治区 10 个、甘肃省 8 个、宁夏省 1 个。在多年农村生态治理的实践中，我们深刻体会到，党以及基层党组织在农村生态治理过程中发挥着关键作用，推动新时代西北地区生态治理现代化必须全面坚持党的领导。习近平总书记强调："要让改革发展成果更多更公平惠及全体人民，朝着实现全体人民共同富裕不断迈进。"[①]"全面小康一个也不能少"，为推动农村现代化建设，实现农村经济发展，党和国家制定了一系列农村发展战略，把乡村振兴作为新时代"三农"工作的总抓手，促进农村经济发展和生态治理全面升级、农村全面进步、农村全面发展。基层党组织通过不同形式积极宣传党的路线、方针、政策和生态治理现代化的重要性，引导和提倡当地居民节约资源、爱护环境，使居民以往落后的生态观念产生了很大改观。只有全面坚持党的领导，才能为新时代西北地区生态治理现代化提供坚强有力的政治保障，从而根本上改变西北地区相对落后的面貌，建成山川秀美、经济繁荣、民族团结、人民富裕的新西北。

2. 完善生态法律法规体系，奠定生态治理现代化的法制基础

法律制度是应对"政府失灵"和"市场失灵"的必要举措，"制度是否具有系统性、完整性和先进性，是生态治理现代化实现程度的重要体现"[②]。构建完善

---

① 习近平. 决胜全面建成小康社会，夺取新时代中国特色社会主义伟大胜利——在中国共产党第十九次全国代表大会上的报告 [N]. 人民日报，2017 - 10 - 28（1）.
② 樊根耀. 生态环境治理研究 [D]. 西安：西北农林科技大学博士论文，2002.

的生态法律法规体系是新时代西北地区实现生态治理现代化的基础和根本保障。改革开放以来，经过 40 多年的发展，我国在构建生态环境保护的法制方面日臻完善，特别是 2014 年，我国新修订了《环境保护法》，被称为史上最严厉的法律。我国在生态环境法制方面颁布了一系列法律法规，但是政府及其相关部门在执行的过程中不到位的状况屡次出现，比如：早些年发生在陕西凤翔"血铅"超标事件——2009 年，由于管理和监管不到位，当地冶炼公司的污染，造成当地环境污染极其严重，陕西省凤翔县抽检的 731 名儿童中有 615 人"血铅"超标，166 人重度铅中毒，造成人民普遍恐慌，社会影响十分恶劣。最近，新闻媒体曝光了山东省即墨的养海参放敌敌畏事件——2019 年，记者通过走访山东主要的海参养殖区发现，基地内的养殖户为了清除不利于海参生长的其他生物，向池子投放菊酯类农药"敌敌畏"，并且使用过农药的海水不经过任何处理就直接排入大海，对人民群众的生命健康和海洋生态环境造成严重损害。目前，多数规范企业合规生产的法律还存在"灰色地带"，"企业为了自身的最大利益，只要是法律没有禁止的，他们就尽量地去排污或是打'擦边球'"[①]。据调查统计，从 2005 年到 2015 年这十年期间，我国发生了 21 起较为重大的环境污染事件，其中西北地区 3 例，这些环境污染事件都对当地经济发展和人民群众的生活造成了严重损害。"只有实行最严格的制度、最严密的法治，才能为生态文明建设提供可靠保障。"[②] 2017 年，国家对甘肃祁连山国家级自然保护区相关负责人在立法层面为破坏生态环境行为的"放水""不作为"，在管理和监督层面"睁一只眼闭一只眼"的行为做出了严厉惩处，为生态环境保护树立负面典型。

在遵循国家制定法律的基础上，西北地区法制建设要综合考量西北地区的生态环境保护和经济发展两者的关系，将新时代西北地区生态治理纳入比较完善的法制化轨道。此外，要建立健全科学有效、奖罚对称的生态补偿和转移支付制度系统，不仅要通报处罚生态环境保护的负面清单典型，还要通报监督执法正面清单典型，施行污染者重罚，受害者有补偿，做到奖罚分明。立法关乎环境，同样关乎民生；执法关乎落地，同样关乎收效。中国特色社会主义进入

---

①　高红贵.中国绿色经济发展中的诸方博弈研究［J］.中国人口·资源与环境.2012（4）.

②　中共中央宣传部.习近平新时代中国特色社会主义思想学习纲要［M］.北京：人民出版社，2019：174.

新时代，随着我国国家战略的调整和统筹区域协调发展的需要，西北地区在当前乃至今后会是我国政府和社会日益关注的话题，西北地区生态法制建设理应成为生态治理现代化的重要途径。

3.贯彻新发展理念，构建以生态经济为导向的生态产业体系

为贯彻落实创新、协调、绿色、开放、共享的新发展理念，促进西北地区社会经济发展和人民生活水平，同时又不以牺牲生态环境为代价，因地制宜地构建以生态为导向的生态产业就成为西北地区生态治理现代化的重要路径。"生态产业，简称 ECO，指通过两个或者两个以上的生产体系或不同环节之间的相互配合，使物质、能量可以多级利用、高效产出，资源、环境能合理开发、持续发展。"[①] 推动西北地区生态治理现代化，必须改变传统经济发展过程中先污染后治理的模式，运用现代科学技术和管理经验，大力发展生态经济。

第一，发展生态农业。过去一段时间，农业主要注重社会经济的发展和人民生活的物质需求，解决了西北地区民众对于物质生活的基本需求，但同时也造成了土壤退化、农药和化肥滥用、环境污染等生态环境问题。为处理和应对这些问题，"将生态农业作为农业发展的方向"[②] 已经成为当下普遍共识。西北地区的气候以及地形特征，使其主要以灌溉农业、绿洲农业、河谷农业为主，包括河西走廊灌溉农业、青海河谷农业、新疆绿洲农业等，其中河西走廊是西北地区最重要的商品粮基地。西北地区部分农产品优势突出，比如长绒棉、甜菜、哈密瓜、葡萄、青稞、畜牧业等，构建生态农业要继续发挥特色农业优势，对区域特色农产品进行深加工，延长产业链，提高农产品附加值，推动农业绿色化、生态化发展。

第二，发展生态旅游业。新时代中国特色社会主义思想为旅游业的发展带来了新机遇和新要求。生态旅游契合"绿水青山就是金山银山""保护自然就是保护生产力"的科学指导和新发展理念的本质内涵，是培育新的经济增长点的重要途经。西北地区旅游资源十分丰富，著名的自然人文景观包括陕西秦始皇兵马俑、大雁塔，甘肃敦煌莫高窟、天水麦积山、张掖七彩丹霞地质公园，青海雅丹地貌、青海湖，宁夏六盘山国家森林公园，新疆天山天池、高昌古城等，

---

① 王如松，杨建新.产业生态学和生态产业转型［J］.世界科技研究与发展.2000（5）.

② 张永帅.梯田景观生态农业［N］.云南经济日报，2014 - 4 - 10（B2）.

在开发自然留给我们馈赠的礼物过程中，我们尤其要对其加以保护和监管。此外，西北地区作为革命老区，是中国工农红军抛头颅、洒热血的革命圣地，在这里，80 多年前，西路红军转战河西、浴血奋战，创造了可歌可泣的伟大功绩。要推动西北地区生态旅游的创新性发展，将自然人文景观与旅游业相结合，将优秀传统文化与红色资源相结合，发展旅游业的同时讲好西路军的故事，将红色基因传承好。考虑到西北地区复杂的生态环境和基础设施建设，西北地区工业原则上不应该搞大开发和重化工业，尤其是生态脆弱区和敏感区，要严格控制开发范围和强度，并要结合现代先进技术，对已有的工业开发区逐步改造为少排放、低耗能、高产出的生态型工业园区。总之，西北地区生态产业体系要将生态保护与经济发展方式相结合，朝着更为低碳、高效的生态型经济迈进。

4.牢固树立生态文明意识，倡导生态文明行为

自工业革命开始，从蒸汽时代到电气时代再到信息技术时代，随着现代科学技术的突飞猛进，人类片面强调对自然的索取、开发和利用，而忽视了保护生态系统的义务，造成了全球范围内的生态危机，这种危机更深层的原因在于人们的生态伦理观念出了问题，即实质上是生态文化危机。

从政府层面来说，首先要加快培育西北地区各级政府的生态责任意识，"GDP 快速增长是政绩，生态保护和建设也是政绩"[①]，地方政府应该制定符合生态标准的政策，树立正确的政绩观，不应唯 GDP 论英雄。其次，政府应该通过多种途经引导人们树立生态文明意识，比如：大众传媒、社会活动、组织教育等，使生态文明意识渗透到社会生活的方方面面，让民众自觉践行生态文明的生活方式。最后，要加大对西北地区的教育投入和教育设施建设。从相关统计来看，东部地区教育投入高，2017 年北京、上海的教育经费分别是12512746 万元、12104556 万元，国家财政性教育经费分别为 10863394 万元、9939601 万元，而西北地区教育经费普遍偏低，甘肃、宁夏、新疆教育经费分别为 7087547 万元、2288400 万元、8462090 万元，国家财政性教育经费分别为6372791 万元、1989493 万元、7876522 万元。[②]西北地区作为我国经济发展比较落后的地区，再加上地理环境的限制，导致区域内教育程度普遍偏低，特别

① 习近平.之江新语［M］.杭州：浙江人民出版社，2007：30.
② 数据来源于国家统计局——分省年度数据（2020），国家统计局网站，2020－7－22.

是一些偏远山村和农村地区，人们受教育程度极低，普及生态科普教育面临艰巨的任务。

从企业层面来说，要正确认识企业利润和生态环境之间的辩证关系。企业是市场经济的主体，其生产方式和决策理念直接影响到当地生态环境，而且对环境的影响最大，"企业为了自身的最大利益，只要是法律没有禁止的，他们就尽量地去排污或是打'擦边球'"①。企业追求最大利润本身无可厚非，但同时要注重生态环境的保护和社会效益，必须具备法律意识、环保责任和战略眼光，最终回馈社会。习近平总书记强调："我们要像保护自己的眼睛一样保护生态环境，像对待生命一样对待生态环境，共筑生态文明之基。"②为此，西北地区企业必须在坚持节约资源和保护环境基本国策的基础上，落实新发展理念，发挥企业家精神，通过变革经济发展方式，加快构建起科技含量高、环境污染少、能耗低的产业结构和生产方式。

从公民层面来说，西北地区公民是生态治理和生态治理现代化的出发点和落脚点，更是生态治理和生态治理现代化的主体。"借山光以悦人性，借湖水以悦心性"，只有人与自然和谐相处，自然才会给予人类美的享受。21世纪的环保是每一个公民的环保，是大众环保，每一个人都应该争做生态人，"生态人是人类文明演进中人自身发展的必然趋势"③。生态文明是人类文明发展史上一种崭新的文明形态，生态文明是人民群众共同参与、共同建设、共同享有的伟大事业，新时代西北地区生态治理现代化是我国国家治理现代化的重要部分，其成效不仅仅影响当地人民生活水平和经济发展，而且关乎整个西北地区乃至国家的生态安全。推动新时代西北地区生态治理现代化对于促进民族团结、维护社会稳定具有重要意义。西北地区民众要在地方政府的引导下，积极主动接受生态价值观教育，加强自身生态文明意识，成为生态文明的践行者和新时代美丽中国的建设者。

---

① 高红贵.中国绿色经济发展中的诸方博弈研究［J］.中国人口·资源与环境.2012（4）.
② 习近平.共谋绿色生活 共建美丽家园［N］.人民日报，2019－04－29（2）.
③ 刘海霞.培育新时代生态人：新冠疫情引发的理论与实践思考［J］.兰州学刊.2020（3）.

第五章　新时代西北地区生态治理多元主体建构

中国特色社会主义进入新时代，生态治理需要有新思想、新作为、新成效，这就要求西北地区在习近平生态文明思想的指引下，改变过去生态治理中单一政府治理模式，在党建引领和各级党委领导下，构建以西北地区政府、企业、公众、环保 NGO 为核心的多元共治主体，使四者在西北地区生态环境保护和治理中相互影响、相互配合、相互作用、协同共治、形成合力。也就是说，要面向新时代构建符合西北地区实际的"党建引领、多元一体、协同治理、提质增效"的现代多元生态治理模式，又好又快促进新时代西北地区生态环境保护和治理的有序进行，推动西北地区生态文明建设进程，确保并强化西北地区乃至全国生态安全，加快美丽西北和美丽中国建设进程。

第一节　新时代西北地区生态治理中的党委领导

西北地区幅员广阔，生态环境十分脆弱敏感，生态环境问题突出，这不仅阻碍当地的经济社会发展，而且还会影响后代的生产和生活环境。西北地区生态环境治理极其重要和紧迫，它不仅是推动绿色发展的必然要求，而且对推进西北地区乡村振兴和新时代西部大开发都具有非常重大的意义。西北地区民众越来越向往优美舒适的生态环境，西北地区各级党委应该加强党建引领，在西北地区生态治理中发挥不可替代的正确方向引领作用。

一、新时代西北地区生态治理中党委领导的优势

我国多年的生态环境保护和治理实践已经证明，党委能为生态环境保护和

治理定调、立标、指引方向，生态治理的关键在于党。做好新时期西北地区生态治理工作，必须明确党委领导的优势，坚持党的全面领导。

1. 坚持党委领导，充分发挥西北地区各级党组织思想引领和领导优势

坚持党的全面领导是生态环境保护和治理的政治和组织保证。为此，党中央专门在《关于构建现代环境治理体系的指导意见》中提出了要坚持党的领导。西北地区要贯彻党中央关于生态环境保护的总体要求，落实党政同责、生态环境保护一岗双责，遵照这一原则，做好西北地区的生态治理工作。当前，党在西北地区生态治理工作具有显著的思想引领优势和领导优势。一是党组织在生态治理中的思想引领优势。在西北地区生态环境治理中，党委要以可持续发展理念和绿色发展理念为指导，强化党组织思想引领。自觉遵循自然和经济发展规律，注重生态环境保护、治理与经济发展互利共赢，建立西北地区生态安全体系，实现西北地区经济社会可持续发展。同时，发挥媒体和教育引导作用，积极向群众宣传生态治理的相关政策和重要性，让公众意识到自然资源是不可再生的，如果不合理利用，就会带来严重后果。二是党组织在生态治理中的领导优势。在党组织的领导下，西北地区应该不断发展和壮大各级生态治理队伍，进一步建立和细化生态治理的要求和标准，不断加大财政支持力度。为了更加系统、全面地开展生态治理工作，还应该提供组织保障。通过实施有针对性的政策措施，畅通各类人才流通渠道，协调好干部与群众的关系，为西北地区生态治理取得良好绩效奠定坚实的基础。

2. 坚持党委领导，强化体制机制，发挥西北地区民众主体作用

近年来，党和国家把加强环境保护和治理作为西北地区经济可持续发展的重要内容，以改善环境质量、经济循环可持续为目标，不断推动绿色发展，取得了明显成效。西北地区生态环境质量在一定程度上得到改善，生态治理体制机制也得到了进一步强化。在生态治理具体实施过程中，为更好地保护和治理生态环境，各级党组织会进一步健全生态补偿机制和生态资金补偿管理制度，规范生产者生产主体行为，缓解生态环境问题。同时，要进一步强化西北地区民众生态可持续发展理念和生态底线意识。在党委领导下，由基层政府与当地群众签订生态治理考核制度，确保生态治理的各项工作得到落实。通过加强监管，逐渐规范生产主体的生产行为，逐步实现绿色发展。此外，需引入第三方

评估，建立健全科学、客观的生态治理评价机制。通过制定生态治理方面的奖惩机制，将生态利益与西北地区民众的个人利益挂钩，提高他们参与生态治理的积极性。通过各级党组织的努力，在实施各项治理措施过程中，尽可能地做到发动好、依靠好公众，使其主体作用得到充分发挥，让广大群众获得更多的幸福感和获得感，提升其参与生态治理的自觉性和主动性。

3.坚持党委领导，重视绿色科技创新，推动西北地区生态治理

西北地区生态治理，在党委领导下，重视绿色科技创新。运用科技手段，找准治理难点，采取针对性的治理措施。一方面，针对西北地区荒漠化、水土流失以及农业污染，采用科学合理的技术手段进行治理，有效提升生态环境对外界灾害的抵御能力。农业科技应用的重点在于保护和优化农村的生态环境，减少农村生态环境污染，将土壤污染控制、秸秆的合理利用、施肥的技术和技巧等一系列先进技术运用于生态治理，实现现代化绿色技术，促进人与自然和谐共生。另一方面，利用绿色科技，促进能源深加工，改造传统产业。由于受水资源短缺和加工技术限制的影响，西北地区能源资源大多以初级加工为主，能源资源开发发展规模有限，面临严重的产能过剩等问题。同时，加工过程中会产生大量"三废"问题，导致水污染严重，部分干流水生态环境恶化。利用现代科技手段和新型产业发展模式，改造传统产业，把生态环境保护意识融入生产管理的各个环节，选择利用生态产业取代传统的农耕农业和污染产业。

4.坚持党委领导，重视多渠道宣传教育，提升西北地区民众生态意识

西北地区民众是生态治理及其现代化的主力军，需要多渠道培养、激发他们的主观能动性，引导他们树立正确的生态价值观，努力提升他们的生态道德素养和生态意识。在生态治理的具体实践中，西北地区各级党组织将生态价值理念融入西北地区群众文化生活中，弘扬中华优秀传统文化中的生态智慧，积极推进生态文化建设，使广大群众树立起顺应自然、尊重自然、保护自然的生态文明理念，树立起"绿水青山就是金山银山"的发展理念。通过网站、报刊、广播、电视、宣传栏等多种形式和渠道打造农村生态文明宣传阵地，督促广大群众懂法、知法、遵法、守法，培养和教育广大群众用法律武器保护自身的生态权利，及时制止损害生态环境的行为。此外，结合西北地区的实际状况，用广大老百姓喜闻乐见的方式传播生态保护方面的知识，增强吸引力和感染力。

增强当地民众的参与意识，激发其参与生态治理的积极性，使其深刻感受到生态治理及其现代化带来的便利，进而提升其参与生态治理的主动性，让他们自觉自愿加入生态环境和治理的实践中。

5.坚持党委领导，夯实精准扶贫，倡导西北地区绿色农业产业发展

绿色发展是我国经济社会现代化建设的必然选择。西北地区在生态治理现代化进程中，坚定不移地落实党中央关于绿色发展的政策与要求，积极推进绿色发展。坚持绿色发展导向，加强对生态、资源、环境的保护，始终贯彻人与自然和谐共生的理念。积极制定相关政策，建立绿色发展机制体制，完善生态环境保护和治理的奖励机制，充分调动各生产经营主体绿色发展的创新性、积极性、主动性。结合精准扶贫的实施，大力推进和倡导绿色发展，实施循环高效农业，推动农业高质量发展的实现。注重绿色技术创新应用，依靠科技的力量推进生态环境保护和治理，强化生态绿色产品的供给能力，打造专业化、区域化和绿色化的农业发展新格局。积极发展生态农业，推行绿色、低碳有机农业，减少化肥、农药使用。致力于农业的生态化、绿色化发展，牢固树立起"两山论"的绿色发展理念，高水平推进生态治理现代化建设，努力做到尊重自然、顺应自然、保护自然，大力推动农村自然资本的增值，努力践行"百姓富、生态美"的绿色发展，推动西北地区绿色农业产业发展。

二、新时代西北地区生态治理中党委的职能

西北地区大部分为温带大陆性干旱气候区，植被稀疏，水资源较少，生态环境脆弱。基于自然条件，再加上人类活动的破坏，致使生态环境进一步恶化，这不仅增加了西北地区贫困地区扶贫难度，同时也影响了经济可持续发展的格局。当前，西北地区非常重要的任务就是治理和解决好生态环境问题，为此，要"以党委的领导为核心，坚持为人民服务的准则和把公共利益放在首位的方针"①，统筹整合各种治理主体，加快推进西北地区生态保护和治理。

1.进一步明确党委在生态治理中的先锋模范作用

新时代西北地区生态治理中，党委应该发挥先锋模范作用，对自身进行准确定位：其一，党委要改变传统发展观念。西北地区各级党委在推进生态治理

---

① 刘晓燕.".五位一体"社会治理体制中的追随力要素研究［J］.领导科学.2017（23）.

时，"要转变传统经济至上的思想观念，树立经济发展与环境保护建设并重的理念"①，进一步加强生态文明理念的宣传力度，提高自身和群众生态环境意识。其二，党委要摒弃传统的行政管理模式，科学合理地划分各级党员干部、企业、社会组织、农民等治理主体的权利和责任，形成相互合作、共同治理的体系，比如在工作中，自觉帮助当地群众处理因生态环境问题引发的矛盾，让当地群众感受到党的关怀和服务。其三，党委既要发挥保障作用，也要发挥政策灵活性，及时排查和填补空白。为更好地治理和解决生态环境新问题，要加强生态治理法律法规和纲领性文件的法制建设，制定有针对性、可操作性强的法律法规，结合西北五省的实际情况，改革创新环境保护执法方式。其四，在党中央的统一领导下，西北五省区各级党委要激发社会活力和凝聚力，挖掘自身潜力，构建合理的考核标准，充分引导政府发挥发挥主导作用，让他们自觉承担起生态治理的责任。

2. 做好分区治理生态环境的方向指引

新时代西北地区生态治理中，党委要把握好生态治理的方向，做到保护、恢复、改善和治理四者并重开展生态环境保护和治理。具体解决措施如下：在西北干旱荒漠地区，要坚持节水为先的理念、合理利用水资源、完善绿洲防护林草体系、修建水库和渠道等工程，从而扩大植被覆盖率，更好地防治沙尘暴、风沙。同时，根据草场破坏程度可分为禁牧、限牧、轮牧等，实行分级管控，加强对荒漠草场的治理和保护。在青海高原退化草地治理区，要切实保护好天然草场，禁止破坏草场的行为，严惩违规者，加强对自然区域的保护，建立生态网络监测系统，更好地实时了解生态变化情况。此外，"加快退化草场治理，保持草场承载力与实际载畜量之间的平衡，发展专业化、产业化的畜牧业"②。在黄土高原水土流失防治区，要重视退耕还林还草工作，做好基本农田建设，倡导开发与管理相结合，大力推广旱作农业技术应用。在秦巴山地泥石流防治地区，应采取退耕还林、植树造林等措施，实现经济林与生态林相结合。一言以蔽之，西北地区生态治理中，党委应遵循自然规律，因地制宜，分区域治理。

---

① 邓美婷.乡村振兴背景下西北地区农村生态扶贫探究［J］.广西质量监督导报.2020（1）.
② 牛叔文.西北地区生态环境治理分区研究［J］.甘肃科学学报.2003（2）.

3.完善生态治理激励机制

在生态环境保护和治理过程中，往往存在着过分强调经济利益而忽视生态环保、有效期短、激励惩罚力度不够等问题。为此，西北地区各级党委不仅要设立生态治理专项奖励、灵活的生态环境税等，提高西北地区农民和企业的补偿标准，根据实际情况确定补偿期限，同时也需积极引导企业和农民调整产业结构，完善和创新承包责任制。此外，还要在西北生态脆弱地区实施退耕还林粮食补偿政策，对贫困农牧民给予必要的生活补助，加大对贫困山区高产田建设的投入和支持。加大农田基础设施和水利设施建设投入，解决西北地区耕地水土流失问题，拓宽收入渠道，不断提高人民生活水平，推进西北地区走向经济健康发展和生态环境不断改善的文明发展道路。

三、新时代党委推进西北地区生态治理的路径

生态治理是一个长期复杂的过程，不可能一蹴而就，需要根据西北地区当前情况，实事求是地坚持党的领导，协同各类治理主体，吸收和借鉴国内外有益的经验，分析西北地区经济发展与环境保护的矛盾，通过改革和创新现有的生态体制中不完善之处，脚踏实地，一步一个脚印，才能更好地治理和解决好西北地区生态环境问题。

1.强化党组织领导核心地位，发挥各级党组织作用

党的领导是西北地区生态保护和治理的重要前提，它的作用主要是通过各级党组织为载体而实现的。针对西北地区生态环境问题，要发挥各级党组织的领导核心作用，提出科学合理的保护和治理措施。一方面，西北地区各级党组织作为领导核心，应该充分利用生态治理工具，实现多部门开放透明的分工合作的管理模式。同时，做好与其他治理机构的沟通与合作，并加强群众的监督。另一方面，西北地区各级党组织作为激励者，应加快适应新时期科学技术的发展，充分利用现代科技手段和信息资源，不断创新工作方法和信息平台，开展公众宣传工作，向群众解释国家环境治理的决心和具体措施，宣传相关政策和法律。如针对民众参与治理中生态意识薄弱、参与渠道不畅等问题，可以通过有关党员微信公众号、党建平台、生态保护宣传片、宣讲会等渠道，提升群众的生态意识和对党的决策、执行的满意程度，使得大家乐于接受生态治理的政

策和措施，进一步提高生态环境保护和治理的实效性。

2. 改善领导方式，提高执政能力

一方面，在领导方式上，西北地区各级党组织要发挥总揽全局的作用，明确生态环境保护和治理的立足点、发力点和落脚点，把握西北生态治理方向，统筹布局。同时，要发挥和引导各类治理主体的主动性和积极性，使各方协调一致。另一方面，在执政能力上，西北地区各级党组织要提供政策支持，大力培养生态环境保护和治理的专门人才，制定严格的人才培养目标和选拔标准，积极培养一批素质高、能力强、有责任感、作风好的干部人才队伍。同时，积极吸纳优秀人才资源、广大民众、社会组织等，实现社会力量融合，建立健全利益协调机制，提高党的利益协调能力。加强各级党组织廉政建设，提高党务公开的透明度，科学规范和调整考核机制，更好地让各级地方的民众支持并拥护党对生态环境保护和治理的坚强领导。

3. 贯彻执政为民理念，抵制贪污腐败

西北地区各级党组织要不断加强思想建设和贯彻执政为民的理念，完善党的执政体系，全面从严治党，抵制贪污腐败。始终坚持为人民服务的宗旨，努力实现人民群众对优美生态环境的需求，不断通过创新生态治理方式来改善民生和促进全民共同建设美丽生态环境，共同享有治理生态环境所取得的成果。习近平曾指出，所有工作的成效取决于人们是否真正得到实惠以及人们的生活是否得到改善，党的一切工作必须以维护最广大人民的根本利益作为出发点。由于西北各省的生态环境不同，西北各省要根据本地区的实际情况，在不与中央法律冲突的前提下，制定切实可行的地方性法规。西北地区各级党组织要认清腐败的危害，增强廉政意识，避免和惩戒生态环境保护和治理中的腐败现象。西北地区各级党组织应该加大对生态环境保护和治理中腐败现象的惩罚力度，加强预防措施，在各级领导干部中加强法治的观念，完善监督制度，营造民主监督氛围，为西北地区治理创造清风廉政的政治生态环境。

第二节　新时代西北地区生态治理中的政府主导

中国特色社会主义进入新时代，生态环境问题备受人们关注，党和国家高度重视生态文明建设。作为生态环境保护和治理的第一责任人和重要主体，"政府要充分发挥公共政策制定和执行的主体作用，通过参与立法、制定一系列规章制度，实现科学决策、民主决策，形成比较完整的生态文明建设政策体系"①，同时，政府应该成为积极宣传生态文明理念的倡导者和培育者。

一、新时代西北地区生态治理中政府的作用

在治理生态环境的过程中，西北地区"需要政府以组织者和监管者的身份，采取行政、经济、法律、教育等手段"②，对人们的生产和生活进行有效约束和管理。政府要通过扮演生态文明建设的政策执行者以及观念倡导者等方面的角色，有效发挥政府在西北地区生态环境问题治理中的主导作用，从而治理和改善西北地区生态环境，更好地推动西北地区经济社会可持续发展。

1. 为西北地区生态治理提供物质保障

生态环境属于公共产品。西北地区各类治理主体在一定程度上会更多地考虑自身利益，容易产生逃避所应承担的责任和义务现象，西北地区环境保护和治理的任务艰巨，因此，西北地区各级政府需要发挥主导作用。公共产品的提供需要大量的资金投入，个人或者企业通常难以承担。此外，由于城市污染、流域治理等公共产品收益较小，企业和个人不愿提供和经营，而政府具有非营利性特征，其公共性促使它成为提供公共产品的重要力量。值得强调的是，西北地区各级政府还可以通过市场机制实现责任分工，政府提供部分基础设施，企业和社会组织负责经营生产，明确生产者和责任人的责任，提供充足的公共产品供给。

2. 为西北地区生态治理提供制度保障

生态环境治理的首要问题是转变过去传统粗放型经济发展模式，坚持可持续发展战略和倡导绿色发展理念。为有效治理西北地区的生态环境问题，必须关注治理环境污染的成本和环境改善的成效问题。作为"公共产品"的生态环境只能由政府提供，虽然市场在某种程度上会发挥一定的作用，但市场时常会出现失灵现象，很难从根本上消除生态环境破坏所产生的不良影响。概而言之，

---

① 陈宗兴主编.生态文明建设（理论卷）[M].北京：学习出版社，2014：364.
② 陈宗兴主编.生态文明建设（理论卷）[M].北京：学习出版社，2014：364

市场起着工具性的作用，市场"看不见的手"需要政府"看得见的手"进行约束、监督，从而形成良好的市场秩序以及更好地发挥协同治理生态环境的作用。具体而言，西北地区各级政府可以通过制定和完善法律法规制度、利用政治的约束力和强制力、财政的再分配等手段弥补市场机制的失灵现象。由此看来，政府的调控和市场的调节不可泾渭分明，要将两者的积极作用有机结合，这样可以最大限度地保障生态治理的实效性以及实现可持续发展。

3. 协调西北地区生态治理中各类主体间的利益关系

治理西北地区生态环境是一个庞大的工程，会涉及政府、企业、公民、环境 NGO 等各治理主体的利益。一般情况下，个人在追求自身利益时，往往会忽视社会整体利益和长远利益，这不利于西北地区的生态环境的保护和治理。相比之下，政府作为社会整体利益的代表之一，通过强制的手段和合理有效的体制机制，在引导个人、企业、社会组织等治理主体维护自身利益最大化的同时，兼顾社会整体利益和环境利益，促使不同治理主体形成利益合作、协调的联动机制，从而推动西北地区的经济发展与生态保护协调发展。此外，西北地区生态环境涉及跨区域治理等方面的问题，具有合理性和权威性的国家或政府与其他的组织或个人相比，被公认为是解决环境问题的"天然使者"。"各级政府理应成为环境质量和生态系统的第一生产者、提供者和分配者。"[1] 如在西北地区的跨流域调水、各类污染物的监测和监管等方面，政府在生态治理和协调不同区域之间的生态利益中发挥着不可替代的主导作用。

二、新时代西北地区生态治理中政府存在的问题

西北地区各级政府是西北地区生态环境保护和生态治理的主体，是第一责任人，发挥着不可或缺的主导作用。在当前西北地区生态环境保护和治理中，依然存在着立法有待加强、生态环境管理体制有待完善、生态绩效考核机制亟待完善、政府主导的多元参与机制不健全、生态环境教育亟待加强等突出问题。

1. 生态立法有待加强

西北地区的不同区域在经济发展、历史文化传承等方面都有一定差异，在生态环境治理的政策、手段、方式方法等方面上也存在较大差异。所以，在环

---

① 刘海霞.环境问题与政府责任——基于环境政治学的视角 [J].甘肃理论学刊.2013（2）.

境立法中需要注重西北各地的特殊性，有效结合各地生态环境发展现状，有针对性地形成地方性的法规和条例，深入挖掘地方的生态优势，有效治理和解决生态环境问题，实现经济发展与生态环境保护和治理互利共赢。尤其是西北的少数民族地区，为了有效保护生态环境，实现可持续发展，需要积极发挥地方环境立法的重要作用，积极将国家的生态环境立法与当地的自身实际相结合，形成地方性的法律法规。加强西北地区的生态环境立法，使法律法规成为治理西北地区环境问题的"硬手段"，为西北地区生态环境问题治理提供有效的法律保障，增强各项环保法律的可操作性，保证环保执法真正落到实处，从根子抓起，"查企业"，"督政府"，两手抓，发挥环保法的刚性约束作用。

2.生态环境管理体制有待完善

"西部生态环境管理体制存在的问题，主要表现为管理分散、政策交叉、政策空白、权责划分不清等"①，这些问题一定程度上会导致各级政府间以及政府与环保部门间形成多方面的矛盾和冲突，直接影响我国西北地区生态环境和经济社会可持续发展。在生态治理过程中，中央政府对于全国的生态环境治理要从全局出发，制定全国性的环境政策、采取环境整治规划等措施。从全局出发，关注广大人民群众的共同利益，制定可持续发展的长期规划，对地方生态环境问题的治理具有指导作用。然而，西北地区的地方政府在执行国家相关决策的过程中，将短期的利益作为发展目标，片面强调经济的快速发展，未能从大局和长远出发，造成地方政府之间的利益冲突。由于不同地区的政府主要管理本辖区内的生态环境，地方政府为了维护本辖区的利益，在治理生态环境问题时仅负责本地的生态环境，这在某种程度上就会造成地方保护主义，直接影响环境政策的实施，最终影响整个西北地区生态环境问题的治理。我国西北地区经济发展落后，各个区域的环保机构不健全，存在经费短缺、人员不齐等问题，这就容易使西北地区的环保部门在处理经济发展与环境保护两者关系时，会优先考虑经济发展，忽视生态环境的保护和治理，从而无法及时有效地治理和解决西北地区的生态环境。和全国一样，我国西北的环境保护工作以采取多个部门统一监管的方式为主。值得注意和不可回避的问题是，如果管理部门过多，

① 张军驰.西部地区生态环境治理政策研究［D］.西安：西北农林科技大学博士论文，2012.

在生态环境问题治理的过程中，就会产生一系列的负面效应，使得管理权限分散复杂，在具体的职责分工中缺乏明确的界定，各部门之间缺乏有效的合作与配合，甚至有些部门会为了自身的利益，在权力和利益等方面进行竞争，如果环境管理事项与自身利益无关，各个部门之间会推脱自身的职责，这些都不利于治理和解决西北地区生态环境问题。

3. 生态绩效考核机制亟待完善

党的十八大报告指出，要建立适应生态文明建设的考核办法和奖惩机制以及相应的考核标准，加强政府对生态文明建设的重视程度。政府的绩效考核评价中不仅需要将资源利用以及环境污染等与生态环境保护相关的内容纳入考核之中，而且要从制度上积极推进绿色发展以及生态文明建设。党的十八届三中全会明确指出，要改变过去偏重于经济增长速度的政绩考核模式，要不断完善和发展绩效考核评价体系。与中、东部地区相比，西北地区经济发展相对落后，生态环境脆弱敏感。地方政府往往追求地方经济发展的速度，时常忽视对生态环境的保护和治理，造成该地区严重的生态破坏和环境污染。良好的生态环境对维护我国整体生态安全和西北地区乃至整个国家的可持续发展都有非常重要的作用。为此，西北地区需要不断完善生态绩效考核机制，有效地治理和解决西北地区生态环境问题，以实现西北地区经济社会的可持续发展。

4. 政府主导的多元参与机制不健全

分析生态治理的供给与需求，不难发现，仅仅通过政府的途径难以满足社会所需要的公共服务和公共产品。换句话讲，治理西北地区生态环境，仅仅依靠政府是无法从根本上解决问题的，需要积极调动社会的其他主体参与其中，共同治理生态环境问题。当前我国生态治理主体主要是政府以及监管机构等，企业、公众、环境 NGO 等主体参与生态环境治理的力度不强，政府主导的多元参与机制不健全。西北地区有些地方政府官员以自我为中心，往往忽视了公众、企业、环境 NGO 等治理主体，公众、企业、环境 NGO 等治理主体也没有认识到自身应该承担的生态环境保护和治理的责任。许多企业为了追求利益的最大化，违法排放"三废"，甚至与政府主管部门进行权钱交易，缺乏生态责任意识；有些公众认为生态环境问题与自身无关，在生态环境保护和治理中出现消极的不作为、逃避、排斥等行为。

5.生态环境教育亟待加强

与我国中东部地区相比，西北地区的教育水平比较落后，西北地区的民众受教育的比例相对较低。因为受教育的水平与生态环境保护意识存在很大的相关性，西北地区民众受教育程度低的现状，直接影响了民众的环保意识，同时也影响了该地区环境保护的宣传教育工作，也一定程度上影响在西北地区有效开展环境保护教育，进而影响西北地区实现生态道德、生态权利与义务等方面的目标。为了更好地治理和改善西北地区的生态环境问题，首先需要向广大民众宣传生态文明的理念，使得保护环境与经济发展共赢的理念深入人心。目前，西北地区各级政府在治理环境问题上应达成共识，制定符合人与自然和谐共生的环境质量标准，做到"民有所呼，政有所应；民有所求，政有所为"①，力争通过各种方式、各种渠道加大对民众生态文明教育的强度和力度，以促进西北地区生态环境保护和治理。

三、新时代西北地区生态治理中政府主导作用的路径

西北地区生态环境保护和生态治理中，政府要切实发挥其主导作用，不断加强生态立法、积极完善生态环境管理体制、完善生态绩效考核机制、构建政府主导的多元参与机制等，加强对民众的生态环境教育，做到生态行政。

1.不断加强生态立法

西北地区必须高度重视生态环境的安全，紧密结合西北地区的实际情况，努力推动经济发展的过程中，不断加强研究和完善西北地区的生态环境法律体系和环境法治建设，从而积极推动西北地区经济可持续发展。生态立法是西北地区生态问题治理的基础，需要从立法理念、立法程序、立法内容等几个方面着手。为了有效解决西北地区的生态环境问题，需要不断强化立法工作中的立法思维，将五大发展理念贯彻落实到西北地区的立法工作中，通过"五位一体"的战略总布局，不断增加生态立法与其他立法之间的关联性，高度重视西北地区的生态立法。同时，还需要加强西北地区地方环境立法。西北地区环境立法要结合西北地区的生态环境现状，积极制定完善相关的法律法规，从而有效提

---

① 曲哲涵，吴秋余，冯华．习近平："让广大农民都过上幸福美满的好日子"［EB/OL］．http：//rmrbimg2.people.cn/data/rmrbwap/2016/01/28/cms_1510473648522240.html．

升环境立法的科学性及实效性。西北地区正积极开展地方立法工作，如 2000 年 12 月，甘肃省通过了《甘肃省地质环境保护条例》，为积极保护本区地质环境，预防地质灾害，积极推动甘肃生态文明建设而形成地方性的环境立法条例。为了有效改善西北地区的生态环境，增加该地区的植被，推动经济与环境两者的共赢，甘肃省及其他省区相继颁布了《草原法》，为有效解决西北地区草原纠纷、合理利用草原、合理管理草原提供了科学依据。此外，还要培养一支高精尖的执法精英队伍，强化环保执法的精准度和准确性，以确保法律对环境的保护作用。同时，地方性的环保法要与时俱进不断更新内容以适应现实需要。

2. 积极完善生态环境管理体制

西北地区各级政府部门要充分发挥其主导作用，在治理生态环境问题的过程中，要提供有效的制度安排和相关的政治保障。对西北地区的绿色发展和可持续发展拟定合理的规划以及相关的配套政策，加大对西北地区的财政支持力度，有效加强该地区各个区域之间的合作，积极完善协同合作治理机制。西北地区局部的生态环境与整个西北地区的生态环境存在非常密切的联系，牵一发而动全身，所以，需要对西北地区的各区域的环境管理部门进行及时整改，形成科学高效的环境管理部门，积极贯彻落实国家全局性长期性的生态环境保护规划，摒弃传统的地方观念、部门利益，统一管理生态环境保护，将具体的环境保护责任落细落实，合理划分管理权限之间的关系。从大局和长远利益出发，加强各地区之间的协同合作，牢固树立生态区域共同体意识，"设置超越传统行政区划的生态综合治理机构，制定统一或者互通的区域性生态政策与中长期生态文明建设规划"[①]，从而实现各区域间有关生态环境保护的资源、信息以及科技的共享，有效推进各区域之间经济的协调发展，同时有效治理和改善各区域的生态环境问题，实现经济发展与环境保护两者的互利共赢。

3. 不断完善生态绩效考核机制

积极健全我国政府的生态环境绩效考核评价体系是西北地区又好又快推进生态环境保护和治理的重要举措。首先，要不断加强生态环境绩效考核的顶层设计。对西北地区的考核评价，不能只看 GDP，还需衡量生态污染、环境破坏等与生态环境相关的因素。"要做到减法与加法并举，适当降低经济增长的衡

---

① 陈宗兴主编.生态文明建设（理论卷）[M].北京：学习出版社，2014：368.

量指标,增加生态环境保护与建设的考核内容,统筹经济发展与生态建设的比重"①。积极完善生态绩效考核评价体系,不断加强目标责任方面的管理,努力提升评价技术,对于西北地区地方政府的绩效考核的结果及时抽查,并将考核结果与干部晋升两者相结合。

其次,不断加强地方政府的行政问责。重点对那些没有完成生态绩效的目标和任务、治理生态环境问题中的失职行为,甚至造成严重的生态环境问题等行为进行相应的惩处。"对政府进行生态绩效惩罚形式包括司法惩罚和行政惩罚,并且要坚持惩戒和教育相结合的原则"②,有效矫正生态管理中的失范行为。对环境质量检测的结果通过网络、媒体、广告、宣传栏等多种渠道适时进行透明公开,让民众随时随地了解有关环境治理的最新消息,并告知其当前环境质量和所要达到的环境质量之间的差距,真正落实民众的知情权、监督权,从而有效监督政府的行为,帮助提高西北地区政府在治理生态环境问题的决策的科学性、民主性和实效性。

最后,还要不断加强西北地区地方政府在生态环境保护中的执法力度。调动一切可能的积极因素,对于企业的行为,政府可以通过突击性检查以及积极发挥监察职能的过程中,进行全面有效的监督,对于那些只顾企业自身利益而无视社会责任排放污染废弃物的企业,进行及时处罚和严惩。将"谁污染,谁治理"的制度普及推广,做稳做实,提高污染者违法成本,将"按日计罚"全面展开,以损污染者"元气"。通过对西北地区各个企业的生产行为进行有效的约束和规范,鼓励其积极生产环境友好型产品。值得注意的是,不断完善生态绩效考核评价体系需要将重点落实到执行上,在地方政府官员职位的晋升考核中,积极保护生态环境的观念以及具体的行为都应成为重要的考核内容。

4.构建政府主导的多元参与机制

西北地区在治理生态环境问题的过程中,不仅要充分发挥政府主导作用,同时,还需要调动其他主体参与的积极性和主动性,形成多元合作的治理模式,避免单一政府主体的治理失灵,有效治理和解决生态环境问题。首先,努力建

---

① 胡其图.生态文明建设中的政府治理问题研究[J].西南民族大学学报(人文社会科学版).2015(3).

② 司林波,刘小青,乔花云,孟卫东.政府生态绩效问责制的理论探讨——内涵、结构、功能与运行机制[J].生态经济.2017(12).

立多元参与的生态治理机制。在治理西北地区生态环境时，政府承担着不可推卸的责任。同时需要充分发挥企业、公众以及环境 NGO 的重要作用，通过多元参与的生态治理机制，有效转变过去政府单一的生态治理模式。此外，企业的行为会对生态环境问题产生重要的影响，为此，需要积极转变生产经营理念，在追求经济效益的同时，兼顾保护生态环境责任并积极打造绿色产业。公众需要树立绿色消费观，形成低碳、环保的生活方式。西北地区各级政府应在区域内开展一些公益性的培训课堂，开展对当地群众的宣传教育工作，并"善于进行形象化解读、故事化表达，把'大众化'与'化大众'有机结合起来"①。还可以举行环保知识竞赛，增强民众环保意识，使其更加自觉遵守法律规定，积极行使生态权利并履行相应的生态责任和生态义务，尤其要鼓励民众积极检举环境破坏者，积极帮助广大民众树立低碳节约的生活方式。

其次，"运用市场手段和生态治理补贴机制，建立企业与社会组织的生态治理利益连带关系"②。在治理西北地区生态环境问题时，需要适当引入以市场化手段为代表的外部治理机制，以实现西北地区生态环境问题的"外部利益内部化"，通过构建市场手段和生态治理补贴机制的方式，有效明确不同主体在生态治理中的具体权责，同时有助于形成与利益密切联系的主体的激励机制，从而提升西北地区生态治理的实效性。

最后，构建推动企业以及环境 NGO 的生态治理培育孵化机制。当前，西北地区在生态环境问题治理中，企业和环境 NGO 未能有效发挥相应作用，为了有效调动企业以及环境 NGO 积极主动参与生态治理，政府需要适度放权，不断加强企业以及环境 NGO 组织的生态治理培育孵化和相关的培育工作，从而提升西北地区生态环境治理的成效，有效解决西北地区生态环境问题，推动绿色发展。

5. 不断加强生态环境教育

有效治理西北地区生态环境问题，积极保护当地的生态环境，是我国西北地区经济社会可持续发展的关键，这就需要通过多种方式和途径不断加强对西北地区民众的生态环境保护教育，积极开展资源以及环境保护相关的国情教育，不断增强西北地区民众的可持续发展意识以及法治观念。首先，积极完善生态

---

① 张文雄．宣传思想工作不能"隔着一条河"［N］．人民日报，2016 - 01 - 26（5）．
② 杨美勤，唐鸣．治理行动体系：生态治理现代化的困境及应对［J］．学术论坛．2016（10）．

文明教育机制。西北地区在治理生态环境问题的过程中，需要积极完善与环境保护相关的环境立法，使可持续发展理念深入人心，有效动员西北地区公众自觉参与生态环境保护，以实现环境保护相关法律的实施效果。"政府掌握着最为强大的宣传机器、传播媒体、教育机构，操控着最为有力的宣传和教育途径"[①]，政府要充分发挥其主导作用，对广大民众进行强有力的有关生态文明理念的宣传与教育，有效提升民众保护环境的参与意识和责任意识。西北地区的地方政府可以通过多种方式和途径不断增强干部群众的环境法律意识，将培训的重点集中于各地干部以及企业的经营者之中，帮助他们更好地处理经济发展与环境保护两者的关系，实现经济发展与环境保护的互利共赢。在推进生态文明理念的宣传教育的过程中，作为政府部门的工作人员需要具备强烈的生态文明意识，这样才有可能将生态文明理念的宣传教育工作落到实处。政府部门的工作人员需要强化可持续发展以及生态文明理念的教育，有效调动他们在宣传生态文明理念中的积极性和主动性。另外，为了切实增强农民的环保意识，可以在脱贫的同时以保护生态环境的典型案例进行有效引导，积极倡导西北地区民众形成生态型生产方式以及生活方式。

其次，通过新闻媒体以及创新宣传的方式不断加强生态文明建设的宣传。实现国家环境保护意志的有效途径就是进行环境保护的宣传教育。西北地区在实现开发建设的过程中，需要不断加强生态环境保护的宣传教育，有效提升决策者以及公众的环境保护意识。结合多种教育方式，将生态文明理念的宣传教育落细落实，帮助西北地区的广大民众形成绿色低碳的生活和生产方式。政府在西北地区生态文明理念的具体宣传教育中，可以结合西北地区各个民族形成的环境法律文化资源，积极利用该地区存在的法治"本土资源"，例如，该地区的一些少数民族关于正确处理人与自然之间关系的朴素观念以及积极保护自然环境的规约。通过利用该地区法治的"本土资源"，"建立完善的生态文明教育机制，建立健全从家庭到学校再到社会的全方位生态教育体系，利用各种新闻媒体和各种创新宣传手段广泛宣传有关生态文明建设的科普知识和价值取向"[②]，从而增强西北地区民众的生态文明理念。

---

① 陈宗兴主编.生态文明建设（理论卷）[M].北京：学习出版社，2014：364
② 张军驰.西部地区生态环境治理政策研究[D]西安：西北农林科技大学博士论文，2012.

第三节　新时代西北地区生态治理中的企业责任

随着我国改革开放和社会主义现代化建设进程的不断加快，西北地区也将更多的关注点放在经济指数的增长上，将企业的经济效益置于首要位置，忽视了对生态环境的保护和治理。为了遏制以牺牲生态环境换取经济增长的畸形发展观，必须大力推进西北地区生态环境保护和治理。企业作为对生态环境具有重要影响的主体之一，绝不可肆意浪费资源、破坏生态环境，应首当其冲自觉承担起维护生态平衡、保护生态环境的社会责任，实现自身向生态企业转变。

一、新时代西北地区生态治理中企业担责的原因

不可否认，在西北地区经济发展进程中，企业发挥了至关重要的作用，但同时企业因其不合理行为而产生的诸多生态环境问题已对该区域的发展以及区域内人民生活造成了严重影响，企业是否承担生态责任已经成为西北地区生态治理中亟待解决的问题。

1. 企业是生态环境问题的主要制造者

不可否认，在市场经济条件下，西北地区大大小小的企业作为经济运行的主体，在西北地区经济社会发展中始终扮演重要角色。但同时，它也是自然生态资源的最大消耗者和环境污染的主要制造者。西北地区生态环境问题频发，企业具有不可推卸的责任。长期以来，由于受传统发展观的影响，人们将关注的重心放在处理企业与国家、企业与社会以及企业与企业的关系上，却鲜少注意到企业与自然环境之间的关系。尤其是西北地区在发展的过程中，为了赶上中东部地区的步伐，实现经济利润的最大化，一些政府官员秉承GDP至上的观念，忽视本区域的环境承载能力，盲目采取粗放式甚至是掠夺式的发展方式，这对西北地区本就脆弱的生态环境来说无疑"雪上加霜"。纵观西北地区发展的现实情况，我们不难发现，西北地区能源资源储量丰富，但由于企业在发展过程中对自然资源进行毫无节制的肆意开采，最终引起了地质结构的变化，进而导致水土流失、资源能源衰竭等问题。同时，企业为了节省经营成本，将生产过程中产生的废弃物不做处理直接投向自然界，使环境遭受严重污染，最终引

发了诸如空气污染、温室效应等一系列生态环境问题。可以说，大多数生态环境问题的产生都与企业的活动有着直接或间接的关系。"环境是整个人类社会实现可持续发展的最关键因素之一。"①在资源环境遭到如此严重破坏的今天，为了避免使自身走到自然的对立面，西北地区的企业必须尊重自然、呵护自然，自觉承担起相应的生态责任。

2. 企业是生态文明建设的主体

生态文明是"人与社会、自然和谐共生，良性互动，可持续发展的一种人类文明新形态"②。从广义上看，它是继工业文明之后人类文明发展的新阶段，从狭义上看，它指的是社会文明中的一个方面，即人类在处理与自然的关系时所要达到的文明程度，是相对于物质文明和精神文明而言的。从党的十七大首次提出要进行生态文明建设，到十九大后，生态文明建设被提升到了"千年大计"的战略地位，党和国家对生态文明建设的重视程度达到了前所未有的高度。随着全国生态文明建设的不断推进，西北地区作为重要的生态屏障区以及我国战略资源的重要基地，其特殊的地理位置和恶劣的生态环境决定了西北地区进行生态文明建设的迫切性与必要性。目前，西北地区生态环境破坏程度之深，范围之广，已经引起了多方关注，需要投入更多的成本治理和解决。企业为西北地区经济的发展注入源源不断的活力，也创造出了诸多社会财富，这些财富为西北地区的生态文明的建设奠定了坚实的经济和物质基础。企业在市场经济运行中居于主体地位，企业发展过程中的许多生产要素取之于自然界，企业生产经营不可避免地会对生态环境产生影响，而其生产出来的产品被消费者消费后最终还要回归到自然环境之中。不言而喻，进行生态文明建设与企业如何开展经营活动休戚相关，企业理所当然是生态文明建设的主体。"不论哪个阶段，哪个层次的生态文明建设，企业都将是最为重要，最为活跃的责任主体。"③企业应该通过不断的科技创新，促进发展方式转变，从源头上减少污染，进而将生态文明建设落到实处。

---

① 万莹仙.企业承担环境责任的必要性与可行性研究［J］.会计之友.2009（9）.
② 马继民.西北地区生态文明建设研究［J］.甘肃社会科学.2015（1）.
③ 曹洪军，李昕.中国生态文明建设的责任体系构建［J］.暨南学报（哲学社会科学版）.2020（7）.

3. 企业实现自身生存与发展的内在要求

西北地区地域辽阔，能源资源储量丰富，为区域内工矿业等传统企业的发展提供了雄厚的物质基础。但是，近年来，由于企业对自然资源毫无节制的开发利用以及肆意排放污染物，使得西北地区原本就脆弱的生态环境面临更加严峻的形势，与此同时，生态环境的恶化反过来又会制约企业发展，甚至影响到整个西北地区经济发展，最终陷入恶性循环的怪圈。所以，为了实现自身的生存与可持续发展，企业在发展的过程中还必须承担起生态治理的责任。目前，西北地区生态环境污染日益严重，社会能耗供不应求，既然企业从自然中获取资源，就必须珍爱自然，保护好生态环境。企业要实现自身的生存与发展，就需要在生产的过程中，正确处理生产与环境保护的关系，始终将环境保护放在首位，维护好生态平衡。企业承担环境责任在短期内会增加企业的成本而影响经营业绩，但从长远来看，企业牺牲一时的利益，却可以在未来获得更大的回报，企业自觉承担生态责任会得到政府的支持和公众的认可，必然能够促进企业的长远发展。反之，如果企业只注重眼前的利益，任意地破坏、污染环境，结果既被动地承担了污染防治的责任，又使自身的商业信誉受到损害，最终被市场所淘汰。因此，现在企业应该充分意识到，"良好的生态环境是人类生存与健康的基础"[①]，以牺牲环境和过度消耗资源换取经济增长的做法是极其不可取的，企业只有在环境治理中积极承担责任，才有利于提升自身的竞争力，并实现长足发展。

二、企业担责对新时代西北地区生态治理的重大意义

企业作为微观经济的主体，既是西北地区经济发展的主要贡献者，同时也是其生态环境问题的主要制造者，对环境问题的产生有着不可推卸的责任，新时代背景下，促进企业承担生态责任，对于西北地区生态治理和实现西北地区经济社会可持续发展具有深远的意义。

1. 有利于从源头减少排放，控制污染

众所周知，西北地区能源资源储量丰富且种类繁多，其中，煤炭和石油储量占到全国总储量的40%，部分化工原料（如钠盐、钾盐等）占到全国的80%

---

① 深刻认识良好生态环境的重要性［N］. 经济日报，2019 - 2 - 5（13）.

以上。长期以来,西北地区是我国传统重工业的重要基地。传统重工业意味着更高的能源消耗和更大的污染排放,造成环境污染的最主要原因正是高排放,而高排放的"罪魁祸首"则是企业。一方面,由于西北地区深处内陆,经济发展相对滞后,缺乏技术水平的支撑,企业本身环保技术低下,环境治理能力有限,重污染在西北地区经常出现。另一方面,一些企业为了实现自身利益的最大化,减少生产经营成本,拒绝使用先进技术,最终造成高排放、高污染。西北地区的经济发展虽不及东部地区,但其污染程度却有过之而无不及。据统计,2017年,"西北地区的GDP总量在全国所占比重为5.59%,废水排放量所占比重为5.57%,但废气污染物排放量占全国比重是12.5%"[①],足足高出7个百分点,这一现象的产生大多是由于企业生产经营不善造成的,而这也正是企业生态责任缺失的表现。正是因为企业缺乏生态责任意识,在很大程度上对西北地区的资源和环境造成了压力,带来了严重损害。如果企业能够积极履行生态责任,自觉主动地对生产过程中所带来的环境污染采取防治措施,则有利于从源头上减少排放,从而达到控制环境污染的目标。

2. 有利于提高资源利用率,发展循环经济

经过40多年的改革开放,西北地区的经济取得了较快发展。但是,其产业体系仍是以开采和冶炼为主的资源开发型为主导,经济增长主要是建立在对能源和资源大量消耗的基础之上。从长远来看,这种发展模式将随着资源的日益枯竭而变得难以为继。面对资源和环境急速衰退的现状,致力于经济增长和环保共赢的发展模式成为西北地区发展的首选,这种情况要求企业积极履行生态责任。

企业在生态责任履行过程中,能够更加深刻地体会到目前生产方式的"不可持续性",促使企业自觉站在环境保护的高度来规范自身的行为,主动调整企业生产经营模式,将环保纳入企业的经营战略和长期计划之中。为了解决企业环保与发展之间的冲突关系,企业会积极引进先进的技术,技术的引进使用在一定程度上能够提高资源的利用效率,进而实现在发展经济的同时减少对能源和资源的消耗。其次,有利于发展循环经济。所谓循环经济,是指"按照自然

---

① 根据《中国统计年鉴2018》相关数据计算.

生态系统物质循环与能量转化守恒规律所构造的经济系统"①。究其本质，循环经济就是一种生态经济，它倡导经济活动按照"资源—产品—消费—再生资源"的循环模式进行，从而使整个经济活动过程基本不产生或只产生少量的废弃物。企业是循环经济的微观主体，企业承担生态责任实质上就是企业发展循环经济，为此，企业要将生态理念融入企业生产经营的全过程，在绿色生产和清洁生产中实现企业效益的最大化，从而提升企业的生态竞争力。

3. 有利于实现经济发展与环境保护互利共赢

当前，传统的经济增长模式依旧在西北地区经济发展中占据重要位置，同时也造成西北地区生态环境问题频发，这不仅对当地的经济发展产生恶劣影响，甚至会影响到整个国家的可持续发展。西北地区企业作为推动西北地区经济发展的中坚力量，必然也应当是环境保护的主体力量，应该承担相应的生态责任。企业正是在履行生态责任的过程中，使循环发展的理念不断得到强化，并且通过不断更新和升级环保设备来发展工业，依靠科技的力量减少对资源的消耗和浪费，并将某些废弃物进行循环再利用，这不仅能够减少对生态环境带来的污染和破坏，而且还能在一定程度上提高资源的利用率，减少企业的生产成本，促使企业在提升经济效益的同时自觉保护生态环境，实现经济发展和环境保护的协同推进、互利共赢。

三、新时代西北地区企业生态责任缺失的原因

企业作为市场经济主体，在促进西北地区经济发展的同时，其生产经营活动亦对西北地区的生态环境产生了不可估量的影响。可以说，西北地区环境的不断恶化，企业不合理的生产经营活动难辞其咎。随着西北地区生态环境保护和治理力度的不断加强，许多企业已经认识到履行生态责任的重要性，但是企业的生态责任并未得到切实有效的落实，究其原因，主要有以下几个方面：

1. 企业生态责任意识淡漠

企业生态责任是指企业自成立之日起，其全部生产经营活动必须遵守相关环境法律的规定，主动降低其在生产过程中可能会对环境造成的不利影响，并

---

① 黎友焕，齐晓龙.生态文明视野下的企业社会责任［M］.北京：学习出版社，2014：480.

且对于已经造成的不利影响则采取积极的补救措施。随着我国步入生态文明建设的新时代，从总体上看，我国西北地区企业生态责任意识有了明显提升，但东西部地区依然存在一定差距，企业生态责任意识依旧比较淡漠。在我国现行的经济体制下，企业是自主经营、自负盈亏的经济主体，因此，长期以来，企业都将经济利益作为衡量自身发展的最高指挥棒。纵观西北地区经济发展及资源消费现状，我们可以看出，西北地区经济增长方式仍属于粗放式增长，工业的发展主要依靠的还是高能耗、高污染的资源型企业，比如煤炭、电力、石油、冶金等企业依旧是西北地区的支柱性产业。许多企业在发展过程中，由于缺乏生态责任意识，为了解决自身的生存发展问题，始终秉持"利益最大化"的理念，对西北地区的能源资源进行掠夺式开采，甚至无节制地出售初级资源和稀有资源，导致能源资源的过度浪费。同时，企业在生产的过程中，由于缺乏生产全过程污染治理意识，往往只注重污染物的末端处理，甚至是不做任何处理而直接进行排放，加速了西北地区生态环境的恶化，这造成的后果必然是"财富增长的代价是日益严重的环境污染"[①]。总体来看，西北地区企业生态意识薄弱不仅成为西北地区生态治理的一大障碍，更不利于企业自身的发展。

2. 企业经营的经济利益导向

现代经济学之父亚当·斯密在其经济学巨著《国富论》中提出了"理性经济人"理论，在他看来，人的行为都是为了以最小的付出而获取最大的物质利益，并且人为了满足自己的利益，可以不择手段。正是在这种理论的影响下，追求利润的最大化成为企业唯一追求的目标。"理性经济人"与社会人不同，更有别于"生态经济人"，其目标是要在经济活动中使股东的利益得到最大化，如果企业履行其生态责任，则需要投入更多的人力、物力、技术、资金等等，毫无疑问，这会增加企业的运作成本，同时也违背了企业追求经济利益最大化的目标。同时，作为经济自由主义代表人之一的米尔顿·弗里德曼同样主张企业的唯一责任是增加利润，实现股东利益的最大化。所以，许多企业不会主动耗费自身的利益去投资生态保护，正是企业经营的绝对利益导向使企业生态责任陷入困境。

---

① 何爱平，赵仁杰. 丝绸之路经济带背景下西部生态文明建设：困境、利益冲突及应对机制［J］. 人文杂志.2016（3）.

此外，在政府绩效评价 GDP 导向下，企业经营的利益导向也更为明显。政府在我国资源配置中始终居于主导地位，企业往往为了自身的生存与发展，会跟着政府的指挥走。长期以来，我国各级政府的政绩考核仍旧以 GDP 为导向。尤其是西北地区由于受到历史因素的影响和自然环境的制约，其经济在全国一直处于落后地位，市场经济条件下，西北地区的经济虽然得到一定程度的发展，但与中东部相比较而言仍有巨大差距。为了尽快摆脱这种落后现状，缩小与中东部间的差距，西北地区部分政府官员急于追求经济增长速度，而忽视经济发展质量，疏于对企业的环境监管，为了招商引资，甚至不惜引入重污染企业，正是政府的这种唯 GDP 导向，再加上企业有意无意地忽视生态环境保护，致使经济利益成为企业唯一追求的目标。

3. 相关法律体系建设不健全

法律具有确定性和权威性，不仅可以使企业的合法权益得到保障，同时也可以确保企业的生态责任得到切实履行。西北地区企业生态责任缺失背后体现的正是相关法律体系的不健全和缺位。从国家的层面来看，我国素来以实体法为重，程序法则往往处于被忽视的地位，在企业生态责任方面亦是如此，正因为企业生态责任程序法的缺失，导致有关企业生态责任的相关规定都是原则性的，缺少具体的实施细节，可操作性相对较差。例如，2015 年执行的新《环境保护法》中，对排污企业进行了"按日计罚"的处罚规定，但在实际执行过程中却困难重重，缺乏执行依据。其次，我国现存的关于企业生态责任的法律较多，但大多都分散于不同的条文之中，缺乏系统性和协调性。《公司法》《水污染防治法》《海洋环境保护法》以及部门规章和地方性法规等对于企业生态责任的规制方面存在交叉和重叠现象，导致企业在实际的生产经营活动中不知遵守何种法律，进而出现企业在生态责任承担上的盲从和无措。最后，由于各地经济发展状况的不同，每一地区都有其独特的自然环境和适合本地区的发展方式，国家应遵循具体问题具体分析的原则，结合具体的民族和地区的生态发展现状，制定相应的法律规章和实施办法。在我国现存法律文本中，关于西北地区企业生态责任的法律条文甚少，即使有涉及也缺乏针对性，所以说，目前我国缺少针对西北地区特色的环境保护和西北地区企业生态责任的文本。除此之外，由于当前西北地区执法部门职能交叉，现实中存在多头执法问题，导致执法力度不强，责任不明，有些企业乘机钻法律的空当。另外，西北地区环保执法部门内执法人员素质参差不齐，存在有法不依、自由执法的现象，使法律的执行缺乏有效性，这些在一定程度上对企业生态责任的承担产生消极影响。

四、新时代西北地区生态治理中企业生态责任实现路径

无论是西北地区经济社会发展，还是企业的长远利益，都会因企业不履行生态责任而受到严重影响。所以，毫无疑问，企业生态责任的履行关系到经济与生态环境的协调发展。企业的生态责任如何得到切实履行？一方面在于企业自身要树立生态责任意识，另一方面应致力于构建企业生态责任实现机制，通过构建企业生态问责机制，建立企业生态责任履行激励机制，使生态环境在企业发展中得到保护和治理。

1. 唤醒企业生态责任意识

企业作为市场经济运行主体和社会财富的主要创造者，其核心目标是实现利益的最大化。基于此目标，企业在做决策时往往更加注重经济利益，而忽视环境效益。企业在发展的过程中，需要承担诸多社会责任，生态责任则是其中不可或缺的责任。过度的资源消耗和严重的环境污染是制约西北地区发展的重要原因。因此，对于作为能源资源消耗最大并且极易造成环境污染的部门——企业来说，承担生态责任应当并且必要。要实现西北地区可持续发展，企业必须合理开采和利用资源，减少对环境的污染，对已经造成的污染则应该采取积极的治理措施并承担相关费用。但是，大多数企业缺乏生态责任意识，不愿承担生态环境保护的责任，鉴于此，我们需要借助法律和道德的手段唤醒和加强企业生态责任意识。

要唤醒和加强企业生态责任意识，最首要的任务是加强企业生态文化建设，让环境保护的意识和可持续发展的理念根植于企业文化之中，使管理者和经营者时刻谨记生态责任是企业生而有之并且必须承担的责任。总揽西北地区生态环境问题，可以说与企业的生产经营活动不无关系。企业要树立良好形象，实现长远发展，就必须承担生态责任，尽量降低经营活动对环境带来的影响。企业作为社会组织，并不是孤立存在的，其发展与当地的生态环境安全及公众权益息息相关。以牺牲环境来换取短期利益的行为不仅会危害到当地居民的合法

权益，更有损企业的形象，不利于企业的长远发展。因此，企业在生产经营过程中要始终贯彻绿色发展理念，培育企业生态文化，增强企业可持续发展能力。随着生态环境问题的日益突出，企业生态责任的履行迫在眉睫。在我国经济社会可持续发展的过程中，生态环境问题已经成为主要制约因素。基于生态环境保护和治理的客观要求，我国必须采取强有力的措施抑制企业的污染行为，尤其是生态环境极为脆弱的西北地区，更是应该加快推进治理和解决生态环境问题。此外，企业要时刻加强与当地公众的联系与沟通，广泛征求公众的环境意见，使生产经营模式得到及时调整，从而将污染程度降到最低。

2. 加强企业污染整治与生态督导

为了使社会成员的环境权利得到更好的保障，实现西北地区经济持续、健康、可持续发展，当地政府必须对高耗能、高污染企业的发展规模进行严格把控，严厉惩处与环保要求相背离的企业和建设项目。在进行环保政策的制定时，要协调各方的利益，建立科学的、全面的、严格的环境监测体系，加大对高污染企业的检测审查力度，依法追究企业的生态责任。具体来说，就是要建立健全企业环境信息披露制度，对污染企业追责到底，对企业实行严格的监督，以确保其承担生态责任。而对于那些对环境造成严重污染却屡教不改的企业，"要加大惩处力度，提高违法成本"[①]，迫使其承担相应的生态责任。

企业在进行物质财富创造的同时，其经济行为也会对自然环境产生深刻的影响，进而影响到人与自然的关系。企业的生产要素来源于自然环境，其生产经营活动也要在自然中进行，同时，企业生产过程中产生的废弃物排向自然，对自然环境造成破坏。基于此，"企业责任的范围理应扩展到自然界，转变单纯追求经济增长的企业发展模式，履行企业生态责任"[②]。西北地区一些企业在发展过程中，不顾环境承载能力任意开采，最终造成环境的破坏，为了避免环境的进一步恶化，就需要对企业进行科学有效的生态督导。具体而言，政府要积极制定和完善能够推动西北地区可持续发展的政策、法规，例如产业政策和贸易法规等等，建立健全企业环境信息监督机制，促使企业将经济利益和生态效

---

① 缪金祥. 美丽中国：环境群体性事件的预防研究 [J]. 生态经济.2014（2）.

② 刘素杰，李海燕. 当代企业生态责任履行：伦理困境与实现思路 [J]. 河北学刊.2013（4）.

益有机结合，并且正确处理与利益相关方的关系。

3. 构建企业生态问责机制

"法律是治国之重器，良法是善治之前提。"[①] 健全的生态环境法律体系是促使企业积极承担生态责任的重要保障。西北地区各级政府作为企业生态责任体系建设的助推力，应构建行之有效的企业生态问责机制，充分发挥法律法规对企业生态责任的约束和制约作用。长期以来，以 GDP 为主导的政绩考核体系使西北地区地方政府过于重视经济增长，而忽视环境法律法规的执行，导致当地企业在生态责任履行方面存在诸多问题。为促使切实履行企业生态责任，非常有必要构建并完善企业生态责任缺失问责机制。首先，政府要主动维护法律的尊严，并严格要求企业遵守相关环境法律法规，不仅在引进项目时严格控制高污染企业，更要在企业经营过程中，时刻扮演好监督者的角色。其次，对于不按照法律标准进行生产和污染物排放的企业，政府要严格依据法律规定及时制止和处理。要加大惩罚力度，严格实施对违法企业的处罚，使破坏环境的成本高于利润，进而促使企业承担生态责任，真正实现环境效益与经济效益的同步发展。

4. 构建企业生态责任激励机制

作为社会中的营利性组织，企业最主要的功能是"通过市场机制提供高质量的产品和服务，满足社会的整体需求，实现企业自身利润增长"[②]。但企业在促进经济增长的同时，必须承担生态责任，即在生产经营的过程中维护好生态环境的平衡。对许多企业来讲，生态责任的履行就意味着企业要付出更多的经济成本，多数企业为了实现利益的最大化又不愿意支付额外的成本，所以，只有构建企业生态责任激励机制才能有效地促进企业积极履行生态责任。

首先，政府的财政税收政策在促进企业承担生态责任的进程中发挥至关重要的作用。政府通过征收能源资源税和二氧化碳、废弃物等过量排放税促使企业在生产经营活动中时刻考虑环境成本，从而减少不利于生态环境行为的生产经营活动。其次，政府在企业运行过程中加大投资补贴能够有效地激励企业承

---

① 第十八届中央委员会第四次全体会议 . 中共中央关于全面推进依法治国若干重大问题的决定 [N]. 人民日报，2014 - 10 - 20（1）.

② 苏蕊芯，仲伟周 . 企业生态责任：性质本源、目标约束与政策导向 [J]. 生态经济 .2015（6）.

担生态责任。企业必须通过升级技术和研发新产品来实现自身的可持续发展，政府的投资能够有效节省企业在节能减排技术升级过程中所花费的成本，这一举措不仅能够实现企业的长远发展，更有利于促进整个地区生态环境的平衡。最后，政府可以通过良好的政策支持鼓励企业进行生态环境保护和治理，比如对生态环保项目给予贷款利息补贴等，但政策补贴的前提是要求企业积极履行生态责任。

西北地区发展相对落后，多数企业秉持经济利益至上的观念，在这种理念的主导下，将大量污染企业和落后产业转移到农村，给农村造成严重的环境问题。基于此类现象，就要求政府"建立入驻农村工业项目环境准入制度"①，避免高污染企业将环境污染转嫁给农村。同时，当地政府可以通过构建环境保护投资激励机制，增加政府投入，减少企业环境保护运营成本，并使企业从环境保护投资中获得更高的收益，推动企业自觉进行清洁生产，合理控制能源消耗，进而实现减少污染排放的目标。

第四节 新时代西北地区生态治理中的公众参与

中国特色社会主义进入新时代，这意味着新时代生态治理再不能将政府看作生态治理的唯一主体，不能再像以往那样由政府进行单方面的环境保护和生态治理决策，公众也成为西北地区生态治理的重要主体，成为生态治理和环境保护的内在动力。在西北地区生态治理中，要认真分析公众参与的诸多现实问题和限制因素，积极构建生态治理的公众参与制度，促使公众承担起生态环境保护和治理的责任，保证公众在生态治理中的主人翁地位，培养生态治理中公众的生态文明意识，为推进新时代西北地区生态治理、实现人与自然和谐共处的美好目标注入强力催化剂。

一、公众参与新时代西北地区生态治理的原因分析

公众是指与公共关系主体发生相互联系和相互作用并与其有共同利益和共同需求的社会群体。公众既是生态环境治理的参与者和保护生态环境的实践者，

---

① 丁竹.农村环境群体性事件求解［J］.经济管理.2014（4）.

也是美好生态环境的享有者。公众参与生态治理有利于快速普及和宣传环境保护教育，以此来维护自身环境权益，提高公众的环境保护和生态意识，营造出全民共同建设生态文明、保护和治理生态环境的良好社会氛围。

1. 公众是生态环境治理的主体

新时代中国特色社会主义思想坚定地以人民为中心，坚决以保障人民群众的根本利益为底线，牢牢把握为人民服务的宗旨不动摇。党的十九大报告中指出："人民是历史的创造者，是决定党和国家前途命运的根本力量。"① 公众参与生态治理就是以人民为中心、执政为民的马克思主义群众观的集中体现，是社会主义制度优越性的重要表现。生态环境治理的公共属性正好与社会公众的生态利益相契合，因此，生态治理必须牢牢依靠公众。马克思指出："历史活动是群众的事业，随着历史活动的深入，必将是群众队伍的扩大。"② 随着西北地区生态环境保护和治理的不断推进，人民群众的主体地位也进一步凸显出来，参与生态环境治理的公众数量也越来越庞大。西北地区社会公众是生态环境保护和治理的中坚力量，同时也是推动西北地区社会发展和变革社会的决定性力量。生态治理的不断推进需要公众的积极参与，公众可以及时为生态治理提供实地信息，通过公众参与可以权衡各方利益诉求，保障生态治理方略的公平性和治理决策的实效性。生态治理涉及的所有环境资源都与民众自身利益息息相关，生态治理决策的落实也需要公众一步步贯彻落实，这都体现出公众在生态环境治理中不容置疑的主体地位。

2. 公众是生态环境这一公共产品的享受者

公众是生态环境这个公共产品的享受者，公众享受了权利，还要履行相应的义务，权利和义务是对等的。从理论层面上讲，生态环境保护和生态环境治理中"公众参与"这个概念，严格意义上属于公民的基本人权之一——环境权，"它是指社会公众有权通过一定的形式、程序及途径参与环境公共事务的决策和行为过程。"③ 公众具有无可争议的生态权利，同时也要履行相应的生态责任和生态义务。从法律的角度出发，关于生态文明和环境保护有明文规定：一切单位

---

① 习近平. 决胜全面建成小康社会 夺取新时代中国特色社会主义伟大胜利[N]. 人民日报，2017 – 10 – 28（1）.

② 马克思，恩格斯. 马克思恩格斯文集（第1卷）[M]. 北京：人民出版社，2009：287.

③ 沈佳文. 公共参与视角下的生态治理现代化转型[J]. 宁夏社会科学. 2015（3）.

和个人既有保护环境的义务，同时也有对造成污染和破坏的单位和个人进行检举和控告的权利。从实践层面上来看，生态治理就是要依靠公众。公众在参与生态环境治理和保护的过程中应当且必须履行的责任和义务就是新时代公众的生态文明责任。正确对待生态环境问题，保持自然生态环境上的忧患意识，珍爱和保护自然生态环境，积极参与生态环境治理是新时代公民不可推卸的责任和义务。

3. 公众利益是生态环境治理的价值目标

党的十八大报告中明确提出："凡是涉及群众切身利益的决策都要充分听取群众意见，凡是损害群众利益的做法都要坚决防止和纠正。""实践出真知，群众出灼见。"① 这一论述正表达了党以人民为中心、执政为民的理念，也是党维护最广大人民群众根本利益的集中体现。立足于"一切依靠群众，一切为了群众"的党性立场，公众利益当然也就成为社会主义生态文明建设的价值目标和不竭的动力源泉。人民物质生活水平的不断提高符合社会历史发展的必然趋势，生态环境趋于和谐良好也符合生态文明建设的内在要求，公众参与生态环境治理正好契合生态为民和生态惠民的价值遵循。马克思指出："人们为之奋斗的一切，都同他们的利益有关。"② 生态环境关乎人民福祉，当前西北地区的诸多环境问题，如资源短缺、水污染、空气污染、水土流失、土地沙化等已经威胁到西北地区民众的生存和发展。西北地区公众的生态利益需求是推动西北地区经济社会发展的"强心剂"，西北地区生态环境治理需要公众的力量，需要公众的积极参与。新时代西北地区生态治理，要尊重公众在生态环境治理中的主体地位，促进西北地区生态治理全民参与，生态福祉和生态利益由西北地区公众共享。

二、公众参与对新时代西北地区生态治理的重大意义

公众参与生态治理是新时代西北地区生态文明建设的重要基石，也是社会主义生态文明的题中应有之义。大力促进公众在生态环境治理中发挥主体作用，有利于提升公众生态环境意识，保障公众环境权益；有利于创新生态环境治理机制，提高生态环境治理能力；有利于推动西北地区生态民主，促进西北地区

① 王芳，李宁．基于马克思主义群众观的生态治理公众参与研究［J］．生态经济．2018（7）．
② 马克思，恩格斯．马克思恩格斯全集（第 1 卷）［M］．北京：人民出版社，1995：187.

经济社会可持续发展。

1. 有利于提升公众生态环保意识，保障公众环境权益

"提高和强化公民的生态环保意识，是解决生态治理领域公众参与不足的有效途径，也是公众参与生态治理得以实现的价值基础。"[①]公众在参与新时代西北地区生态环境治理的过程中，通过一系列政策和法律法规的宣传普及，可以更好地掌握生态环保相关的专业知识和法律知识，激发和调动公众参与生态治理的积极性和主动性。政府在听取和采纳公众参与生态治理的建议时，要以社会效益、公众生态利益为先，充分保障公众的环境权益，协同监督涉污企业和项目，谨防出现政府不作为和损害公众生态利益的行为。西北地区生态治理离不开每一个公众，应该将生态环保意识和生态利益诉求视为社会永续发展的内在动力。提升公众的生态环境保护意识是新时代西北地区生态环境治理的首要任务，保障公众的环境权益是促进社会主义生态文明发展的基础底线。

2. 有利于创新生态环境治理机制，提高生态环境治理能力

"公众有效地参与到生态环境的合作治理中来，完善地参与法律法规和健全的参与机制是其必不可少的保障。"[②]在西北地区不断推进生态环境治理的实践中，公众参与生态治理的行为及成果相比以往有了较大改观，与政府和企业的协同合作进一步畅通。可以通过公众参与生态环境治理政策的制定、评估生态环境治理的影响因素、监督和举报生态环境治理的违法行为，以及在生态环境利益受到损害时明确责任主体、主动发起诉讼程序等完善和创新生态环境治理机制，以此来提高公众的生态环境治理能力。生态环境治理问题不仅涉及人与自然的关系问题，而且也涉及人与社会、人与人的关系问题，这就表明生态环境治理不仅需要政府创新生态环境治理机制，积极转变治理方式，同时也需要公众的积极参与和大力配合。因此，积极引入生态环境治理的公众参与和公众合作机制，鼓励多个主体积极参与，协同治理，有利于实现生态环境治理现代化，不断增强生态环境治理能力。

3. 有利于推动西北地区生态民主，促进西北地区可持续发展

---

① 万健琳. 政府主导的多方合作生态治理模式研究：角色厘定·关系重构·行动协同［M］. 北京：中国社会科学出版社，2019：246.

② 万健琳. 政府主导的多方合作生态治理模式研究：角色厘定·关系重构·行动协同［M］. 北京：中国社会科学出版社，2019：199.

"公众参与生态治理有利于推动生态民主，促进社会和谐。生态民主需要政府主导，更需要公众参与；要实现公共利益，也要保障个体利益；政府必须积极转变职能，建设生态服务型政府，即关注并促进人与自然和谐、构建多方参与治理机制的政府。"[1] 新时代西北地区生态治理的初衷就是为了推进西北地区生态文明建设的发展，提升西北地区民众的生活水平，促进地区经济和社会、生态环境协调发展。当前西北地区经济发展相对缓慢，部分偏远地区和农村地区经济发展水平较低，教育、医疗、卫生等社会公共服务能力偏弱，生态环境也存在诸多问题，严重影响西北地区人民对美好生活的追求。鉴于此，西北地区要坚持人与自然和谐共生的生态原则，积极推进西北地区生态民主，严守生态治理过程中公平公正的底线，与公众进行科学合理的民主协商，促进西北地区经济社会和生态环境稳步、可持续发展。

三、公众参与新时代西北地区生态治理的问题

"公众参与生态治理的水平折射出一个国家的治理能力和法治水平，必须大力解决当前的诸多瓶颈问题和发展矛盾，促进公众有序参与生态治理。"[2] 然而目前西北地区生态环境治理领域还存在着公众的生态意识淡薄、公众参与的组织性不强和制度不健全等诸多现实问题，阻碍公众在生态治理中作用的有效发挥。

1. 生态治理中公众参与意识淡薄

根据相关调查表明，我国公民的环境素质和生态素养整体水平都不高，其中大多数表现为表面层次的和一些日常的环保行为。西北地区经济发展速度相对缓慢和社会发展较为落后，部分地区通讯设备和技术的落后，导致生态文明理念和环保政策宣传不到位，公众的生态意识和环保观念较为淡薄，缺乏生态环境保护和治理的相关法律知识，基本的生态环保素养不够，对于生态环境的维权意识更是匮乏。虽然近年来党和国家在大力推进生态文明建设，宣传与生态环保相关的法律法规，但是多数民众不理解我国环保法律法规的具体细节，导致对于法律法规一知半解，公众参与行为不符合生态治理的基本准则，就会

---

① 周鑫.构建现代环境治理体系视域下的公众参与问题［J］.哈尔滨工业大学学报（社会科学版）.2020（2）.

② 周鑫.构建现代环境治理体系视域下的公众参与问题［J］.哈尔滨工业大学学报（社会科学版）.2020（2）.

出现对生态环境保护和治理参与不积极，甚至出现破坏生态、污染环境的行为。当前西北地区的生态环境日趋恶劣，水资源短缺、空气污染、土壤荒漠化、湿地生态功能退化、水土流失严重等生态问题越来越突出，迫使西北地区政府和民众不得不重新审视生态环境治理问题。有学者曾经做过调查，当提到"谁是生态环境治理的主体"这一问题时，大多数公众都认为这应该是政府的事情，与自己无关，况且认为自己只是一个普通老百姓，对于生态环保无从下手，更是无能为力；或许有一些人认为生态环境保护与自己有关，希望快速改善生态环境保护，提高生态环境质量，但却"各人自扫门前雪，不管他人瓦上霜"，公众参与生态治理时缺乏全局意识，充分说明公众生态文明意识淡薄。

2. 生态治理中公众参与的组织性不强

自我国环境保护政策实行以来，以政府主导治理居多，"自上而下"的治理模式已经在大众心中成为思维定式，这也是造成公众参与治理的空间受限，制度供给不足，公众行为缺乏有效组织性，不能更加理性地表达自身的环境利益诉求的主要原因。西北地区公众参与生态治理的过程中，多为个体参与，人微言轻，缺乏正规的程序和渠道来反映与切身利益相关的生态诉求，缺乏科学合理的组织团体来带领公众表达生态环境保护和生态环境治理的相关建议。就近年来我国生态治理中公众参与的统计情况来看，社会团体组织参与生态治理是公众参与途径的一个重要平台，其中以民间绿色环保团体组织为主。但是与发达国家相比，我国的环保组织发展阶段还处于低水平阶段，尤其是西北地区环保组织更是发展缓慢，存在规模小、缺乏专业人员、资金不足、行动效果微弱等现实问题，在生态治理领域贡献甚小。同时，现有的环保组织在生态治理方面参与的形式和渠道都有限，大多是前期投入多，后期不完善的"半截子工程"。大多数公众是在生态环境的破坏危及自身利益的时候，才会意识到要保护生态环境的重要性，才会主动参与到生态环境治理当中来，这种情况下，公众参与生态环境治理就缺乏有效性和广泛性，缺乏有效的组织团体和机构，也缺乏组织生态治理的程序和制度，这会严重挫伤公众参与生态治理的积极性和热情。

3. 生态治理中公众参与的制度不健全

公众参与生态治理的推进过程中，在西北地区许多地方，近些年出现了公示制度和听证制度，制定这一制度的初衷是防止由于生态环境保护和治理政策的专业化和技术化程度较高，而导致一部分公众尤其是农村地区的居民由于文化水平的原因而无法接受的现象。现在却因为部分地方官员不作为或者忽视公众的生态利益需求，使这些制度成为"一纸空文"，成为阻挡公众参与生态治理的"绊脚石"。更有甚者，公众由于生态治理中公众参与的制度不健全，申诉公众生态利益受损的救济性渠道不畅通，缺乏相关的法律法规认识，采取一些非正常的手段和措施来保护自身的生态利益诉求，导致了一些环境群体性事件。"2014年新修订的《环境保护法》第五条明确规定'环境保护坚持保护优先、预防为主、综合治理、公众参与、损害担责的原则'……明确了环境影响评价、大气污染防治、环境噪声污染防治和水污染防治等生态环境治理过程中的公众参与权。"① 当前我国生态环境保护和治理中公众参与的基本法律体系已经初步形成，但是由于西北地区公众的参与经验较少，缺乏相关的制度引导，相关的法律法规缺乏可操作性，对公众参与过程要求、参与的深度和广度、参与的权利和义务都没有明确规定，给公众参与生态治理造成了一定的障碍，不利于引导公众科学、合理、有序、理性地参与生态环境治理。

四、公众参与新时代西北地区生态治理的实现路径

公众积极、有序、理性地参与生态治理是新时代西北地区生态环境保护和治理的驱动力，也是维护西北地区民众合法权益和社会公平正义的基本保障。多措并举推进公众参与生态治理中，有利于营造关心、支持、参与生态治理的社会新风尚，有利于提高西北地区生态环境保护和生态治理实效性。

1. 培养公众参与生态环境保护和治理的强烈意识

苏联学者 B. 吉鲁索夫提出，"生态意识是根据社会和自然的具体可能性，最优地解决社会和自然的观点、理论和感情的总和"②，是人们在处理人类活动和周围自然环境之间关系、协调人类内部环境权益的基本立场和方法。具体来说，就是人们处理眼前利益和长远利益、地方利益和整体利益、经济效益和环境效益等矛盾关系时应有的生态观念。公众生态意识是西北地区生态环境治理的关

---

① 朱作鑫.城市生态环境治理中的公众参与［J］.中国发展观察.2016（5）.
② 王广新.生态意识、生态潜意识与生态消费［J］.北京林业大学学报（社会科学版）.2011（1）.

键环节，由于西北地区经济社会发展长期处于落后状态，公众的生态意识普遍淡薄。因此，解决西北地区环境问题首当其冲的是增强公众生态意识，注重对公众生态意识的培养，为西北地区生态保护和建设奠定坚实的观念基础。

西北地区政府首先应当加强生态文明建设的宣传和教育，让公众树立可持续发展理念和生态文明理念。以公众生态意识教育为基础，加强正确的社会舆论引导，努力营造良好的社会氛围。建立和完善环境保护教育机制，特别是对受教育程度较低的公众加强环境教育，改变他们对人与自然的传统观念，"通过制度化、系统化和大众化的教育"[①]，帮助公众树立正确的生态价值观，提高公众生态环境意识。此外，对公众生态意识的培养，要分层次、有系统、有重点地进行，利用大众媒体等多种形式向公众宣传相关环保知识，普及环境科学和环境法律知识，潜移默化地影响公众的思想，使其逐步树立环保意识，并将这种环保意识渗透到日常生产生活中，养成保护环境的良好习惯。

其次要通过法律手段使公众树立和强化生态意识。生态意识是一种忧患意识，生态危机的加剧已经严重威胁人类的生存，要增强公众的生态忧患意识，"从维系人与自然的共生能力出发，形成人与自然和谐相处的生产方式和生活方式"[②]，积极参与生态环境保护实践活动，保护好自己的"生命场"。生态意识也是一种社会意识，公众生态意识的形成离不开相关的生态法律，没有生态法律的保障，生态意识就难以确立。"全社会拥有什么样的生态意识离不开法律法规的完善和健全"[③]，加强公民生态意识，必须完善相关的生态法律，培养和提高公众的生态法律意识。西北地区地处内陆，经济不发达深刻影响着公众的法律观念，造成西北地区人们法律意识普遍薄弱。通过开展生态法律培训，普及生态法律知识，向公众介绍生态法律规范，为公众自我约束不合理行为提供参考依据。严格的环境执法是公民生态意识确立的保证，严厉的法律制裁对公众来说是一种警醒。通过了解生态法律制度和规定，公众能够明确自身的生态环境

---

① 王渊博.发展绿色消费的现状及对策——以北京市为例 [J].技术经济与管理研究.2011（10）.

② 蒋笃君.公民生态意识教育的价值诉求及路径探析 [J].河南师范大学学报（哲学社会科学版）.2009（5）.

③ 柴爱仙，赵学慧.公民生态意识形成的内在机制探讨 [J].河南师范大学学报（哲学社会科学版）.2010（1）.

权利与义务，从而主动树立生态环境意识，合理约束自身行为。

2. 构建生态治理中公众参与的"公民参与中心"

目前在西北地区，缺乏公众表达环境利益诉求的场所。公众遇到生态环境问题时，多是通过到各级行政办公地点或是在政府临时指定的办公地点表达自身诉求，这样的临时场所并不能从根本上解决公众的环境利益诉求。据此，西北地区各级政府应当在其管辖范围内和公民易于参与的地方建立固定的、永久性的"公民参与中心"。"公民参与中心"应尽量减少官僚等级的划分，可设立多种类型的讨论小组，让公民感受到与政府平等对话的氛围，积极收集公民关于生态环境治理问题、土地的开发利用、规划项目等方面的各类意见或建议并予以及时反馈，使得政府的决策更加贴近民间，公民利益得到更大程度的体现，推动政府向"服务型"转变。"公民参与中心"作为一个信息集中交流的"市场"，还有利于政府及时准确掌握公民对环境政策的了解程度及公民当下关注的话题。当遇见政府与公民关于环境问题的激烈争辩时，可设置"第三方评估与控制委员会"，负责收集有关促进生态环境治理、促进公众参与方面的新思维，对问题进行科学评估，得出科学的结论，让政府、公民均得到信服。此外，"公民参与中心"可作为升级版的社区活动中心，不断关注公民的日常生产生活事务，争取将一些生态环境治理问题解决在萌芽状态。社区活动中心的设计不能像现在的多数政府办公大楼一样"令人生畏，敬而远之"，而要设计得更加亲民，从外观上首先打消居民的排斥感，进而增强公民对生态环境治理的参与感。

3. 加强生态治理中公众参与的制度建设

加快构建生态治理中公众参与的制度建设，是深入贯彻落实党的十九大精神的重要举措，也是完善新时代西北地区生态治理的关键环节，对于新时代推进生态文明建设具有深远意义。公众参与生态环境治理的制度建设，是社会主义生态文明建设中公众参与机制建设中的重要内容，是实现科学有效管理、有序扩大公众参与的基本保障，应将公众参与制度建设摆到首要位置。公众参与有利于生态环境治理问题的协商，进而有助于公民对政府决议的认可与执行。政府制定的合理决策只有在得到公民认可的基础上才能得以良好践行。因此，完善生态环境治理中的公众参与制度就应该扩大参与主体，不仅要有作为个体的普通公民，更要吸引由独立公民构成的广大的社群及社会组织，同时可制定

"代表大会制度"，从普通公民中选拔基本素质高、议政能力强的民众参与生态环境治理决策。在参与环节中，应该在制定环境保护制度、环保项目立项之初就应该组织合理的公民参与，充分听取公民意见及诉求，减少后期出现问题时引起的尖锐冲突。政府、企业等相关部门有责任让公民理解关于生态环境治理等问题，以便让公民更好地维护自己的权利。生态环境保护和治理方略和政策应严格按照《环境影响评价公民参与暂行办法》进行公民参与调查，不能回避公民提出的关于生态环境治理相关的问题，这样就能使公民在享受环境知情权的时候，可以更好执行生态环境治理的政策。

第五节 新时代西北地区生态治理中的环境 NGO

生态环境保护和治理中的社会组织简称为环境 NGO，是指"以环境保护为目的的非政府组织，是解决环境问题的重要行为主体"[①]。环境 NGO 具有公益性、跨国性等属性。我国西北地区治理生态环境问题，除了要发挥政府、企业、公众的积极作用外，还需要充分发挥和强化环境 NGO 的作用和力量，使四者在党委领导下通力合作，协同共治，共同承担保护和治理生态环境的责任。

一、新时代西北地区生态治理中环境 NGO 的作用

改革开放以来，随着我国西北地区经济社会发展，生态环境问题日益凸显。经过长期的生态治理，虽然在一些方面有所改善，但其整体上还未根本好转。环境 NGO 对治理和解决环境问题，处理西北地区环境事件等方面有着十分重要的作用。

1.有助于宣传和普及环保理念，促进西北地区公众参与环境保护和治理活动

环境 NGO 可以通过编撰环境保护书刊、有关环保知识宣讲会以及其他社交媒体（官方网站、微博、微信、移动 APP）等方式，开展面向西北地区公众、企业以及工业园区等的环保理念、环保知识和环保法律宣传引导，让环保理念

---

① 生态环境部环境与经济政策研究中心.环境社会治理理论与政策研究［M］.北京：中国环境出版集团，2019：352.

深入人心。例如,《认识荒漠化:内蒙古、宁夏、新疆荒漠化实况》(中国人民大学出版社,2014)和《西北地区环境变迁与农业可持续发展研究》(中国社会科学出版社,2015)等著作和杂志,不仅可以让西北地区公众不断学习环保知识,而且还可以提高自身的生态保护意识和养成生态文明行为。一方面通过组织和宣传植树造林等活动,让群众贴近大自然,激发群众参与环境保护和治理的积极性;另一方面,鼓励人们从自己和身边的小事做起,比如对日常生活垃圾进行分类、购买具有绿色标志的食品等。"瀚海沙"就是这方面的典型代表,它由关注中国荒漠化地区发展的志愿者组成,通过各种方式向群众宣传有关环境保护教育活动,帮助人们通过反思自己不当的生态行为,积极探索对于荒漠化治理的对策和措施,提高人们对环境保护和治理的参与度,提高西北地区环境保护和治理的实效性。

2. 有助于补充西北地区政府职能,发挥对政府的监督作用

环保 NGO 有两种类型,其中一类是由政府组织发起的,与政府关系密切,主要通过调查、研究,以调查报告、建议书等形式,为政府制定和修改相关环境保护和治理的政策、法律、文件等提供有价值的意见建议。例如,中华联合环保会,以国家提出的环境发展战略和经济可持续发展为重点,积极补充政府功能,促进生态文明建设和美丽中国目标的实现。另一类是民间的环保组织。目前,我国西北地区逐步发展起来了许多综合性民间组织。例如,兰州大学西部环境与社会发展中心,作为甘肃省有影响力的环境 NGO,曾组织开展过扶贫赈灾项目,种植生态公益林等,通过生态扶贫、改善民众生活水平等活动,促进当地社区的可持续发展。此外,西北地区环境 NGO 能代表西北地区公众对西北地区政府的环境治理政策、环境主张和环境行为等发挥着重要的监督作用。

3. 有助于促进企业履行环保责任,推动西北地区产业转型

企业追求的是经济效益,往往会忽视环境效益,缺乏对自身生态保护责任的认识,环境 NGO 在企业履行环境保护责任中发挥着重要作用。一方面,环境 NGO 可以通过监督企业生产活动是否破坏生态环境、污染物处理设备的配备运行情况、排放标准是否合格等内容,推动企业生产活动的生态化。另一方面,环境 NGO 可以为企业提供关于环保技术升级等建议。众所周知,西北地区有丰富的自然和能源资源,环境 NGO 可以建议企业利用现代科技手段和新

型产业发展模式，改造传统产业，把生态环境保护意识融入生产管理的各个环节，选择一个或几个生态产业来取代传统的农耕农业和污染产业，促使加快发展以现代农业和生产性服务业为主体的生态经济，促进高质量实体经济和虚拟经济发展，推动西北地区产业转型。

二、新时代西北地区生态治理中环境 NGO 的困境

在西北地区生态环境保护和治理中，环境 NGO 确实发挥了一些作用，但仍然存在着"组织的自主性较弱，行动能力有限；缺乏与政府间有效沟通，发展乏力；群众的志愿参与性不足，参与热情不高；自身管理体制不完善，专业水平不高"等问题。

1. 组织的自主性较弱

和我国其他地区的环境 NGO 一样，西北地区多数环境 NGO 在观念、资金来源、人事安排、管理体制、职能和活动方式等方面高度依赖政府，而且这些环境 NGO 所做的只是政府分配给的一些边边角角的工作，长此以往下去，环境 NGO 存在的价值就会被削弱甚至丧失。同时，西北地区环境信息公开制度还不完善，公开的资源信息比较有限。此外，值得注意的是，环境 NGO 在日常工作中可能会与政府发生权利冲突，可能会形成它们之间的权力对抗。在一般情况下，大部分的环境 NGO 会为了让自己的项目正常运作而向政府妥协。要改变这种情况，环境 NGO 的发起者必须坚持其内在原则。例如，"绿色营"在探索北疆生态旅游现状时，敢于指出当地政府破坏生态环境的事实，同时，在调查南疆荒漠化现状时，找出当地政府管理不力、执法不严、制度不畅等环境破坏的深层次原因。此外，西北地区环境 NGO 和我国其他地区的环境 NGO 一样，需要依靠企业、政府和国际组织出资支持其活动，在生态环境保护和治理中普遍面临资金短缺问题。如果过于依赖政府、企业、国际组织等，环境 NGO 会因为政府等主体提供的资金数额不大，缺乏开展自身活动的能力，行动能力就会受到限制。

2. 缺乏与政府间有效沟通

环境 NGO 缺乏与政府之间的有效沟通，主要来自两方面的限制，首先是规章制度的限制。规章制度的限制表现在环境 NGO 的准入、审批、数量、设

立条件等方面。在现有的制度框架下，政府控制环境 NGO 的数量，明确规定在同一行政区域内有从事相同或者类似业务的社会团体或者民办非企业组织，登记主管机关不得核准登记。这种规定实际上违反了市场经济背景下的自由竞争原则。在审批程序方面，政府还制定了复杂的审批程序，许多组织缺乏合法性，增加了环保组织开展活动的难度。在成立条件上，政府对环境 NGO 的人数也有限制。其次，管理制度的限制。目前我国现行的管理模式仍然是"双重管理体制"，只有政府部门才能成为业务主管部门，然而，一些政府部门由于精力有限无法对环境 NGO 进行全面的指导和监督，甚至有些政府不提供财政和人力支持，环境 NGO 与政府之间缺乏信任和沟通。我们看到的是，一方面，随着人们环保意识的增强，环境 NGO 成为公众参与环境保护和治理的有效形式，可以弥补政府工作的不足，成为政府与公众沟通的桥梁，有利于加快环境保护事业的发展；但另一方面，政府又担心环境 NGO 会脱离其管治的范围，对环保非政府组织缺乏必要的信任。

3. 民众自愿参与度不足

环境 NGO 的力量来自民间，其大部分活动的开展主要依靠志愿者无私奉献和志同道合的环保人士的共同努力，公众支持越多，就越有利于提升环境保护和治理的实效性。西北地区公众由于当地经济发展较我国其他地区落后，群众环保知识水平较低，对国家环境保护法律法规体系和地方政府采取的环保措施的了解程度不高，公众更容易为了经济发展而忽视环境保护。同时，公众参与环保行为的总体水平较低，主要体现在一些基础性活动上，如少用塑料袋、植树造林等环保行为；较少参与环保高层行为，如环保诉求。只有当环境污染真正损害了个人利益时，一些公众才会保护自己的合法权益，这在一定程度上制约当地环境 NGO 的发展。一些环境 NGO 出现贪污、腐败等，这种现象大多出现在刚刚成立的非政府组织中，由于发起人缺乏管理经验，加上一些突发事件，导致公众对环境 NGO 失去信任，影响民众参与环境保护和治理的热情。此外，具有官方背景的环境 NGO 往往具有较强的行政色彩，具有社会面孔和政府面孔双重属性，因而组织的群众基础较差，志愿者自愿参与度不足。

4. 自身管理体制不完善

近年来，西北地区环境 NGO 在独立性、自我管理等方面取得了一定进展，但仍然存在不足之处。许多环境 NGO 缺乏环境保护和治理的专门人才，在人力管理资源、人员培训、财务管理和公开、项目策划、志愿者筛选和自身组织建设等方面没有具体的制度性安排和长期规划，在管理上和工作中具有较大的随意性，缺乏完善科学的法律法规和内部管理体制。[①] 我国环境普遍 NGO 缺乏专业人才，西北地区环境 NGO 也不例外。"据调查，在我国民间环境 NGO 从业的全职工作人员中，具有环保专业背景的只占总数的 26.8%"[②]。目前地方环境 NGO 主要由关心环境的大学生志愿者和关心环境保护的社会人员组成。显而易见，在这些成员中，具有环境保护技术和法律知识的专业人员较少。公众参与环境保护的形式和享有的权利并没有在法律法规中明确规定；对于志愿者的招募、培训和管理能力没有详细的描述；关于志愿者的个人和医疗保险，没有系统的综合政策等。

三、新时代西北地区生态治理中环境 NGO 作用路径

在西北地区生态环境保护和治理中，环境 NGO 要遵循以人为本的理念，更好地发挥其监管、化解利益矛盾的作用，督促企业、公众承担其所需的生态责任，减少对生态环境破坏的行为，为又好又快推进西北地区生态治理贡献自己的力量。

1. 重塑环境 NGO 与政府关系，拓宽环境 NGO 融资渠道

首先，西北地区各级政府应加强对地方环境 NGO 的支持，拓宽资金和政策支持方式。同时，地方政府为环境 NGO 提供的资金数额应根据各级政府的收入情况进行区别对待。如果条件允许，最好通过法律法规的形式加以确立。除此之外，还可以通过减税、提供基础服务等其他方式予以支持。其次，促进和发展西北环境保护基金会。一方面，西北地区绝大多数的环境 NGO 都或多或少受到国内外其他地区环境保护基金资助，但在本土基金会支持开展活动却很少。因此，有必要拓宽西北地区环境 NGO 的融资渠道。另一方面，环境 NGO 可以通过自身的影响力为西北地区的生态环境做出贡献。他们不仅可以通

---

① 万健琳 . 政府主导的多方合作生态治理模式研究：角色厘定·关系重构·行动协同［M］. 北京：中国社会科学出版社，2019：242.

② 万健琳 . 政府主导的多方合作生态治理模式研究：角色厘定·关系重构·行动协同［M］. 北京：中国社会科学出版社，2019：243.

过组织志愿者和公众收集、销售废旧产品来获得收入，还可以通过与有关环保企业进行合作，开发绿色环保产品。就前者来说，可以提高西北群众的环保意识；就后者来说，在一定程度上可以为环境 NGO 筹集一定的资金。同时，还可以对参与环境 NGO 的公众适当收取合理的费用，因为这些组织虽然是非营利组织，但不完全等同于无偿奉献。需要我们注意的是，环境 NGO 自身要建立及完善对于资金的管理制度，自觉防止组织内部的贪污、腐败现象。此外，西北地区各地政府应充分发挥资源优势，通过各种渠道和场所以及项目培训和指导、讨论和实践，加强对环境 NGO 的培训和指导，提高其专业化程度和服务意识，进而提升环境 NGO 参与环境保护和治理的水平和能力。

2. 大力培育环境 NGO，提升生态环境保护和治理的实效

环境 NGO 作为非政府组织，因其非营利性、公益性等属性，在治理和解决西北地区环境问题上具有自己的独特优势。一方面，与政府相比较而言，"民间环保组织有自助互助性、民主参与性的优势，发挥着政府难以提供的环境保护职能"①。政府在处理西北地区环境问题和纠纷问题上，主要是通过强制方式，这会让当地群众产生反抗或抵触意识。而环境 NGO 主要是在双方处于平等位置的基础上，通过平等的交流、理解、信任，在意识上形成共识。另一方面，与环保部门相比较而言，环境 NGO 成员的职业范围、学历层次等具有多元代表性，能够更好地贴近民生，表达群众的环境诉求。环境 NGO 是政府和西北地区民众有效沟通的纽带，不仅能够让当地群众学到有关环境保护专业知识，而且还可以调动其积极性，充分发挥群众监督作用，使得各治理主体能够更好地履行环境保护责任。概而言之，政府要积极培育环境 NGO，为环境 NGO 提供交流平台，让其更好地帮助西北地区民众参与环境保护，"共同保障生态环境与经济建设的平衡发展"②，不断解决西北地区环境问题和促进西北地区经济可持续发展，加强其与当地群众的交流。环境 NGO 的数量和规模不断增加的同时，政府需要为民众提供有效的制度保障和技术支持等，"在积极支持诉讼的同时也起到了指导群众解决环境纠纷的作用"③。政府可以通过环境 NGO 资助、监

---

①　肖晓春，段丽.论民间环保组织的环境利益冲突协调功能［J］.环境保护.2008（2）.

②　谬金祥.美丽中国：环境群体性事件的预防研究［J］.生态经济.2014（2）.

③　肖晓春，段丽.论民间环保组织的环境利益冲突协调功能［J］.环境保护.2008（2）.

督、检查等方式，以了解、处理西北地区的民生生态扶贫问题。由于西北地区环境问题具有复杂性，"行政调解更容易使双方加强沟通、理解和相互信任"[①]，这就需要充分发挥环境 NGO 的纽带作用，通过环境 NGO 与各利益主体的协商，达成利益双方都能满意的效果。

3. 健全体制机制，提升公众的参与意愿

完善的体制机制是民众愿意加入环境 NGO，参与生态环境保护和治理的制度保障，要不断完善公众参与环境 NGO 的各种体制机制，为环境保护和治理的良好运行保驾护航。要调查民意，了解公众的环境利益诉求。在向公众征求环境利益诉求时，尽可能地调查到各类利益主体意见，充分了解公众对生态文明建设的诉求和建议，以做出更加全面的判断，提升公众参与生态文明建设的意愿。对众公开政府决策，接受民众监督。对有环境争议的决策要及时召开环境影响评价听证会，要塑造政府服务式、温和型的形象，鼓励民众积极参加，遵循公开、透明的原则，全程接受人民监督，及时公开结果，并将公众意见采纳进相应的政策制定之中，做出正确、有效、令民众信服的政策决议，通过确认公众参与生态环境保护何治理的权利来增强其主体意识，进而提升公众参与环境保护何治理的意愿和热情。在生态环境保护和治理中，民众确认自己的主体地位及其权利是其积极主动参与其中的基础，而主体意识则是公众积极主动参与生态环境保护和治理的关键，二者结合才能使公众发自内心地自愿加入环境 NGO，并自觉自愿地投身到生态环境保护和治理中来。此外，由于西北地区工作环境恶劣，福利待遇与其他地区存在较大差距，许多环保志愿者望而却步。建立环境 NGO 人员的工资和福利待遇保障机制是必要的，西北地区志愿者员工的个人利益也应得到考虑。

4. 提高自身管理能力，提升专业水平

西北地区环境 NGO 需要"赋权"，也需要"增能"。环境 NGO 提高自身管理能力，强化专业水平和参与能力，是其持续生存且积极发挥公众参与作用的前提。"从组织框架方面而言，环保 NGO 应主要包括权利、决策、执行和监督四大机构。完善的组织架构有利于环保 NGO 克服发展过程中的各种困难，减

---

① 常健，李志行.韩国环境冲突的历史发展与冲突管理体制研究 [J].南开大学学报（哲学社会科学版）.2016（1）.

少决策失误的可能性。从具体的管理层面而言，培训制度、财务制度、监督制度、应急制度等都应该有具体的章程加以明确，并保证各项制度的可操作性。"①西北地区政府要动员公众广泛参与，让西北民众通过环境 NGO 参与到社会管理中，积极采纳民众合理的建议。吸纳高素质志愿者参与环境 NGO，弥补人才资源短缺。"加大对环境 NGO 内部成员的专业培训和大力引进专家学者，解决专业人才匮乏的问题。因此，政府部门应该为环保 NGO 的人才培训提供场地、资金和人员支持，同时鼓励专家学者投身环保事业，以提高环保 NGO 的队伍素质"②，提升环境 NGO 的专业水平。

---

① 万健琳 . 政府主导的多方合作生态治理模式研究：角色厘定·关系重构·行动协同［M］. 北京：中国社会科学出版社，2019：249-250.

② 万健琳 . 政府主导的多方合作生态治理模式研究：角色厘定·关系重构·行动协同［M］. 北京：中国社会科学出版社，2019：250.

第六章　新时代西北地区生态治理的体制机制保障

抓好顶层设计，完善生态治理体制机制是有效提升西北地区生态治理能力和治理水平、推动该地区生态保护和高质量发展的重要路径。为此，西北地区生态治理就要不断提升生态治理的法治化水平，优化生态治理的考核评价体系，完善生态治理的利益协调机制，健全生态治理的补偿机制。

第一节　新时代西北地区生态治理的法治化水平

西北地区严重的生态环境问题不仅影响西北地区社会公众的生产生活，而且制约西北地区生态文明建设与生态环境保护和治理，阻碍西北地区经济、社会、生态等的协调发展。在治理和解决西北地区生态环境问题时，"要建立健全各项环境保护法律法规，强化生态环境法治"[1]，不断提升西北地区生态治理的法治化水平，畅通公众维护环境权益的途径，保障公众基本环境权益的实现，搭建环保活动平台，促进公众参与生态环境建设。同时，农村环境质量也是生态文明建设的重要指标，要加强农村环境法律制度的完善，引导农民参与环境保护，保障农民环境权利。

一、建立环境公益诉讼制度

西北地区生态环境问题日益严重，环境公共利益也引起了人们的广泛关注，人们治理、解决和预防环境问题的手段日益多元化，但环境破坏往往具有不可

---

[1]　陈秀梅，于亚博.环境群体性事件的特点、发展趋势及治理对策［J］.中共天津市委党校学报.2015（1）.

恢复性，这就需要运用环境公益诉讼制度等法律手段来治理生态环境，维护生态环境安全。"环境公益诉讼是指任何个体、社会组织等为了实现社会公共利益，在环境已经受到污染或面临被破坏的可能性时，向国家司法机关提起环境诉讼的诉讼活动"[①]，是一种新型的保护环境的司法救济制度。生态环境难以再生的特点决定了环境保护要注重预防和治理。西北地区是我国主要的生态脆弱区，防止西北地区生态破坏和环境污染，就要建立环境公益诉讼制度，并将其贯穿于环境保护和治理的全过程。

党的十八大以来，随着生态文明建设的逐步推进，人们的环保意识有了巨大提升，公众越发关注自身赖以生存的生态环境。当生态环境问题发生后，人们也越来越倾向于运用环境公益诉讼等法律手段来解决，人们为保护公共环境的诉讼案例也日渐增多。"环境公益诉讼制度不仅可以充分发挥公众的监督作用，还可以监督政府行为，以弥补环境行政管理之不足。"[②]建立环境公益诉讼制度是实现公众环境权的必然要求，然而，我国目前的环境公益诉讼"法律规定的机关"范围尚不明确。因此，西北地区建立环境公益诉讼制度，首要的是完善"法律规定的机关"的界定，将行政机关和检察机关的职能有机结合起来。生态环境问题的广泛性、差异性、严重性、危害性等特点决定了维护环境公共利益不能单纯依靠行政手段，还要采用处罚等多种手段督促违法者纠正违法行为。

其次，"环保社团组织也应当是环境公益诉讼不可缺少的主体"[③]。环保社团组织即环境 NGO 可以有效弥补政府机关执法不力的状况，保障环境破坏行为受到制裁，刺激企业、公众履行生态责任，以促进经济和社会可持续发展。国家机关维护公众环境利益的同时也担负着促进经济发展的重任，有些时候会因为某种压力，对某些损害生态环境的行为顾虑重重，这种情形下，西北地区生态环境保护和治理就要充分发挥环境 NGO 的力量，利用环境公益诉讼制度，与环境保护部门形成强大的诉讼合力。西北地区各级政府应当对这些环境 NGO 予以支持和引导，广泛开展诸如生态环境保护、自然保护区建设等一系列环保

---

① 吴向阳．环境冲突的成因及对策［J］.科技创新导报.2010（19）.

② 刘芳．我国环境公益诉讼的现状分析与完善建议［J］.学习与实践.2016（1）.

③ 王鹏祥．论我国环境公益诉讼制度的构建［J］.湖北社会科学.2010（3）.

实践活动，从而推动经济社会的可持续发展。

二、用法律制度保障区域协同治理

区域协同治理是预防和治理西北地区生态环境问题的重要措施，协同治理是多元主体共同参与的行动，要想使多元主体有序有效地参与治理，必须有法律的支撑。为了保证区域协同治理健康运行，应该首先明确西北地区各级政府和组织的法律地位及职权范围，避免上下级政府或组织之间的过度干预。加强区域协同治理，还要建立有效的监督机制，区域内各地方政府之间要互相监督，共同承担生态责任、治理环境污染，实现环境正义。西北地区各地方政府也要加强对社会组织和区域内企业的监督，促使企业经济行为在国家法律框架内运行，杜绝危害环境的行为。司法部门和公众监督也要监督区域内地方政府依法行政，提高各级行政执法人员的素质和能力，公平地、公正地执行监督管理职能。

区域协同治理机制受到多种因素制约，完善区域环境管理的法律法规体系是区域协同治理的保障。要以法律形式确认各级各类环境管理机构的管辖分工、职权范围和活动范围，特别是要明确区域环境保护监督机构和西北各省级环境保护部门的关系，以便环境保护监督机构可以合法、有效地开展工作。在明确区域环境管理立法基本原则的基础上，加强独立区域环境法律法规体系的建设，完善相关具体规范。

"非政府组织是公民社会的重要组成部分，社会环保组织的监督压力对促进企业遵守环境法规，减少排污能够发挥重要作用。"① 对于公众而言，分散的力量难以与强势的排污集团博弈，只有调动社会团体的力量协助政府监督企业排污，才有可能制止企业的非法行为，提高公众环境质量。因此，区域协同治理机制还要积极鼓励非政府组织参与环境保护和治理，监督企业生产经营过程中的环境行为，有效遏制环境污染，解决和治理西北地区生态环境问题。

三、加强保护农民生态环境权

农村环境保护是我国的基本国策，环境权是农民最重要的合法权益之一，

---

① 李胜. 跨行政区流域污染协同治理的实现路径分析 [J]. 中国农村水利水电 .2016（1）.

是农民生存和发展的基础。保障农民环境权，是建设美丽乡村的重要内容，也是促进生态文明建设的需要，对提高农民生活水平具有重要意义。环境与资源为农民生存与发展提供基本的物质条件，土地、河流和其他自然条件是农民生命健康和财产安全的重要保证。必须加强西北地区农村环境立法，发挥农村集体组织职能，建立农村环境管理体制，提高农民环境意识，保障和促进农民环境权的实现。

首先，要完善西北地区农村生态环保法律体系。实现农村环境治理的法治化，必须从西北地区农村环境保护的紧迫性和特殊性出发，建立农村环境保护法规，优化农村环境法律体系、完善农村配套措施。"农村的生态文明程度是衡量整个国家和民族文明水平的标志之一"[1]，要"将《环境保护法》置于农村环境保护基本法的地位，规定农村环境保护的基本原则、基本制度等"[2]，为西北地区农村环境保护相关法规制定提供参考标准，实现农村环境保护有法可依。农村环境是农民赖以生存的自然资源，关系民生发展和社会稳定，针对西北地区的实际情况，要制定符合区域发展的农村生态环境标准、生态环境评价体系，这是保障西北地区农民环境权益最直接、最有效的方法。西北地区要建立一套科学有效的生态环境法律、法规，把抽象的环境权具体化。增设农民环境权法律援助制度，及时纠正农民破坏生态环境的行为，把维护农民环境权的理念贯穿于农村生态环境保护的法律体系建设、执行和落实的全过程。政府是环境决策者，农村集体是农村环境保护的先锋，政府出台政策要优先向农村倾斜，同时发挥农村集体的先锋模范作用，调动农民积极参与环境保护的热情，从而有效改善农村环境。

其次，"要积极推进农村环境普法工作，培养农民的环境权利意识，强调环境权益与环境保护职责的统一"[3]。利用多种渠道开展各种形式的普法活动，使农民自觉遵守环境法律法规、参与环境保护。建立环境信息公开机制，实时监测农村环境污染源，定期发布农村环境质量信息，鼓励农民参与环境管理。乡镇地方政府要通过构建农民参与环保活动激励机制，促进农民对环境保护和管

---

① 宗芳.管窥生态文明建设视域下的农民环境权保护［J］.生态经济.2014（2）.

② 张婧飞.农村污染型环境群体性事件的发生机理及治理路径［J］.求索.2015（6）.

③ 王梅.新时期农民环境权的保障机制研究［J］.生态经济，2009（11）.

理工作的监督，激发农民作为环境权主体的积极性与主动行，使农民自觉维护农村公共环境，实现他们的环境权益。相较于东部发达地区，西北地区农民文化水平和思想觉悟相对较低，在环境权益受到侵犯时，往往会盲目、冲动，容易引发环境事件。因此，要维护西北地区农民获得相关环境信息的权利，将农药化肥使用和生活废弃物污染防治知识教授给农民，加强农村的水、大气、土壤的污染防治，实现对农民环境权益的全方位立体保护。

第二节　新时代西北地区生态治理的考核评价体系

生态环境的公共属性和社会性决定了西北地区各级政府在生态环境保护和治理中扮演着关键性角色。公共行政权力的特质在于它的"公共性"，政府在生态环境的保护和治理中，应当承担起相应的公共责任，发挥其主导作用。政府完善考核和评价机制与政府考核价值目标设计时，不仅要体现政府绩效评估的有效性，还要评估其行为对于政治、文化、社会、生态环境的影响。

一、优化行政人员考核机制

改革开放以来，"经济建设为中心"的发展观念深入人心，唯 GDP 增长至上、物质至上的价值观成为解决和治理西北地区生态环境问题的思想障碍。西北地区追求经济发展和 GDP 增长，主要依靠大型项目的投资建设和大量招商引资。政府以 GDP 增长考核为主的政绩观，导致政府把主要财力、物力、人力放在能带来短期效益的大规模投资和建设，长期性的公共环境保护和治理一直被忽视，先污染后治理的思想长期禁锢着人们的头脑。这样的政绩评价机制注重显性政绩忽视政绩成本、重视经济发展指标而忽略社会问题，"必然导致地方政府的行为目标出现偏差，往往急于追求短期经济效益，忽视了长期的生态效益和社会效益"[①]。

要实现经济社会平稳发展，落实生态文明建设要求，又好又快推进西北地区生态环境保护和治理，就必须全面反思经济社会发展模式，改善现行政府考

---

① 彭小霞.从压制到回应：环境群体性事件的政府治理模式研究［J］.广西社会科学.2014（8）.

核和评价机制。政府考核和评价机制要以绿色 GDP 为核心，建立包含环境指标的综合衡量标准，树立绿色、生态、环保的政绩观，转变政府只注重经济发展速度的传统观念。从源头上解决和治理生态环境问题，就要积极引导、鼓励社会各界力量投入到生态文明建设中去，明确地方政府对当地环境质量的环保责任，把污染排放指标、环境问题引发环境事件等列入对政府官员的考核评价体系中。政府的环境政策制定要坚持科学性原则，符合生态文明建设需要，契合西北地区生态环境的实际状况，"将资源与环境管理中所有的要素调动起来，形成一个有机的良性互动系统"①。

二、建立跨域治理的统筹合作机制

众所周知，解决各行政区之间的冲突和争议是跨区域环境保护工作的最大难题，建立和依靠地方政府间的交流合作机制是解决地方政府之间冲突和争议的有效途径。"良性运行机制可以使区域地方政府之间加强技术交流与合作"②，达到区域生态环境信息资源共享的目的，为地方政府提供一个解决和治理环境问题和矛盾的交流平台和合作空间，从而加强协作、共同解决和治理生态环境问题。为此，要引导地方政府官员树立生态文明理念，发挥政府在保护环境、治理和生态文明建设中的主导作用，制定科学的政策，协调经济发展和生态文明建设二者的关系，以减少西北地区生态环境问题。

环境污染的流动性和跨区域性决定环境治理必须加强区域合作，一个地区地方政府缺乏环境保护长期投资或环境治理的动力，极有可能抵消周边地区环境污染治理效果。因此，"环境污染的'负外部性'和环境治理效果'正外部性'决定在治理环境污染、防治环境冲突时"③，要建立跨域的统筹合作机制，杜绝地方政府的"搭便车"行为，这是环境污染整治、防控环境问题的有效保证。在环境问题的多发地区，要调整相关主体的利益关系，实现当地经济发展与环境保护双赢。从环境评价的角度来看，解决和治理生态环境问题，还必须将环

境影响评价体系纳入评估环境治理效果中，保证环境影响评价渠道畅通，使公众能够充分参与环境影响评价，通过加强各利益主体之间的协商和沟通，解决环境污染、治理生态环境问题，实现西北地区经济社会可持续发展。

三、完善政府生态责任问责制

政府生态问责制是指"在对政府生态责任履行的评估过程中，因为行政不作为或玩忽职守导致地方政府生态责任缺失，要追究政府等相关职能部门的责任"[①]。生态政府问责制包括同体问责制和异体问责制，完善政府责任问责制的关键是提高异体多元政府生态问责制，为环境保护和治理建起坚实的铁网。异体问责是行政系统外的司法机关、新闻媒体和社会公众从下到上、从外到内的生态责任追究制度。在生态环境问题上，公众是环境破坏的直接受害者，因此，公众作为异体问责主体，理应有更多的话语权，以表达自身的环境诉求，监督政府环境执法的有效性。

完善政府生态责任问责制，就要对主管官员进行环境问责，建立责任终身追究制度，使"终生追责"考核制度成为领导干部头上的"紧箍咒"。一旦发生严重的环境污染事故和危害生态环境事件，对民众切身利益造成极大损害的，不仅要对辖区的主管官员进行追究问责，"还要对整个事件的来龙去脉进行回溯分析"[②]，不能单纯地就事论事。从已经发生的多数环境问题看，地方政府追求经济发展与企业盈利目标具有一致性，这就造成地方政府对企业的环境危害行为采取"睁一只眼、闭一只眼"的态度，甚至包庇企业的污染行为，从而损害了公众的环境权利。因此，企业出现破坏环境的行为时，要进行回溯追究，建立责任倒查机制，对环境破坏严重企业审批通过的政府责任人，不受时间或任期的限制，都严格追究其相关法律责任。

要完善西北地区政府生态责任问责机制，还要求政府以生态文明建设为指导，坚持以人民为中心的指导思想，"在生态文明建设、生态环境保护等方面不

---

① 姚海娟.政府生态责任的缺失与重构[J].求索.2011（6）.

② 司林波，乔花云.地方政府生态问责制：理论基础、基本原则与建构路径[J].西北工业大学学报（社会科学版）.2015（3）.

断地加大考核力度"[①]。对于促进生态文明建设"成绩"不佳的政府领导干部和不顾资源环境盲目决策而造成严重环境后果的政府决策者，都要追究相关的领导责任。将生态文明建设、环境保护等指标作为刚性约束，纳入政绩考核体系，建立政府生态环境问责制。

四、提高政府行政人员行政能力和素质

"政府行政行为是政府行政能力的外在体现，而政府行政能力是政府行政行为的基本内核。"[②]规范政府工作人员行政行为对于提高政府公信力，解决和治理西北地区环境问题至关重要。作为与百姓直接接触的群体，政府行政人员的行为方式直接影响着行政效果。为此，要以提高行政人员素质、规范行政行为为重点，采用灵活多样的培训形式对政府工作人员进行培训，就如何应对环境问题为培训内容，推进行政人员全方位能力的培训，提高行政人员的工作能力和职业素养。此外，要"建立一个完善的行政人员绩效考核体系"[③]，以规范行政人员行为。将公众满意度纳入行政人员绩效考核范围，使行政人员能真正聆听民声，考虑公众意见和建议，处理群众反映的环境问题，以准确有效的方式处理环境问题。

提高行政人员职业素质，还要加强行政人员自身道德修养。市场经济条件下，政府部门的一些行政人员，抵制不住金钱和权力诱惑，在环境问题发生时，不顾公众利益，一味包庇纵容肇事企业，败坏了社会风气，降低了政府的公信力。因此，规范政府行政人员行为，必须高度重视自身道德素质的提高，树立正确的价值取向，继承和发扬传统行政伦理的本质，遵守行政人员基本职业规范，不断加强个人道德修养。

---

①　冯蕾.生态问责：如何落细落实——五部门解析《关于加快推进生态文明建设的意见》[N].光明日报，2015－05－08（8）.

②　张鹏宇.规范政府行政行为重在加强行政能力建设[J].法制与社会.2008（35）.

③　刘细良，刘秀秀.基于政府公信力的环境群体性事件成因及对策分析[J].中国管理科学.2013（11）.

第三节　新时代西北地区生态治理的利益协调机制

西北地区环境问题频发的根源是没有协调好各方利益主体的利益冲突，核心就是对经济利益的追求与公众生态权益之间的博弈，妥善平衡各方利益关系是解决和治理西北地区环境问题的关键。利益协调机制是政府协调不同政治利益主体相互关系、治理环境问题的重要手段，协调好各方利益矛盾有利于推进我国西北地区生态文明建设，提升西北地区生态环境保护和治理的实效性。利益协调机制的实现需要政府、公众、社会组织和各种专业力量的协作，坚持贯彻循序渐进、统筹兼顾的原则，从而达到利益协调的目标。

一、加强政府对利益矛盾的疏导

追求利益是社会每一个个体生存和发展最基本的权益，但有限的资源在一定程度上制约着个体需求的满足程度，从而容易导致利益分化和利益冲突。社会公众和某些企业的利益观念和行为偏差，容易造成对公共环境资源的掠夺，加重当前西北地区生态环境恶化的趋势。构建利益协调机制就是要保证西北地区经济社会可持续发展。政府是社会公共利益的代表，其主要职责就是维护社会稳定、促进社会均衡发展。因此，政府要重新定位自身的角色，加快转变政府职能，将权力意识转化为服务意识。利用政府宏观调控，建立合理、有效的利益协调机制，对公众、企业和其他各利益关系主体的行为做出必要的调整。同时，还要监督不同利益主体的环境行为，促使企业等利益主体在市场竞争中树立法制的观念，在减轻生态环境压力的前提下，采用合法手段谋求自身发展，使不同利益主体之间在和谐稳定的状态下追求各自政党的生态环境权益。

政府是利益协调机制的主导者，但解决和治理西北地区环境问题也不能单纯依靠政府宏观调控，要将政府调节与社会组织协调有机结合。西北地区各级政府要以公众利益为根本，充分考虑不同利益主体和不同利益集团之间的利益关系，从可持续发展的角度出发，发挥政策引导的作用。通过改善制度建设，协调和平衡各方利益，解决和治理生态环境问题。要注意引导"第三方"力量，"通过发挥非政府组织的柔性作用，加强利益相关者之间的沟通，让公众更容易从情感上接受调节结果"①，从而达到缓解和治理西北地区生态环境问题的效果。其次，市场在资源配置中起基础性作用，要加强市场监管，防止资源配置的低效率和市场参与者之间的不公平，保证西北地区公众平等地共享市场经济创造的财富。

正确的利益导向是利益协调的基础。在市场经济体制下，受到利益驱动，不可避免地存在着为追求利益而危害生态环境的行为。政府作为社会中资源分配的权威主体，在利益协调中发挥着主导作用。西北地区经济和社会发展水平相对落后，利益直接受损的公众会因为急于维护自身环境权益，容易产生过激行为，造成环境事件，这就必须借助政府的力量，通过政府的宏观调控来协调利益相关者之间的关系。西北属于内陆地区，由于各种制约因素，信息不畅，生态环境承载能力较差，生态破坏严重。因此，提高政府的环境调节能力，运用调节手段维护西北地区公众的根本利益，是实现利益协调的关键。其次，西北地区各级政府还需要加强利益矛盾疏导，始终坚持宏观调控和微观关怀相结合原则，加强生态环境危机意识，建立和完善生态环境问题预警机制。通过调查研究，主动应对生态环境问题，追究事件当事人的法律责任，及时公开事件信息，避免不法分子借助网络媒体等将局势扩大化，造成社会不良影响。与环境问题中的当事人加强语言沟通与心理疏导。通过公众调解、社会组织力量的参与，解决和治理生态环境问题，防止环境事件。

二、统筹区域和城乡协调发展

"随着分权化改革与市场化进程的推进，地方政府逐渐成为区域经济发展的主要推动力量"②，承担着维护地方公共环境的责任和义务。究其原因，利益问题始终是引发社会问题的核心。地方政府间的合作既可以加强地方间的经济联系，也有助于解决和治理区域生态环境问题，避免各地方政府在环境问题上的"搭便车"行为。西北地区生态保护和治理的过程中，需要发挥利用好市场、政府和社会等多方积极性，协调好区域内各方利益；加强西北地区的生态经济基础，建立有效、权威的协调机构，促进西北地区生态环境保护和社会经济的协调发

---

① 安民兵.民族群体性事件的治理：以利益协调为视角［J］.广西民族研究.2013（3）.
② 付京.区域经济发展中各利益主体的利益博弈及利益协调［J］.贵州社会科学.2010（11）.

展。

解决和治理生态环境问题其实就是利益相关者进行利益选择和取舍的过程，建立高效的利益协调机制能够引导利益主体在利益冲突和矛盾中做出正确选择，平衡各方利益诉求，以确保区域内公共利益的实现。生态环境问题没有区域界线，要想获得资源共享、信息共享的优势，提升地方竞争力，西北地区各级地方政府之间必须主动寻求区域合作，协调好区域地方利益。坚持利益共享原则是协调区域地方利益的前提和重要保证，只有坚持区域间的利益共享，才能调动各方利益主体的积极性，实现区域经济发展和环境保护的共赢。

"地方合作是提升区域综合竞争力的必要路径"①,提升区域竞争力要特别重视统筹城乡协调发展。提升西北地区的综合竞争力，一定要协调好城乡利益关系。城乡利益协调是统筹城乡协调发展的重要方面，利益关系的协调，实质上是一个理性引导的过程。利用宣传、教育等方式引导城乡居民树立可持续发展的观念，缩小城乡居民在收入等方面的差距，促进人与自然和谐，提高农民的政治地位和生态环保意识。公共政策是政府调节社会各利益群体的最重要的手段，政府制定公共政策要兼顾各方利益，激发公众参与生态环境保护和治理的积极性和主动性，提升解决和治理西北地区生态环境问题的实效性，促进西北地区人与自然的和谐共生。

第四节　新时代西北地区生态治理的生态补偿机制

自然资源作为财富之母，不仅是国家的经济基础，也是资源所在地区人民赖以生存的物质基础。但自然资源具有明显外部性，消费和利用自然资源的过程中容易产生"公地悲剧"，出现"搭便车"行为。西北地区自然资源禀赋较好，但在实现资源优势转化为经济优势的过程中，没有相应的法律制度手段来保障西北地区人民的利益。发达地区从西北地区低价得到的生态、资源产品中获得巨大利益，但没有对自然资源和生态环境给予休养生息的空间，也缺乏对西北地区进行适当的生态补偿。"作为调节生态环境保护与经济社会发展相关主

---

① 谷松.建构与融合：区域一体化进程中的地方府际间利益协调研究［D］.长春：吉林大学博士论文，2014.

体间利益关系的工具"①,生态补偿是基于保护环境和可持续利用生态系统服务,以促进人与自然和谐发展为根本目标,根据生态系统服务价值、生态环境保护成本等,运用经济手段来调节其利益相关者之间关系。从根本上改善西北地区生态环境,实现人与自然和谐相处就要完善生态补偿机制,这是保障西北地区社会经济可持续发展和生态环境良性循环的必由之路。目前,西北地区生态补偿方面存在生态补偿机制不完善、生态补偿资金不足、区域间生态补偿合作机制缺乏、补偿方式和途径单一等问题。针对西北地区生态补偿实践面临的现实困境,在五大发展理念的科学指导下,以生态文明建设为主线,按照全面建成小康社会的总要求和新规划,积极探索有利于西北地区经济社会可持续发展的生态补偿机制。

一、建立良好的生态补偿基金

西北地区生态补偿资金来源偏少,社会资金参与不足,融资渠道单一,生态补偿项目主要由公共财政负担,缺乏稳定的资金供应,这已经成为西北地区生态环境保护和治理与经济发展的瓶颈。从根本上解决西北地区生态补偿的资金问题,既不能完全依赖于政府的财政转移,又不能脱离西北地区的实际。要结合西北地区现实情况,借鉴国际国内生态补偿成功经验,探索有利于西北地区经济、社会、生态持续发展的生态补偿基金机制。西北地区生态补偿的融资方式"应该向国家、地方政府组织和个人共同参与的多元化融资方式转变"②,利用互联网平台、优惠政策等拓宽生态环境建设融资渠道,提高资金利用率。

1. 加大对西北地区生态补偿投入

国家对西北地区的生态补偿投入主要有财政投入和政策补偿两种方式。随着生态文明建设深入发展,政府对于生态环境保护和治理的预算逐年增长,但政府投入大多用于生态工程建设,相比而言,用于生态补偿的投入却并不多。事实上,无论是发达国家还是我国的生态保护实践,都无可辩驳地证明了这样一个事实:只要加大生态补偿的投入,那些贫困地区的农民保护环境的积极性被充分调动起来,生态环境意识不断得到提高,那么那些地方已经退化的生态

---

① 吴明红.中国省域生态补偿标准研究[J].学术交流.2013(12).
② 孟姝瑱.政府规划在生态补偿机制中的重要作用[J].行政论坛.2009(2).

系统恢复速度就比大搞人工生态工程建设的速度要快得多，并且所花费用也比实施生态建设得少。因此，环境保护、治理和生态建设，要特别注重生态补偿，尤其是对于西北地区一些生态功能区、水源涵养区、生物多样性保护区等，环境保护和治理应该更倾向于生态补偿。中央和地方财政支持环境保护应该更多地投资于生态补偿，主要用于重要生态功能区的恢复和生态产业发展等。生态移民的安置和就业也是生态补偿的重要内容，西北地区太阳能资源、风能资源十分丰富，拥有发展新能源环保产业得天独厚的条件，地方政府要加大对新能源产业的投资，利用优惠政策扶贫帮困，帮助解决生态移民就业问题，增加当地居民收入。

生态产品的公共属性和生态环境问题解决和治理的长期性决定了仅凭任何个人和企业都无法完成对西北地区生态环境问题解决和治理，政府就成为生态产品和服务的主要购买者。西北地区是我国重要的水源涵养地，也是中下游地区的生态屏障，但生态系统脆弱、稳定性差、经济欠发达，这不仅制约着西北地区社会经济发展，"其生态环境质量也直接关系到我国全体居民的生存质量和整个社会的发展空间"①。西北地区的生态补偿还需要国家的政策支持，利用制度和政策进行补偿，这对于资金缺乏、经济基础薄弱的西北地区尤为重要。政策补偿就是国家或政府对地方和下级政府的权力和机会补偿，国家可以在制定政策时优先考虑对西北地区的支持，制定有利于西北地区发展的创新性政策；也可以加大对西北地区在生态环境投资项目等方面的投入，实行财政税收优惠政策，促进西北地区生态产业发展。实际上，政策倾斜就是一种补偿，支持西北地区生态项目建设、新能源产业开发、高新技术发展等，有利于激发西北地区生态建设、环境保护和治理的积极性。

2. 拓宽生态补偿融资渠道

生态修复工程耗资巨大，建立生态补偿基金的关键就是资金来源问题，政府的财政专项补偿只是杯水车薪，增加新的资金来源已经是解决西北地区生态补偿资金短缺问题的必然举措。区际生态补偿基金是在充分考虑到当地的人口规模、经济发展水平的基础上，由生态环境受益地区和资源供应地区政府协商一致，共同划拨的用于生态补偿建设的资金费用。建立区际生态补偿基金是缓

① 毛振军. 论西部民族地区生态补偿机制的建构［J］. 黑龙江民族丛刊.2007（6）.

解生态补偿资金短缺的一种有效途径，要加强西北地区生态补偿内生动力，依靠自身解决生态补偿资金需求。通过西北地区政府间的相互交流与合作，各地区联合建立西北地区生态补偿专项基金，"实现生态在区域间的有效交换"①。

稳定的资金供给是欠发达的西北地区完善生态补偿机制的重要保证。尽管西北地区经济社会正处于加速发展时期，但仍受到各方面条件的限制，单纯依靠政府财政支持，生态补偿的目标是不可能实现的。"要找准市场渠道，为生态系统服务开拓市场,建立良性的投融资机制"②，减轻政府财政资金压力。在整合现有不同渠道的生态补偿资金，形成资金链，集中使用方向、领域和地区，提高资金利用率的前提条件下，西北地区生态补偿也应从政策方面着手，通过财政和税收补贴优惠政策，降低贷款利率，鼓励多渠道、多样化投资，吸引私人资本积极参与绿色产业投资。

21 世纪是金融投资时代，西北地区可以考虑发行具有西北特色的生态补偿基金彩票或环保债券，发展生态资本市场，引导金融资本参与生态保护建设。"利用股票市场支持具有强烈竞争优势的环保型企业进行股份制改革"③,鼓励一些经济实力强的环保企业注册上市，为生态补偿筹集更多资金。青海地区相关旅游企业可以凭借有"中华水塔美誉"的三江源自然保护区注册上市发行股票，引导商业资本投向环境保护，"通过社会融资实现企业资本的筹集和扩张，增强企业的环保投资能力"④。近年来，全国体育、福利彩票业迅速发展，为国家在相关领域的建设募集了大量资金。发行生态环保债券也是拓宽生态补偿融资渠道的重要方式，国家可以通过适度举债将社会上的消费基金、保险基金等引导到西北地区生态补偿建设工程中来，变为生态补偿资金。在全国范围内发行西北地区生态补偿彩票，不仅是生态补偿重要的融资渠道，还可以提高公众的生态意识，促使人们自觉投身到西北地区生态建设。

国际性金融投资、优惠贷款也是生态补偿融资的重要途径，西北地区要积

---

①　金波.区域生态补偿机制研究［D］.北京：北京林业大学博士论文，2012.

②　萨础日娜.民族地区生态补偿机制问题探析［J］.西北民族研究.2011（3）.

③　牛荣.西部生态投资补偿方式及政策研究［D］.西安：西北农林科技大学博士论文，2007.

④　郑长德.中国西部民族地区生态补偿机制研究［J］.西南民族大学学报（人文社科版）.2006（2）.

极加强对外合作交流，"走出去"的同时也要时刻把握机会，始终不忘"引进来"策略，努力吸引外国资本。生态危机在全球蔓延引起了全世界对生态环境的重视，越来越多的投资银行为发展中国家的"绿色工程"提供环保型贷款。西北地区可利用国际货币基金组织、亚洲开发银行等国际金融组织的贷款和外国政府的援助贷款引进国际信贷，"重点支持水系源头、水资源涵养区、自然保护区、森林生态环境保护和生物多样性保护区的生态环境保护建设"[①]。

民间资本对建立西北地区生态补偿基金也具有积极的补充作用，要充分发挥我国民间资金充裕的优势，鼓励和引导民间社团组织及个人捐款，发展环境保护、生态建设和资源高效综合利用的产业，支持生态环境建设。构建以生态资本市场为主、区际生态转移补偿基金为辅、政府政策支持的多元化生态补偿基金机制，有效保障西北地区生态补偿资金供应。

二、加强区域性的生态补偿合作

生态环境能为经济和社会发展提供必需的物质条件，良好的生态环境为实现区域经济可持续发展创造了可能性。生态环境问题牵一发而动全身，环境污染无界限，生态污染的外部性跨区域的界限可能会影响到周边每一个区域，这就要求西北地区要构建和加强区域性的生态补偿合作机制。"区域生态补偿合作机制是通过生态补偿的手段来协调资源利用的区域关系问题"[②]，它是建立在区际公平基础上的一种补偿形式，开展区域合作是完善西北地区生态补偿的重要辅助措施。科学的补偿标准是确保生态补偿合理性的前提，合理地评价生态资源价值，客观地评估生态补偿的数量和额度，又是准确体现被补偿地区生态贡献的必要条件。因此，西北地区促进生态环境治理的区域合作，建立科学的区域生态补偿标准，加强地方政府之间的交流与合作势在必行。

1. 建立科学的区域生态补偿标准

"生态补偿的目的是借助经济杠杆来平衡生态建设，优化生态格局"[③]，其最终目标是提升地区的环境承载力。生态补偿标准的确定是构建区域生态补偿机

---

① 孟姝瑱. 政府规划在生态补偿机制中的重要作用 [J]. 行政论坛.2009（2）.
② 王昱. 区域生态补偿的基础理论与实践问题研究 [D]. 长春：东北师范大学博士论文，2009.
③ 潘竟虎. 甘肃省区域生态补偿标准测度 [J]. 生态学杂志.2014（12）.

制的关键问题，也是生态补偿机制的核心和难点。生态补偿标准就是补偿多少的问题，标准的设定依据一般有补偿主体环境经济行为产生的生态环境效益和机会成本两种。西北地区生态补偿主要以经济损失补偿为主，在今后的发展过程中，要将生态效益补偿摆在优先位置，同时还要"兼顾对环境经济行为机会成本的补偿"[①]。

西北地区是我国的资源供给区，由于我国资源在空间分布上与经济重心不匹配的特征，使得东部在获取西北地区提供的资源时，把生态破坏和环境污染的代价留在了西北地区。生态破坏和环境污染无地域，环境资源的效益具有扩散性，从客观的角度看，西北地区生态环境的改善，不但能够显著提高当地环境质量，由此产生的生态效益也会惠及中部和东部地区。按照"谁受益，谁付费"原则，中东部地区理所应当提供生态补偿资金来"回馈"西北地区。根据公平、公正的原则，各个地区实行不同的补偿标准，东中部地区可以依据环境受益程度有区别地设立补偿标准。在生态补偿实施过程中，东中部地区的生态安全得到了保障，西北地区获得了经济效益，既可以促进东部和西部地区协同发展，又利于调动西北地区保护环境的积极性，形成生态环境建设的合力。

生态补偿标准制定是基于区域生态服务价值、环境治理成本、生态环境损失评估，由政府、公众等利益相关者协商来确定的。核算法和协商法是生态补偿标准制定常用的两种方法，建立一套科学的生态价值评估体系和生态补偿标准核算方法是制定合理生态补偿标准的前提，对环境投入进行成本——效益分析，并以此来作为生态补偿的衡量标准。各地区在收益程度、经济发展水平、补偿能力等方面的差异性决定了各受益区补偿额度不等，区域生态补偿金的征收过程中，应综合考虑各方面的因素，以体现生态补偿所带来的区域间福利水平的均等化。综合起来，区域补偿标准可以通过受益程度、支付意愿和支付能力等因素来确定。生态建设和恢复工程涉及范围大，各地区自然条件差异悬殊，经济发展水平也高低不同。故而，生态补偿不仅要反映各地区的不同经济水平，同时也要反映出该地区的生态与自然环境需要整治的迫切性，这是确定生态补偿标准时必须综合考虑的重要问题。

---

① 萨础日娜.民族地区生态补偿机制总体框架设计［J］.广西民族研究.2011（3）.

2.加强区域间政府协商合作

生态补偿要打破地区界限，在共享发展理念的指导下，也要注重区域间的协调发展，建立有效的协调机制，始终坚持社会效益、经济效益与生态效益并重。区域间的生态补偿合作，既可以由中央政府的宏观调控来实现，也可以由区域各地方政府通过协商和谈判提出解决方案。西北地区各级地方政府应运用适当的经济、政策手段，充分反映不断变化的市场需求，平衡区域发展中的经济效益和生态效益，以达到提升区域生态系统服务功能，改善区域生态环境，促进区域协调发展的目的。政府是区域合作发展的主要驱动力，区域内各级政府必须提高管理与服务效率，实时转变政府职能，通过加强区域生态补偿合作机制，推动区域经济合作的深入健康发展。西北地区生态环境的保护和治理需要发挥各方优势、协同努力、合作共治。还需注意的问题是，生态补偿机制不可能靠某个独立个体建立起来，生态补偿也不是西北某个地区或某一部门的责任，"只有建立部门联系、下上联动的综合机制"[1]，西北地区的生态补偿机制才能有效运行。

毋庸置疑，生态环境资源应该由区域内全体人民共享，然而，不容忽视的问题是，再西北地区，环境保护、治理和生态建设的重任通常会落到贫困地区的肩上，这就需要地方政府加强沟通协调，由经济相对发展迅速的地区"反哺"生态脆弱的贫困地区。西北地区生态脆弱，是我国主要的生态敏感区之一，极易受到不当的人为开发活动影响而产生负面生态效应。西北地区也是我国主要的贫困地区，贫困人口众多，贫困问题突出，"人们面临着改善生存条件和建设生态环境的双重压力"[2]。由于西北地区"贫困与环境紧密相连，二者常常互为因果"[3]，形成恶性循环。因此，西北地区的生态建设、环境保护和治理往往就成为贫困地区的重担，而那些利用贫困地区资源的经济条件相对较好的地区则不会承担生态补偿费用。生态建设、环境保护和治理是涉及政府、公众、社会的复杂工程，也是整个西北地区面临的艰巨任务。一般来讲，资源富集区是应该享有生态补偿的地区，而工业主导型地区也应该是支出生态补偿的地区。对于

---

① 王丰年.论生态补偿的原则和机制［J］.自然辩证法研究.2006（1）.
② 毛振军.论西部民族地区生态补偿机制的建构［J］.黑龙江民族丛刊.2007（6）.
③ 陈祖海.西部生态补偿机制研究［M］.北京：民族出版社，2008：19.

那些为寻求本地区经济发展而占用其他地区资源的城市，各地区政府应该通过协调沟通，主动向资源型地区支付相应的生态补偿金。那些经济基础良好的资源型工业城市，也应该向周边贫困县区和农村给予一定的生态补偿。对于那些环境承载力弱的地区或水源涵养区，政府要制定相应的规章制度给予优先补偿。以西北地区甘肃省为例，"甘南高原和河西山地荒漠生态区应优先获得补偿，沿黄城镇生态区应优先支付补偿"①。

面对严峻脆弱的自然生态环境形势，以及公众对良好生态环境的强烈需求，我国启动了前所未有的大规模的生态恢复和重建活动。生态修复和重建的过程中，地方政府要本着为区域共同发展谋福祉的原则，进行通力合作。制定惠民政策，有计划、有组织地迁移生态修复区和生态脆弱区内的居民，逐步让生态环境休养生息，提高生态环境自我修复的能力。在充分尊重民意的基础上，"按照群众自愿、就近安置、量力而行、适当补助四项原则"②，迁移和安置生态脆弱区的居民，区域内地方政府可以协商就近安置移民，既能够缓解迁出地的环境压力，也可以利用移民的政策支持更好地促进迁入地的社会、经济发展。20世纪80年代以来，宁夏抓住政策机遇开展生态移民，宁夏吴忠红寺堡区累计安置生态移民20多万人，数以万计的贫困农民生活条件得到改善，摘掉了头顶上的贫困帽子。原籍腾出的土地全部实施了生态修复，环境得到明显改善，而迁入地利用政府政策支持，利用独特的地理优势形成特色产业，移民收入稳步增长，推动了地区经济的发展。黄土高原及河西走廊是西北地区典型的生态脆弱地区，在生态修复、建设、保护和治理中进行生态移民是十分必要的，在移民过程中，要加强政府间的沟通合作，制定最有利于区域持续发展的策略，政策的刚性规定要充分结合因地制宜的柔性规定，准确把握好机遇，实现区域环境效益与生态效益双赢才是移民的最终目标。

三、建立多元化的生态补偿途径

完善的生态补偿机制不仅需要确定合理的生态补偿标准，还要建立高效实用的补偿途径。生态补偿途径是根据补偿主体和运作机制的差异划分的，主要

---

① 潘竟虎.甘肃省区域生态补偿标准测度［J］.生态学杂志.2014（12）.
② 李生.当代中国生态移民战略研究［D］.长春：吉林大学博士论文，2012.

有政府补偿和市场补偿两大类，政府补偿是以国家或上级政府为生态补偿实施主体，以财政转移支付和补贴或政府政策倾斜为手段的生态补偿，是保证生态建设实施最有效、最直接的手段。市场补偿是指通过政府的调节，实现生态保护与生态受益者之间自愿协商的补偿，从而使资源环境得到最优保护。完善西北地区生态补偿机制，必须建立多元化的生态补偿途径，最优的生态补偿方式是以市场为主、政府为辅。西北地区生态补偿不能仅仅依靠政府财政补贴，要充分引入市场机制，利用税收杠杆适当征收资源税费，"逐步建立政府引导、市场推进和社会参与的生态补偿机制"①。

1. 市场补偿与政府补偿相结合

从生态环境保护的长远发展来看，生态补偿不能单纯依靠政府调节，市场调节的滞后性又决定了生态补偿也不能完全交给市场。在西北地区生态补偿中引入市场机制，充分运用市场调节的灵活性和竞争性，采用竞标降低政府运作成本，发挥市场在生态建设、环境保护和治理中的作用，"从而增加补偿地区自我发展能力，使其形成造血机能与自我发展机能，将外部补偿转化为自我积累能力和自我发展能力"②。政府是市场运行的调节者，担当着维护经济秩序、管理经济运行的职能，适当的政府补偿是市场补偿的有效辅助和支撑。财政转移支付是最主要的政府补偿手段，能够直接为地方提供生态环境建设、保护和治理的资金支持，是地方生态建设、保护和治理的重要资金来源。实施多样性的区域政策是政府补偿的另一种形式，根据不同区域的生态系统服务价值和生态建设需求，实施差异性的区域政策，吸纳社会闲置资本或民间资本，鼓励有利于促进生态环境和经济持续发展的生产活动，最终达到生态补偿的效果。

在生态补偿市场机制的建立过程中，也要充分发挥政府的重要作用，鼓励和促进企业进入生态补偿市场。政府要协调好各利益主体和利益相关者之间的关系，创造一个公平、规范的市场环境，吸引企业参与生态补偿。但也要掌握尺度，市场调节是基础，生态补偿的经济活动首先要在市场机制作用下进行，以维持公平交易与竞争的经济秩序。市场机制和政府调节都要"各司其职"，政府不能强行干预市场机制可以解决的问题，对于市场不能有效解决的问题，由

---

① 王丰年.论生态补偿的原则和机制［J］.自然辩证法研究.2006（1）.
② 萨础日娜.民族地区生态补偿机制研究［M］.内蒙古：内蒙古大学出版社，2012：152.

政府通过宏观调控来解决。根据西北地区生态补偿建设现实需求，要将绿色产业、绿色能源发展列为重点支持范围，利用市场竞争机制，引导企业投资西北地区生态旅游、绿色有机农业等新型环保产业和绿色能源开发利用。

2.环境税征收与激励机制相结合

"生态补偿的本质是生态服务功能受益者对生态服务功能提供者付费的行为。"[1]环境税收政策在调节经济发展与生态环境保护、筹集环境保护资金中发挥着重要作用，刺激生产者不断调整经济行为，改善经营管理，以适应生态环保的要求，自觉投入到生态环境保护和治理中。从环境保护的角度来看，"税收是大棒，财政补贴是胡萝卜"[2]，征收环境税费是一种外部成本内部化的主要手段，其目的是保护生态环境和自然资源，激励经济主体改变经济行为。

根据"受益者付费和破坏者付费"的生态补偿原则，获得生态效益的地区、破坏生态环境的企业和个人，必须对生态环境公共品的提供者进行生态补偿。征收资源环境税，可以集中人力、财力、物力支持生态保护和治理的重点区域，培养人们的生态意识，杜绝破坏生态环境的行为，促使人们养成合理利用自然资源的习惯。虽然西北地区蕴藏着丰富的能源、矿产资源，但在资源开发中只是充当了初级产品和原材料的提供者，所付出的生态成本未能得到补偿。因此，要适当调整现行的环境税征收税率，适度提高环境税和补偿费征收标准及地方征收权限。从资源开发型企业经营收益中征收一定比例的环境税，作为生态补偿基金，对西北地区资源输出型地区实施生态补偿。

生态环境保护和治理是一项公益性事业，要实现生态补偿和生态建设目标，在制定和贯彻具体政策措施时，就必须考虑到农民的觉悟水平，不仅要不断提高经济效益，还要强调生态效益。如果只重视生态效益而忽视经济效益、不考虑提高农民的生产与生活水平，生态补偿的最终目标肯定无法实现。要使农户自觉自愿投身到生态建设、保护和治理实践中去，"必须引入切实可行的政策激

---

①　王昱.区域生态补偿的基础理论与实践问题研究 [D].长春：东北师范大学博士论文，2009.

②　丁四保，王昱.区域生态补偿的基础理论与实践问题研究 [M].北京：科学出版社，2010：122.

励机制和利益驱动机制"①，鼓励公众参与。可以运用经济杠杆集中社会闲散资金，设立创业投资基金，激发人们投资环保产业的热情，引导西北地区公众投资创业，"实现环保产业和资本市场的结合"②，既能够为生态企业注入资金，又可以为生态建设筹集资金。此外，还应建立起促进建立地方政府工作人员也积极参与生态补偿工作的激励机制，真正从保护各方的利益出发激励他们的参与积极性，加快生态补偿工作开展的步伐。为了使生态补偿能够成为全社会持久的行动、达到长远改善生态的目标，制定的各项激励各项措施和政策，还应保持其激励机制的相对持续性和稳定性。

3.智力补偿与发展补偿产业相结合

作为生态补偿的另一种途径，智力补偿也是生态补偿的重要内容之一。通过"为补偿地区提供无偿技术咨询和导师，培养受补偿地区或群众的技术人才和管理人才"③。尤其是生态移民过程中，智力补偿起着非常重要的作用。从生态脆弱地区迁移出来的农民，文化水平较低，离开农牧业很难找到新的生产生活方式。加强移民的职业技术培训，拓展移民的就业机会，成功转移剩余劳动力。只有剩余劳动力借生态移民的契机成功转移到其他行业，才能减轻人口对耕地的压力。同时，向迁移人口提供对口支援，为后续补偿产业发展培养各种专业技术人才。

发展补偿产业是妥善安置生态移民的有效手段。只有形成一个新的经济结构，迁移的农民找到新的谋生手段，提高农民的技术水平和生产技能，使移民在迁入地过上稳定的生活，不再依赖于原始土地，彻底消除返回过去的农业生产模式的可能性，才能达到生态补偿的最终目标，实现人与环境的可持续发展。西北地区资源富集，依托塔里木盆地能源资源集中区、黄河中游能源资源集中区、东天山北祁连有色贵金属资源集中区，以市场需求为依据，发展新兴产业和绿色能源产业，不但能解决剩余劳动力就业问题，还能为区域生态补偿助力。

---

① 康慕谊，董世魁，秦艳红.西部生态建设与生态补偿［M］.北京：中国环境科学出版社，2005：126.

② 郑长德.中国西部民族地区生态补偿机制研究［J］.西南民族大学学报（人文社科版）.2006（2）.

③ 苏芳，尚海洋.生态补偿方式对农户生计策略的影响［J］.干旱区资源与环境.2013（2）.

　　完善西北地区生态补偿机制，还需要健全的法律机制为保障；按照科学的补偿标准，建立绿色核算体系；加强区域生态、经济合作，设立生态效益补偿专项基金；落实生态补偿政策，调动社会、企业、公众多方参与生态建设和保护的积极性；发挥产业优势，带动生态环境可持续发展。

参考文献

一、著作类

《马克思恩格斯全集》第 1 卷，人民出版社 1956 年版。

《马克思恩格斯全集》第 1 卷，人民出版社 1995 年版。

《马克思恩格斯全集》第 3 卷，人民出版社 1960 年版。

《马克思恩格斯全集》第 19 卷，人民出版社 1979 年版。

《马克思恩格斯全集》第 25 卷，人民出版社 2009 年版。

《马克思恩格斯全集》第 31 卷，人民出版社 1972 年版。

《马克思恩格斯全集》第 42 卷，人民出版社 1979 年版。

《马克思恩格斯全集》第 46 卷（上），人民出版社 1979 年版。

《马克思恩格斯文集》第 1 卷，人民出版社 2009 年版。

《马克思恩格斯文集》第 8 卷，人民出版社 2009 年版。

《马克思恩格斯文集》第 9 卷，人民出版社 2009 年版。

《马克思恩格斯选集》第 4 卷，人民出版社 2012 年版。

马克思：《1844 年经济学哲学手稿》，人民出版社 2000 年版。

马克思：《资本论》，人民出版社 1976 年版。

江泽民：《江泽民文选》第 1 卷，人民出版社 2006 年版。

习近平：《习近平谈治国理政》，外文出版社 2014 年版。

习近平：《习近平谈治国理政》第 2 卷，外文出版社 2017 年版。

习近平：《之江新语》，浙江人民出版社 2007 年版。

习近平：《决胜全面建成小康社会 夺取新时代中国特色社会主义伟大胜利》，

人民出版社 2017 年版。

习近平:《在省部级主要领导干部贯彻党的十八届五中全会精神专题研讨班上的讲话》,人民出版社单行本 2016 年版。

习近平:《弘扬和平共处五项原则 建设合作共赢美好世界》,人民出版社单行本 2014 年版。

中共中央文献研究室:《习近平关于社会主义生态文明建设论述摘编》,中央文献出版社 2017 年版。

中共中央文献研究室:《十八大以来重要文献选编》(上),中央文献出版社 2014 年版。

中共中央宣传部:《习近平系列重要讲话读本》,学习出版社、人民出版社 2014 年版。

中共中央宣传部:《习近平新时代中国特色社会主义思想学习纲要》,人民出版社 2019 年版。

中共中央宣传部理论局:《改革热点面对面》,学习出版社、人民出版社 2014 年版。

陈宗兴主编:《生态文明建设》(实践卷),学习出版社 2014 年版。

黎友焕,齐晓龙:《生态文明视野下的企业社会责任》,学习出版社 2014 年版。

贾卫列,杨永岗,朱明双等:《生态文明建设概论》,中央编译出版社 2013 年版。

贾卫列等:《生态文明建设概论》,中央编译出版社 2013 年版。

王宗礼,刘建兰,贾应生:《中国西北农牧民政治行为研究》,甘肃人民出版社 1995 年版。

刘海霞:《生态治理的理论与实践——甘肃"民勤经验"的生态政治学分析》,中央编译出版社 2017 年版。

刘海霞:《马克思恩格斯生态思想及其当代价值研究》,中国社会科学出版社 2016 年版。

刘海霞:《环境正义视阈下的环境弱势群体研究》,中国社会科学出版社 2015 年版。

徐民华，刘希刚：《马克思主义生态思想研究》，中国社会科学出版社 2012 年版。

谢高地，曹淑艳，鲁春霞：《中国生态资源承载力研究》，科学出版社 2011 年版。

张铭，严强：《政治学方法论》，苏州大学出版社 2003 年版。

周林东：《人化自然辩证法——对马克思的自然观的解读》，人民出版社 2008 年版。

刘思华：《生态学马克思主义经济学原理》，人民出版社 2006 年版。

王树海：《楞伽经注释》，长春出版社 1995 年版。

李道纯：《道藏》（第 22 册），上海文物出版社、上海书店出版社 1988 年版。

刘宝楠：《论语正义》，中华书局 1990 年版。

饶尚宽译注：《老子》，中华书局 2006 年版。

魏宏森，曾国屏：《系统论——系统科学哲学》，清华大学出版社 1995 年版。

娄胜霞：《西部地区生态文明建设中的保护与治理》，中国社会科学出版社 2016 年版。

林尚立：《国内政府间关系》，浙江人民出版社 1998 年版。

李格琴编著：《当代中国的生态环境治理》，湖北人民出版社 2012 年版。

万健琳：《政府主导的多方合作生态治理模式研究：角色厘定·关系重构·行动协同》，中国社会科学出版社 2019 年版。

贾爱玲：《环境责任保险制度研究》，中国环境科学出版社 2010 年版。

朱力：《走出社会矛盾冲突的漩涡：中国重大社会性突发事件及其管理》，社会科学文献出版社 201 年版。

吕志祥，白小平等：《新环境法与区域生态建设研究》，光明日报出版社 2015 年版。

陈月生：《群体性突发事件与舆情》，天津社会科学院出版社 2005 年版。

周均平：《美学探索》，山东文艺出版社 2003 年版。

丁大月：《发展新思路》，中国国际广播出版社 2000 年版。

杨京平：《生态安全的系统分析》，化学工业出版社 2002 年版。

孙特生：《生态治理现代化——从理念到行动》，中国社会科学出版社 2018

年版。

贾治邦:《论生态文明建设》(第2版),中国林业出版社2014年版。

生态环境部环境与经济政策研究中心:《环境社会治理理论与政策研究》,中国环境出版集团2019年版。

陈祖海:《西部生态补偿机制研究》,民族出版社2008年版。

萨础日娜:《民族地区生态补偿机制研究》,内蒙古大学出版社2012年版。

丁四保,王昱:《区域生态补偿的基础理论与实践问题研究》,科学出版社2010年版。

康慕谊,董世魁,秦艳红:《西部生态建设与生态补偿》,中国环境科学出版社2005年版。

[美]蕾切尔·卡森:《寂静的春天》,吕瑞兰,李长生译,上海译文出版社2011年版。

[美]约翰·B.福斯特:《生态危机与资本主义》,耿建新等译,上海译文出版社2006年版。

[美]詹姆斯·奥康纳:《自然的理由:生态学马克思主义研究》,唐正东、臧佩洪译,南京大学出版社2003年版。

[美]詹姆斯·罗西瑙:《没有政府的治理——世界政治中的秩序与变革》,张胜军、刘小林等译,江西人民出版社2001年版。

[美]莱斯特·R.布朗:《崩溃边缘的世界——如何拯救我们的生态和经济系统》,林自新、胡晓梅、李康民译,上海世纪出版集团2011年版。

[美]艾恺:《世界范围内的反现代化思潮——论文化守成主义》,贵州人民出版社1991年版。

[法]西斯蒙第:《政治经济学研究》,胡尧步等译,商务印书馆2009年版。

[美]威廉·P.坎宁安主编:《美国环境百科全书》,张坤民等译,湖南科学技术出版社2003年版。

[法]亚历山大·基斯:《国际环境法》,张若思译,法律出版社2000年版。

[美]奥多尔·利奥波德:《沙乡的沉思》,侯文惠译,经济科学出版社1992年版。

[美]约翰·罗尔斯:《正义论》,何怀宏等译,中国社会科学出版社2006年

版。

二、论文类

习近平：《推动我国生态文明建设迈上新台阶》，《求是》2019 年第 3 期。

刘海霞，王宗礼：《习近平生态思想探析》，《贵州社会科学》2015 年第 3 期。

刘海霞，马立志：《我国传统文化中生态智慧的现实意蕴》，《学术探索》2017 年第 7 期。

刘海霞：《环境问题与社会管理体制创新——基于环境政治学的视角》，《生态经济》2013 年第 2 期。

刘海霞：《环境问题与政府责任——基于环境政治学的视角》，《甘肃理论学刊》2013 年第 2 期。

刘海霞：《培育新时代生态人：新冠疫情引发的理论与实践思考》，《兰州学刊》2020 年第 3 期。

刘海霞：《论污染企业周边民众的权利保障》，《生态经济》2012 年第 7 期。

曹姣星：《生态环境协同治理的行为逻辑与实现机理》，《环境与可持续发展》2015 第 2 期。

李阳：《京津冀区域生态环境的协同治理》，《内蒙古科技与经济》2015 年第 19 期。

俞可平：《全球治理引论》，《马克思主义与现实》2002 年第 1 期。

丁志刚：《论国家治理能力及其现代化》，《上海行政学院学报》2015 年第 5 期。

龚天平，刘潜：《我国生态治理中的国内环境正义问题》，《湖北大学学报》（哲学社会科学版）2019 年第 6 期。

刘宥延，巩建锋，段淇斌：《甘肃少数民族地区生态环境与农牧民贫困的关系及反贫困对策》，《草业科学》2014 年第 8 期。

毛欣娟：《跨界民族问题与新疆社会稳定》，《中国人民公安大学学报》（社会科学版）2006 年第 2 期。

毕天云：《社会冲突的双重功能》，《云南大学社会科学学报》2001 年第 2

期。

余伟京:《环境冲突的功能分析》,《西北农林科技大学学报》(社会科学版)2004 年第 6 期。

向德平,陈琦:《社会转型时期群体性事件研究》,《社会科学研究》2003 年第 4 期。

何鸣,谢威:《群体性事件与公共决策》,《理论与改革》2000 年第 2 期。

温莲香:《马克思主义和谐自然观:"人与自然关系"的新范式》,《西北农林科技大学学报》(社会科学版)2010 年第 5 期。

赵海月,王瑜:《中国传统文化中生态伦理思想及其现代性》,《理论学刊》2010 年第 4 期。

邵鹏,安启念:《中国传统文化中的生态伦理思想及其当代启示》,《理论月刊》2014 年第 4 期。

沈满洪:《习近平生态文明思想研究——从"两山"重要思想到生态文明思想体系》,《治理研究》2018 年第 2 期。

王健,董小君:《构建西部地区生态补偿机制面临的问题和对策》,《经济研究参考》2007 年第 44 期。

潘岳:《中国环境问题的根源是我们扭曲的发展观》,《环境保护》2005 年第 6 期。

朱留财:《从西方环境治理范式透视科学发展观》,《中国地质大学学报》(社会科学版)2006 年第 9 期。

崔洁,张博颖:《奥康纳的生态学马克思主义及其当下意义》,《马克思主义研究》2019 年第 9 期。

康瑞华,佟玉华:《福斯特生态学马克思主义发展观及其启示》,《马克思主义研究》2010 年第 6 期。

张建龙:《防治土地荒漠化 推动绿色发展》,《内蒙古林业》2019 年第 7 期。

俞长友:《生态正义:可持续发展的理性诉求》,《内蒙古农业大学学报》(社会科学版)2009 年第 4 期。

龚天平,刘潜:《生态经济的道德含义》,《云梦学刊》2019 年第 1 期。

王成勇,卢小亨:《民勤县生态公益型移民模式》,《开发研究》2009 年第 4

期。

徐兆霞，刘淑英：《西北地区生态移民项目对生态环境的影响》，《农业科技与信息》2015 年第 3 期。

李志群，董增川：《科学应对流域水污染事件——松花江重大水污染事件实例》，《分析水资源保护》2008 年第 2 期。

李清源：《生态地位·生态安全·生态保护——以西北地区为例》，《西北民族大学学报》（哲学社会科学版）2006 年第 4 期。

马波：《论生态安全与政府环境保护责任之关联》，《陕西社会科学》2015 年第 1 期。

曲格平：《关注生态安全之一：生态环境问题已经成为国家安全的热门话题》，《环境保护》2002 年第 5 期。

周国富：《生态安全与生态安全研究》，《贵州师范大学学报》（自然科学版）2003 年第 3 期。

罗于洋等：《西部地区城镇化建设中的生态环境问题浅析》，《内蒙古师范大学学报》（哲学社会科学版）2007 年第 6 期。

张建斌：《西部地区承接产业转移过程中的环境规制问题研究》，《内蒙古财经学院学报》2011 年第 1 期。

陈巧等：《对西部贫困地区旅游开发带来的环境问题的思考》，《内蒙古科技与经济》2006 年第 17 期。

毛勒堂：《分配正义：建设生态文明不可或缺的伦理之维》，《云南师范大学学报》（哲学社会科学版）2008 年第 3 期。

董岩：《论生态资源的分配正义》，《哈尔滨师范大学社会科学学报》2012 年第 2 期。

高翔，鱼腾飞，程慧波：《西北地区水资源环境与城市化系统耦合的时空分异——以西陇海兰新经济带甘肃段为例》，《干旱区地理》2010 年第 6 期。

骈文娟：《环境问题引发的社会冲突及其规制——基于西北地区环境实践的研究》，《前沿》2013 年第 9 期。

叶冬娜：《国家治理体系视域下生态文明制度创新探析》，《思想理论教育导刊》2020 年第 6 期。

刘方平:《论人类命运共同体思想的内涵、特色与建构路径》,《大连理工大学学报》(社会科学版)2020年第2期。

方世南:《"生态治理现代化"专题讨论》,《山东社会科学》2016年第6期。

杨美勤,唐鸣:《治理行动体系:生态治理现代化的困境及应对》,《学术论坛》2016年第10期。

王如松,杨建新:《产业生态学和生态产业转型》,《世界科技研究与发展》2000年第5期。

高红贵:《中国绿色经济发展中的诸方博弈研究》,《中国人口·资源与环境》2012年第4期。

刘晓燕:《"五位一体"社会治理体制中的追随力要素研究》,《领导科学》2017年第23期。

牛叔文:《西北地区生态环境治理分区研究》,《甘肃科学学报》2003年第2期。

杨瑟,杨溪,陈坦玉:《从主体特性看西北地区生态环境治理制度建设》,《重庆工商大学学报·西部论坛》2005年第S1期。

周立华,魏轩,黄珊:《西北内陆河流域水资源管理利用的经验与启示》,《国土资源情报》2017年第12期。

蔡国英,陈兴鹏,夏永久:《西北地区环境与资源可持续利用的政策因素分析及对策建议》,《生态经济》2006年第5期。

魏强:《西北地区生态环境治理途径与对策》,《防护林科技》2009年第3期。

方晓玲,邓亚净,DUO Qing:《党委领导视角下的治理有效性关注——以西藏乡村治理为例》,《西藏大学学报》(社会科学版)2019年第4期。

马德坤:《习近平关于社会治理的理论创新与实践探索》,《中国高校社会科学》2017年第3期。

徐汉明:《习近平社会治理法治思想研究》,《法学杂志》2017年第10期。

马继民:《西北地区生态文明建设研究》,《甘肃社会科学》2015年第5期。

曹洪军,李昕:《中国生态文明建设的责任体系构建》,《暨南学报》(哲学社会科学版)2020年第7期。

何爱平，赵仁杰：《丝绸之路经济带背景下西部生态文明建设：困境、利益冲突及应对机制》，《人文杂志》2016 年第 3 期。

谬金祥：《美丽中国：环境群体性事件的预防研究》，《生态经济》2014 年第 2 期。

刘素杰，李海燕：《当代企业生态责任履行：伦理困境与实现思路》，《河北学刊》2013 年第 4 期。

苏蕊芯，仲伟周：《企业生态责任：性质本源、目标约束与政策导向》，《生态经济》2015 年第 6 期。

丁竹：《农村环境群体性事件求解》，《经济管理》2014 年第 4 期。

沈佳文：《公共参与视角下的生态治理现代化转型》，《宁夏社会科学》2015 年第 3 期。

王芳，李宁：《基于马克思主义群众观的生态治理公众参与研究》，《生态经济》2018 年第 7 期。

赵志强：《公众参与生态治理的困境及其路径选择》，《经济研究导刊》2019 年第 14 期。

周鑫：《构建现代环境治理体系视域下的公众参与问题》，《哈尔滨工业大学学报》（社会科学版）2020 年第 2 期。

朱作鑫：《城市生态环境治理中的公众参与》，《中国发展观察》2016 年第 5 期。

王广新：《生态意识、生态潜意识与生态消费》，《北京林业大学学报》（社会科学版）2011 年第 1 期。

王渊博：《发展绿色消费的现状及对策——以北京市为例》，《技术经济与管理研究》2011 年第 10 期。

蒋笃君：《公民生态意识教育的价值诉求及路径探析》，《河南师范大学学报》（哲学社会科学版）2009 年第 5 期。

柴爱仙，赵学慧：《公民生态意识形成的内在机制探讨》，《河南师范大学学报》（哲学社会科学版）2010 年第 1 期。

王智，杨莹莹：《治理现代化进程中的新社会组织能力建设》，《社会主义研究》2017 年第 5 期。

肖晓春，段丽:《论民间环保组织的环境利益冲突协调功能》,《环境保护》2008 年第 2 期。

常健，李志行:《韩国环境冲突的历史发展与冲突管理体制研究》,《南开大学学报》(哲学社会科学版) 2016 年第 1 期。

李艳芳:《关于环境影响评价制度建设的思考》,《南京社会科学》2000 年第 7 期。

田瑶，李醒:《公众参与环境影响评价——以加拿大为例》,《社会科学家》2013 年第 10 期。

陈秀梅，于亚博:《环境群体性事件的特点、发展趋势及治理对策》,《中共天津市委党校学报》2015 年第 1 期。

刘芳:《我国环境公益诉讼的现状分析与完善建议》,《学习与实践》2016 年第 1 期。

王鹏祥:《论我国环境公益诉讼制度的构建》,《湖北社会科学》2010 年第 3 期。

李胜:《跨行政区流域污染协同治理的实现路径分析》,《中国农村水利水电》2016 年第 1 期。

张婧飞:《农村污染型环境群体性事件的发生机理及治理路径》,《求索》2015 年第 6 期。

宗芳:《管窥生态文明建设视域下的农民环境权保护》,《生态经济》2014 年第 2 期。

王梅:《新时期农民环境权的保障机制研究》,《生态经济》2009 年 11 期。

彭小霞:《从压制到回应：环境群体性事件的政府治理模式研究》,《广西社会科学》2014 年第 8 期。

陈秀梅，于亚博:《环境群体性事件的特点、发展趋势及治理对策》,《中共天津市委党校学报》2015 年第 1 期。

李雪梅:《论我国区域环境管理的建立和完善》,《科技管理研究》2008 年第 7 期。

田志华，田艳芳:《环境污染与环境冲突——基于省际空间面板数据的研究》,《科学决策》2014 年第 6 期。

姚海娟：《政府生态责任的缺失与重构》，《求索》2011 年第 6 期。

张鹏宇：《规范政府行政行为重在加强行政能力建设》，《法制与社会》2008 年第 35 期。

刘细良，刘秀秀：《基于政府公信力的环境群体性事件成因及对策分析》，《中国管理科学》2013 年第 11 期。

安民兵：《民族群体性事件的治理：以利益协调为视角》，《广西民族研究》2013 年第 3 期。

付京：《区域经济发展中各利益主体的利益博弈及利益协调》，《贵州社会科学》2010 年第 11 期。

吴明红：《中国省域生态补偿标准研究》，《学术交流》2013 年第 12 期。

孟姝瑱：《政府规划在生态补偿机制中的重要作用》，《行政论坛》2009 年第 2 期。

毛振军：《论西部民族地区生态补偿机制的建构》，《黑龙江民族丛刊》2007 年第 6 期。

萨础日娜：《民族地区生态补偿机制问题探析》，《西北民族研究》2011 年第 3 期。

郑长德：《中国西部民族地区生态补偿机制研究》，《西南民族大学学报》（人文社科版）2006 年第 2 期。

潘竟虎：《甘肃省区域生态补偿标准测度》，《生态学杂志》2014 年第 12 期。

萨础日娜：《民族地区生态补偿机制总体框架设计》，《广西民族研究》2011 年第 3 期。

王丰年：《论生态补偿的原则和机制》，《自然辩证法研究》2006 年第 1 期。

苏芳，尚海洋：《生态补偿方式对农户生计策略的影响》，《干旱区资源与环境》2013 年第 2 期。

斯托：《作为理论的治理：五个论点》，《国际社会科学》（中文版）1999 年第 2 期。

韩兆坤：《协作性环境治理研究》，长春：吉林大学博士论文，2016。

杜晓霞：《马克思恩格斯生态自然观及其当代发展》，沈阳：东北大学博士论文，2014。

唐鹏:《马克思主义实践的生态正义研究》,西安:西北大学博士论文,2014。

樊根耀:《生态环境治理研究》,西安:西北农林科技大学博士论文,2002。

张晓燕:《冲突转化视角下的中国环境冲突治理》,天津:南开大学博士论文,2014。

谷松:《建构与融合:区域一体化进程中的地方府际利益协调研究》,长春:吉林大学博士论文,2014。

金波:《区域生态补偿机制研究》,北京:北京林业大学博士论文,2012。

牛荣:《西部生态投资补偿方式及政策研究》,西安:西北农林科技大学博士论文,2007。

王昱:《区域生态补偿的基础理论与实践问题研究》,长春:东北师范大学博士论文,2009。

万希平:《论当代资本主义生态环境危机的政治维护机制——一种生态马克思主义视角的理论考察》,《人文杂志》2010年第2期。

徐水华、刘勇:《"原罪"与"替罪的羔羊"——生态学马克思主义理论视域下生态危机成因探析》,《前沿》2011年第15期。

李惠斌:《生态权利与生态主义——一个马克思主义的研究视角》,《新视野》2008年第5期。

王晓青:《试论〈1844年经济学哲学手稿〉中的双重正义诉求》,《社会主义研究》2011年第2期。

郭学军、张红海:《论马克思恩格斯的生态理论与当代生态文明建设》,《马克思主义与现实》2009年第1期。

解保军:《马克思恩格斯对资本主义的生态批判及其意义》,《马克思主义研究》2006年第8期。

曹志清:《马克思恩格斯对资本主义的环境批判及意义》,《电子科技大学学报》(社科版)2008年第2期。

赵成:《论马克思恩格斯在环境问题上对资本主义的制度批判及其当代意义——兼评哥本哈根变化峰会》,《思想理论研究》2010年第21期。

张国富、刘靖宇:《环境友好型社会内涵的哲学思考》,《思想理论教育导刊》

2009 年第 7 期。

于幼军：《在建设生态文明中加强资源节约和环境保护》，《现代哲学》2007年第 6 期。

唐竹：《马克思主义原理与环境保护》，《科学技术与辩证法》2003 年第 3期。

李金玉：《马克思恩格斯生态环境保护思想初探》，《河南师范大学学报》（哲学社会科学版）2010 年第 2 期。

孙金华、张国富：《论中国共产党与时俱进的生态观》，《郑州大学学报》（哲学社会科学版）2009 年第 6 期。

秦书生：《马克思恩格斯经济发展生态化思想及其当代价值》，《思想理论教育导刊》2012 年第 10 期。

彭劲松：《马克思主义社会结构理论与社会整体文明建设》，《社会主义研究》2007 年第 5 期。

杜秀娟：《论马克思恩格斯的生态观》，《社会科学辑刊》2012 年第 3 期。

黄明理、陈悦：《中国共产党马克思主义信仰的历史演进及其启示》，《华东师范大学学报》（哲学社会科学版）2011 年第 2 期。

三、其他类

习近平：《关于〈中共中央关于全面深化改革若干重大问题的决定〉的说明》，《人民日报》2013 年 11 月 16 日第 1 版。

习近平：《决胜全面建成小康社会 夺取新时代中国特色社会主义伟大胜利——在中国共产党第十九次全国代表大会上的报告》，《人民日报》2017 年 10月 28 日第 1 版。

习近平：《共谋绿色生活 共建美丽家园》，《人民日报》2019 年 4 月 29 日第 2 版。

习近平：《从服务党和国家工作大局出发推动改革》，《人民日报》（海外版）2017 年 7 月 20 日第 2 版。

习近平：《习近平总书记在出席全国生态环境保护大会并发表重要讲话 生态兴则文明兴》，《人民日报》（海外版）2018 年 5 月 21 日第 1 版。

习近平:《一条心一盘棋共建黄金经济带》,《人民日报》(海外版)2016 年 1 月 8 日第 1 版。

习近平:《〈求是〉杂志发表习近平总书记重要文章 在缓和流域生态保护和高质量发展座谈会上的讲话》,《人民日报》2019 年 10 月 16 日第 1 版。

习近平:《习近平在纳扎尔巴耶夫大学演讲 全面阐述对中亚国家睦邻友好合作政策 "共建丝绸之路经济带"》,《人民日报》(海外版)2013 年 9 月 9 日第 1 版。

习近平:《在江西考察工作时的讲话》,《人民日报》2016 年 2 月 4 日第 1 版。

习近平:《习近平在接受路透社采访时的答问》,《人民日报》2015 年 10 月 19 日第 1 版。

习近平:《共担时代责任 共促全球发展》,《人民日报》2017 年 1 月 18 日第 1 版。

习近平:《在参加首都义务植树活动时的讲话》,《人民日报》(海外版)2016 年 4 月 6 日第 1 版。

习近平:《致第六届库布其国际沙漠论坛的贺信》,《人民日报》2017 年 7 月 30 日第 1 版。

习近平:《致〈联合国防治荒漠化公约〉第十三次缔约方大会高级别会议的贺信》,《人民日报》2017 年 9 月 12 日第 1 版。

林治波:《沙漠治理迈入机械化时代》,《人民日报》2016 年 3 月 8 日第 23 版。

孙承斌,张鸿墀:《胡锦涛总书记考察新疆纪实》,《人民日报》2006 年 9 月 13 日第 1 版。

习近平:《在黄河流域生态保护和高质量发展座谈会上的讲话》,2019 年 10 月 15 日,新华网,(http://www.xinhuanet.com/2019-10/15/c_1125107042.htm)

李贞:《习近平谈生态文明 10 大金句》,2018 年 5 月 23 日,人民网,(http://cpc.people.com.cn/n1/2018/0523/c64094-30007903.html)

张孝德:《生态制度落地难点在于冲破既得利益》,2013 年 11 月 27 日,人民网,(http://politics.people.com.cn/n/2013/1127/c70731-23671924.html)

后 记

2020 年注定是不平凡的一年，仅新冠肺炎疫情就足以说明 2020 年的不平凡，它不仅使世人乱了阵脚，而且使诸多人付出了惨重的生命健康代价。然而，任何事物都具有其两面性，正是新冠肺炎疫情让人们停下匆忙的脚步，彻底反思人与自然如何和谐共生，重新思考生命健康和生命的价值，静心思考一切。对我来讲，2020 年也是忙碌的一年，利用寒假和新冠肺炎疫情"足不出户"的宝贵时间将两年前思考所得修改、完善、润色交付出版社后，又趁热打铁、"马不停蹄"调研、一头扎进图书馆继续 2020 年初获批的教育部课题。之所以要"趁热打铁"，就怕搁置时间太久、惰性作祟而影响自己工作的热情、积极性。正是这种"马不停蹄"和本人长期以来从事马克思主义生态文明思想、绿色发展观和生态治理等方面研究的学术积淀和积累，书稿才得以按期交付出版社。

本书是我主持的教育部社科规划一般项目"新时代西北地区生态治理的困境与对策研究 (20YJAZH065)"的最终成果，由我拟定书稿提纲，饶旭鹏、张铁军、李振宇、张彦龙多次参与了本书提纲的讨论和修订，已毕业的研究生马立志、胡晓燕、常文峰等前期参与本人各类课题后所写的部分成果经过必要的修改、增补、删节和部分文字处理后吸纳在了此书稿中，杨娟等参与了部分文字的编辑和校对工作。书稿的撰写、最后的统稿、修改和校对由我完成。本书的写作及完成，得到了各方的大力支持，感谢北京大学马克思主义学院郇庆治教授组建的中国社会主义生态文明研究小组的各位前辈、同仁的思想启迪，尤其是方世南教授在本项目申请时的不吝赐教和中肯的修改意见、建议，提高了项目获中的概率。感谢兰州理工大学马克思主义学院领导的理解和支持，感谢马克思主义基本原理教学部和学院其他各位同仁的关心和鼓励。此外，写作过程中，我还参阅了学界诸多前辈、专家、学者的研究成果和论著，均已一一标注并列入参考文献，在此一并表示我诚挚的谢意！从学校科技处公布的全国百家出版单位名单中，发现九州出版社赫然在列，所以毅然选择并决定在九州出版社出版专著，在此，也特别感谢九州出版社责任编辑为我著作付梓出版所付出的努力！

由于本人水平有限，加之时间比较仓促，书中难免有不当和错误之处，敬请各位专家和同仁批评指正，以便我在今后的研究中加以改进。

刘海霞

2020 年 10 月 1 日